追寻建筑伦理

秦红岭 著

U0195025

中国建筑工业出版社

图书在版编目（CIP）数据

追寻建筑伦理 / 秦红岭著. —北京：中国建筑工业出版
社，2016.3
ISBN 978-7-112-19206-9

Ⅰ. ① 追… Ⅱ. ① 秦… Ⅲ. ① 建筑学–伦理学 Ⅳ.
① TU-021

中国版本图书馆CIP数据核字（2016）第042020号

责任编辑：郑淮兵 王晓迪 张幼平
书籍设计：锋尚制版
责任校对：李欣慰 张 颖

追寻建筑伦理

秦红岭 著

*

中国建筑工业出版社出版、发行（北京西郊百万庄）

各地新华书店、建筑书店经销

北京锋尚制版有限公司制版

北京君升印刷有限公司印刷

*

开本：787×960毫米 1/16 印张：20¼ 字数：301千字

2016年4月第一版 2016年4月第一次印刷

定价：58.00元

ISBN 978-7-112-19206-9

（28184）

你必须说点新东西，尽管它其实是旧的。

当然，你必须把旧材料收集起来。但这是为了建造一座建筑。

——［奥］路德维希·维特根斯坦《文化与价值》

从中国人民大学哲学系伦理学专业研究生毕业到北京建筑大学任教以来，我一直孜孜寻求适合自己所学专业，而又能够结合建筑学特色的学术研究方向。2001年6月，当我读到美国耶鲁大学哲学系教授卡斯腾·哈里斯的著作《建筑的伦理功能》时，立刻被深深吸引。受到哈里斯的启发，我欣然走上了属于自己的建筑伦理研究之路。2006年3月，拙著《建筑的伦理意蕴》出版，将我对建筑伦理的初步思考和并不成熟的论断坦诚地呈现于读者，也为自己大体规划了未来的学术探索之路。

多年过去，呈现在读者面前的这本自选文集，所收录的论文主要涵盖我从2004年至2014年这十年间公开发表的有关建筑伦理的部分论文，其中学术论文22篇，学术随笔7篇，并新配插图75幅。这些精心挑选并重新修订、扩充的论文，是我在追寻建筑伦理的道路上所留下的一个个坚实的"脚印"。

本书收录这些论文时，并没有按照时间顺序排列，而是按照内容或主题进行划分。基于此，本书分为两大部分，第一部分追寻的是建筑伦理，第二部分追寻的是城市伦理。实际上，无论中西，"建筑"都是一个多义词，有多种含义。它既是一个名词，表示建造活动的成果或被建造的对象——即建筑物和建筑艺术，又可以是一个动词，表示人类的建筑过程、建筑行为或建造活动。同时，当代西方建筑学的概念在不断扩展，不仅园林和景观涵盖其中，甚至延伸至整个城市空间层面。因此，对建筑的认识和理解还可以扩展到更广义的层面，即吴良镛先生所提出的"广义建筑学"层面，"通过城市设计的核心作用，从观念和理论基础上把建筑学、地景学、城市规划学的要点整合为一"（《北京宪章》）。在此意义上，可以说，城市伦理也是广义的建筑伦理的组成部分。

对建筑伦理的研究，必然涉及建筑学和伦理学，因而研究者的学科背景和对两者的不同偏好，决定了对建筑伦理研究的两种致思方向：第一是从建筑理论或建筑实践出发，主要关注建筑理论及建筑活动中存在或面临的伦理议题；第二是从伦理学的视角关注建筑，这种研究取向期望伦理学能够为建筑及建筑活动提供价值理论和价值准则。我的学科背景决定了我主要是第二种致思方向，即从伦理学视角关注与思考建筑。这两种研究取向都有各自的优势与局限。对我而言，需要避免的是不能忽视对建筑本身内在具有的伦理性质的思考与研究。正是在这方面，我一直在努力探寻，游走于古今中西的建筑丛林之中，挖掘其中蕴含的伦理性因素。

1954年，海德格尔在自己的《演讲与论文集》的前言中说："对思想道路来说，过去的东西虽然已经过去，但依然在未来保持为曾在的东西。此种思想道路殷殷期待，直到某个时候有思想者来行走。"虽然我不敢贸然说开辟了建筑伦理的研究之路，但在探寻建筑伦理的道路上，我同样殷切期待，希望有更多的学人沿着这条充满跨界魅力的道路继续前行。

最后，本书文章所发表的具体杂志都已在文中注明，对允许我在这里作修订和再次刊用表示感谢！

2015年秋于北京

目录

前言

上篇　追寻建筑伦理

01　建筑有善恶吗?（外一篇）　/002
　　反思建筑抄袭风　/014
02　追寻建筑美德（外一篇）　/019
　　城市地标建筑的好与坏　/033
03　立体之书：建筑的伦理叙事　/038
04　宫室之制与宫室之治　/053
05　儒家伦理与中国传统建筑文化　/066
06　禁锢与教化：
　　中国传统建筑文化中的性别伦理　/077
07　美善合一：中国传统建筑审美的
　　伦理向度　/094
08　建筑、现代性与安居：
　　卡斯腾·哈里斯的建筑伦理思想　/109
09　建筑从奉献开始：约翰·罗斯金的
　　建筑伦理思想　/124
10　环境伦理学视野中的
　　生态建筑技术（外一篇）　/141
　　百姓安居呼唤建筑工程伦理　/152
11　建筑文化遗产保护的价值要素　/157
　　古城重建的是与非　/169
12　全球化语境下建筑地域性特征的
　　再解读（外一篇）　/173
　　中国建筑文化：扎根于本土传统
　　中面向未来　/184

vii

下篇

追寻城市伦理

追寻建筑伦理

01

建筑有善恶吗?（外一篇）*

建筑是关系到我们的生活是否安全、健康、幸福和美好的一个权重极大的因素，因此建筑的善与恶就凸显为一个重要的问题。

凡是改善、提升了人的生活，满足和增进了人的需要和人的幸福的建筑；或者从更抽象的意义上说，凡是运用合乎人性化的尺度，对人的尊严与符合人性的生活条件予以肯定，以及对人的存在与发展的状况全面关怀的建筑，都是善的建筑。

---

* 本文的部分内容以《建筑善的当代反思及其三个维度》为题发表于《北京建筑工程学院学报》，2012年第4期。

如同日常生活中人们往往会对建筑的美与丑作出自己的判断一样，人们也常常会用好与坏、善与恶这样的伦理性字眼评价周遭的建筑，以此对建筑作出或赞扬或批评、或欣赏或嫌恶的价值评价。价值评价、道德评价介入建筑，引发人们思考的一个基本问题便是：究竟是什么构成了一座好的建筑？建筑有善恶之分吗？

一、建筑善的当代反思

对建筑的善恶评价，实际上有其历史的渊源与悠久的传统。从人类建筑文化的起源及发展历程来看，建筑所表现出的丰富的文化内涵、精神意义和价值尺度，使人们很早就认识到人类的建筑活动是一种具有价值负载的活动，凝结了一个社会政治的、宗教的、文化的、精神的诸多特性。这其中，尤其内含丰富的伦理道德成分。

在我国，传统建筑及城市营建是礼制秩序的象征，是封建等级伦理的表达工具。由于在社会生活、家庭生活、衣食住行和生养死葬的各个层面都要纳入礼的制约之中，所以，作为起居生活和诸多礼仪活动物质场所之建筑，便属于国家仪典的范围，理所当然要发挥"养德、辨轻重"，维护等级制度的社会功能。从周代开始，以礼制形态表现出的一整套古代建筑等级制度便是这一制度伦理的体现。具体来说，建筑体量、屋顶式样、开间面阔、色彩装饰、建筑用材，甚至室内陈设，如此等等，几乎所有细则都有明确的等级规定，建筑成了传统礼制和伦理纲常的一种物化象征。依此，违礼逾制的建筑便违背了中国传统建筑善的基本要求，僭越逾等者要受到严惩。

在西方，对普遍的善的追求是建筑学固有的内容。马里奥·博塔（Mario Botta）指出："在建筑学是美学之前，它就是一门伦理学科，当建筑学被提出之时，其道德维度便具有合法地位。"[1] 早在古罗马时代，被誉为"建筑学之父"的维特鲁威在《建筑十书》中不仅阐述了建筑对于建立公共秩序和体现社会福祉的重要性，还提出了好建筑所必须具备的六个要素：秩序（ordering）、布置（design）、匀称（shapeliness）、均衡（symmetry）、得体（correctness）和配给（allocation）。其中，"得体"颇富伦理意味。维特鲁威认为，"得体"涉及形式与内容的适当性问题，不同柱式的装饰风格与其所象征的不同神祇的性别、身份与尊卑相适应、相匹配。在总结这六个要素的基础上，维特鲁威提出了好建筑的经典标准："所有建筑都应根据坚固（soundness）、实用（utility）和美观（attractiveness）的原则来建造。"[2] 维特鲁威的"三原则"看似简单，却蕴含普适而隽永的价值，在建筑理论史上流传甚久，影响至深。当今时代，重新强调建筑善之意义，有特定的时代背景。从20世纪70年代中后期以来，西方建筑界进入了对现代主义建筑运动进行反思的时期，出现了建筑价值标准混乱、城市居住环境恶化、建筑职业伦理缺失等多重危机，促使人们思考建筑中的社会及伦理问题。美国学者汤姆·斯佩克特（Tom Spector）甚至认为，20世纪70年代末期，随着简·雅各布斯（Jane Jacobs）和罗伯特·文丘里（Robet Venturi）发动的对现代主义建筑运动道德谋划的彻底否定与批判，建筑的道德使命降至最低点，建筑职业也陷入了一种伦理混乱状态。[3] 这些问题引发了人们对建筑善恶问题、建筑的伦理本质与社会责任的深层思考。

　　西方建筑思潮、价值标准多元主义以及晚期资本主义的文化逻辑给中国建筑界带来了不小影响。中国建筑界同样出现了一定程度的价值混乱，尤其是出现了工具理性不断膨胀与价值理性逐渐式微的状况。同时，在以市场为导向的功利主义、强大的商业逻辑、行政权力的干预等背景下，中国建筑业一方面呈现出前所未有的繁荣

1　Mario Botta.*The Ethics of Building*.San Francisco：Chronicle Books Llc, 1997. p26.
2　［古罗马］维特鲁威. 建筑十书[M]. 陈平译. 北京：北京大学出版社，2012：68。
3　Tom Spector. The Ethical Architect: The Dilemma of Contemporary Practice. New York: Princeton Architectural Press, 2001. VIII.

局面，另一方面却出现了一些令人忧虑的问题。例如，许多大型公共建筑和商业建筑不同程度存在着贪大求洋、浪费资源、盲目模仿抄袭和丧失民族地域特色的问题（参考外一篇）。尤其是弥漫全社会的过度商业化魔咒，似乎有着无坚不摧的力量，不仅控制了建筑活动的方方面面，也侵入了建筑的价值观与意识形态领域。与之相伴的是，人们越来越明显地感受到一种人文精神的失落，许多建筑失去了基本的价值追求，甚至走向了善之对立面。

如果按照霍布斯（Thomas Hobbes）的观点"任何人的欲望的对象就他本人说来，他都称为善，而憎恶或嫌恶的对象则称为恶；轻视的对象则称为无价值和无足轻重"，[1]那么，一些风格之恶俗，审美之奇缺，让人厌恶并产生不良价值导向的丑陋建筑不正是违背建筑善的要求吗？例如，入选美国CNN旗下生活旅游网站评选的全球最丑十大建筑的沈阳铜钱造型的方圆大厦以及河北鹿泉灵山景区元宝型的"财富塔"（图1），都是用恶俗的建筑形态来彰显对金钱的膜拜，隐喻了一种金钱至上的不良价值观。

图一　用建筑形态来彰显对金钱的膜拜：沈阳铜钱造型的方圆大厦（左图）与河北鹿泉灵山景区元宝型『财富塔』（右图）

1　[英]霍布斯. 利维坦[M]. 黎思复，黎廷弼译. 北京：商务印书馆，1985：38。

　　同样，如果我们"回归基本原理"，以维特鲁威的建筑三原则作为判断建筑善恶的基本标准，那么，我们城市中那些不实用、不美观，尤其是不经济的建筑还少吗？英国学者戴维·史密斯·卡彭（David Smith Capon）在对西方建筑学与哲学的范畴史作比较研究的前提下，提出了构成好（善）的建筑的几个原则，其中最重要的一条原则就是"功能的有效性"。他认为，建筑的功能与道德的关系，实质上反映了人们对理想的生活方式的追求。而且，"与功能有关的道德暗示了决定性的需求和以最少浪费与最为经济的方式，对需求的满足"。[1]然而，堪忧的是，在西方往往大多只是在书本、杂志或展览会上才出现的造型歪七扭八、追求视觉吸引力的畸形建筑，却在我国某些大城市，动辄以多花费几亿甚至十几亿的代价变为现实（图2）。这些只顾形式、不顾造价经济与结构合理性的建

1　[英] 戴维·史密斯·卡彭.《建筑理论（下）：勒·柯布西耶的遗产——以范畴为线索的20世纪建筑理论诸原则》[M]. 王贵祥译. 北京：中国建筑工业出版社，2007：100。

筑，难道称得上是好建筑吗？

更为紧迫与重要的问题是，在城市环境质量不断下降、人与自然矛盾日益突出的今天，许多大量采用反光建材或玻璃幕墙作外部装饰，甚至搞全玻璃立面或透光屋顶、水晶球屋顶造型的商业建筑、大型公共建筑、地标建筑，尤其是竞相比高的摩天大楼，几乎都是耗能大户，并加剧了城市热岛效应和地面沉降灾害。据统计，作为我国玻璃幕墙工程最多的城市之一，深圳市的建筑能耗已占全市总能耗的1/4，超过工业、交通、农业等其他行业，成为深圳能耗的首位，其中公共建筑能耗又占深圳建筑总能耗的"大头"。[1]这些全然不顾建筑物的气候适应性原则，不考虑后续运营成本，以惊人的建造能耗和运行能耗为代价的建筑，增加了现代设计方式与建筑材料对城市环境和自然系统带来的不利影响，不仅造成资源浪费，加速城市生态的恶化，还会进一步疏远人工环境中人与自然的联系。这样的建筑难道符合现代建筑善的基本要求吗？而且，并非所有公共建筑都适宜于大面积玻璃幕墙设计。例如，深圳图书馆新馆由日本建筑师矶崎新主持设计，其东面的水幕和三维玻璃幕墙曲面设计如同"竖琴"（图3），虽然造型独特，但在炎炎夏日却给读者带来了较为强烈刺眼的日晒光照，出现了读者撑伞读书的窘况（图4），既不人性化又浪费资源。

图3 日本建筑师矶崎新主持设计的深圳图书馆新馆

1 深圳玻璃建筑能耗高 好看不好受 [N]. 深圳商报，2009-7-23.

图4 深圳图书馆内读者撑伞读书
（图片来源：《羊城晚报》，2015年8月4日）

人离不开建筑，我们从生到死都生存在建筑的世界中，每个人的一生都同建筑关系密切。建筑是一种最大众化的，甚至被称为一种"强迫性"的艺术。因为无论它们是美是丑，是善是恶，我们都居于其间，具有强迫接受的不可选择性。正因为如此，建筑担负着其他艺术无可替代的审美教育和情感熏陶功能。同时，建筑不仅为人类的居住及其活动服务，建筑还是一种存在方式和精神秩序，能够给人提供一种在大地上真实的"存在的立足点"，使人类的身体与心灵有所庇护与安顿。总之，建筑是关系到我们的生活是否安全、健康、幸福和美好的一个权重极大的因素，因此建筑的善与恶就凸显为一个极其重要的问题。

二、建筑善的三个维度

总体上说，建筑善是普遍的、一般的善在建筑领域中的体现，表达了建筑的一种属性或应该秉承的一种指向正向的价值追求，它是建筑活动的最高道德境界，所有的建筑伦理准则都应该是建筑善的具体反映。建筑善是一种物化形态的善，它是一种通过建造活动和建筑物本身展现出来的人为自己造福的重要实现方式，也是人利用人造物来满足生命需求、追求更好生活的外在表征。具体而言，可以从三个维度理解建筑善的丰富内涵。

（一）人本维度的建筑善

建筑作为一种物质性的存在，作为一种"人造物"，本身并没有属善或属恶的质的规定。这就如同"不存在独裁的或民主的建筑，只存在用独裁或民主的方式去建造和使用建筑，一行多立克的柱子并不表示独裁，一个张拉结构也不能体现民主，建筑本身是无政治色彩的，只可能为政治所利用"[1]。因此，建筑善体现为一种工具善，本质上不是因其固有的性质，而是在实践活动中作为主体的人与作为客体的建筑的互动关系中形成的，体现了人与建筑、人的生活方式与建筑活动之间密不可分的关系。

进言之，建筑并非单纯的建筑技术、建筑材料的物化。作为日常生活的容器和人化的空间，作为精神文化的载体，它要用人所发明的符号和象征语言把人的情感欲望、人的生活方式、人的思想观念表现出来。"建筑的最高本质是人，是人性，是人性的空间化和凝固"[2]。善的观念总是依赖于一种普遍的关于人的欲望和人性的观念，确立建筑善恶的基础是对人的欲望、人的需要、人的生活、人的幸福等人本要求的满足。也正是在此意义上，我们才能对"属物"的建筑进行"属善"或"属恶"的价值判断。虽然人们对建筑的价值评价尤其是审美判断有诸多分歧，但对建筑的伦理评价却具有相当程度的一致性。巴里·沃瑟曼（Barry Wasserman）等人指出："对于建筑而言，通过设计、建造和景观美化使人的生活得以提升，这便是绝大多数人所赞同的有关建筑之善（good）的一个重要方面。"[3]

故而，我们可以这样说，凡是改善、提升了人的生活，满足和增进了人的需要和人的幸福的建筑；或者从更抽象的意义上说，凡是运用合乎人性化的尺度，对人的尊严与符合人性的生活条件予以肯定，以及对人的存在与发展的状况全面关怀的建筑，都是善建筑。

1　徐苏宁，伍炜. 现代城市的批判者——克里尔兄弟及其城市形态理论[J]. 建筑师，第98期.

2　赵鑫珊. 建筑是首哲理诗——对世界建筑艺术的哲学思考[M]. 天津：百花文艺出版社，1998：10.

3　Barry Wasserman, Patrick Sullivan, Gregory Palermo. Ethics and the Practice of Architecture. New York：Wiley, 2000. p4.

（二）审美维度的建筑善

美和善的内在一致性首先表现在它们都以对象的功用或合目的性作为衡量价值的基本标准，这一观念在建筑艺术中表现得尤为突出。建筑可以说是一种介乎审美与实用之间的艺术形态，它不可能像音乐、绘画一样，把物质性的实用功能撇在一边，甚至有意违反功能性的要求，去追求所谓纯粹美的精神享受。因此，建筑艺术及其审美活动，总是离不开由材料结构等条件所构成的物质技术基础及其实用功能，对建筑艺术的评价首先要看它是否为某种用途提供了合适的功能。对此，卡斯腾·哈里斯（Karsten Harris）说："首先要考虑到建筑的实用性，然后才是美。如果是这样的话，建筑的美只有在它的必需条件满足之后才能被附加上，这也就是说，建筑不得不对他或她的艺术构思打个折扣"[1]。

中国传统建筑审美风尚的重要特征之一是提倡节俭与实用，这可说是传统建筑艺术伦理的核心特质。"古之圣王莫不以俭为德，故尧称采椽茅茨，禹称卑宫恶服"。[2]宋代李诫在《进新修〈营造法式〉序》中说，"丹楹刻桷，淫巧既除；菲食卑宫，淳风斯复"，[3]其意义便是在建筑活动中除淫巧之俗，倡节制之风。

因此，从建筑艺术的审美构成来看，建筑美不仅仅涉及建筑本身的形式元素及图像语汇，更涉及体现建筑善倾向的适用性与节俭性，这是建筑美的前提和出发点。

其次，美和善的内在一致性还表现在包含伦理意蕴的人文美是建筑美的有机组成部分。康德在《判断力批判》中提出"美作为道德的象征"的命题，美被视为道德或善的一种象征，是通过特定的形式对善的一种合目的性的表达。通过这种表达或隐喻，促成人们获得了对道德上的善的一种直观，善的内容也被升华了。康德说："我们经常用一些看起来以一种道德评判为基础的名称来称谓自然或者艺术的美的对象。我们把建筑或者树木称作雄伟的和壮丽的，或者把原野称作欢笑的和快乐的；甚至颜色也被称作贞洁的、谦虚的、温柔的，因为它们所激起的那些感觉

---

1 ［美］卡斯腾·哈里斯. 建筑的伦理功能[M]. 申嘉，陈朝晖译. 北京：华夏出版社，2001：23.
2 《晋书》卷五十六·列传第二十六。
3 （宋）李诫、邹其昌点校.《营造法式》（修订本）[M]. 北京：人民出版社；2011：2.

010　追寻建筑伦理

包含着某种与一种由道德判断造成的心灵状态的意识相类似的东西。"[1]因此，理解审美维度的建筑善，不能仅仅将建筑视为具有实用功能的建造之物，或单纯形式意义上的造型艺术，建筑之所以摆脱了单纯"遮蔽物"的物质外壳上升到社会艺术的高度，一个重要的原因便是其具有精神隐喻与人文熏陶的功能，它以特有的"无声的语言"（如象征性符号）向人们暗示某种普遍价值和精神秩序，为人类社会提供精神指引。倘若建筑不拥有这些"无用之用"的精神特征，就不能称之为真正的建筑。

因而，从一定意义上说，建筑美不仅仅是一种功能之美、形式之美，还是一种精神之美、人文之美。也就是说，"建筑艺术的审美价值，并不是一般地表现为可能引起感官愉悦的自然的要素，而是突出地表现为增进社会效益的人文的要素"[2]。

此外，还需强调的是，建筑艺术作为一种物化的审美意象，还能使人获得一种特殊的精神愉悦，如建筑大师梁思成和林徽因所描述的超出"诗意""画意"之外的愉快："这些美的存在，在建筑审美者的眼里，都能引起特异的感觉，在'诗意'和'画意'之外，还使他感到一种'建筑意'的愉快。"[3]而这精神之愉悦性恰恰是建筑的重要价值之一，也是建筑善的重要体现。

（三）工程维度的建筑善

作为建造活动之"建筑"，是人类工程活动的一种重要形式。因而，工程维度的建筑善，涉及更多的是工程伦理问题。工程伦理是从总体上对各种工程活动和工程师的职业行为进行伦理审视，解决工程中的道德问题，而这必然要涉及一些典型工程领域伦理问题的探讨，如建筑工程。美国土木工程师协会（American Society of Civil Engineers，简称ASCE）提出的土木工程师的伦理规范，其基本准则的第一条是"工程师应该把公众的安全、健康和福利放在首要位置，并在履行他们的职责时，努力遵守可持续发展原则"[4]。这一条可看作是工程维度建筑善的基本

---

1 李秋零主编. 康德著作全集第5卷：实践理性批判、判断力批判[M]. 李秋零译. 北京：中国人民大学出版社，2007：369.
2 王世仁. 理性与浪漫的交织：中国建筑美学论文集[M]. 天津：百花文艺出版社，2005：126.
3 梁思成，林徽因. 平郊建筑杂录[C]∥林徽因讲建筑. 西安：陕西师范大学出版社，2004：45。该文原载《中国营造学社汇刊》第三卷第4期.
4 ［美］维西林等. 工程、伦理与环境[M]. 吴晓东，翁端译. 北京：清华大学出版社，2003：248.

要求，即凡把公众的安全、健康和福利放在首要位置，并遵循可持续发展原则的建筑工程活动，都是好的工程，或者说善的工程。

工程维度建筑善的核心要求或最低限度的共识是不伤害和基本关怀。所谓不伤害是指"不得侵犯一个人包括生命、身心完整性在内的一切合法权益，否则就会因此而受到社会的否定性评价"。[1] 不伤害在建筑工程中具体体现为安全原则，它要求建筑工程从业人员尊重、维护或者至少不伤害公众的生命和健康，在进行工程项目论证、设计、施工、管理和维护中关心人本身，充分考虑产品的安全可靠、对公众无害，保证工程造福于人类。安全原则是在工程活动中贯彻生命价值原则或人道原则的逻辑结论，是对工程师最基本的道德要求。如果设计不合理、工程质量低劣，其结果必然是事故频出，给国家、社会和公众的生命和财产造成巨大损失，这方面的惨痛教训数不胜数。所谓基本关怀，作为一种善的德行，核心是建立在情感能力基础上的对他者利益的考虑与关注。例如，建筑师不应该设计或建造危房是一种基本关怀，而建筑师从视觉、听觉、触觉等感官体验，以及台阶的高度、无障碍设计，乃至草地上甬道的设计等细节之处，都细心体察与满足不同使用者的需要，设计提升人们生活品质和幸福感的建筑，则是在更高层次体现了基本关怀。

建筑活动是人类作用于自然生态环境最重要的生产活动之一，也是消耗自然资源最大的生产活动之一，加之现代建筑运动主要遵循着功利化的技术指导模式发展，导致人、建筑、城市、自然之间的矛盾日益尖锐。据统计，全球建筑能源消耗已超过工业和交通，占到总能源消耗的41%。在中国，与建筑业有关的资源消耗占全国资源利用总量的40%～50%，能源消耗占全国能源消耗量约30%；在CO_2（二氧化碳）排放中，城市生产、交通及建筑的碳排放量约占城市总排放量的80%以上，其中建筑碳排放量占总排放量的20%以上。[2]因此，可以说建筑能耗的不断增长是人类能源危机的重要因素之一，也是大气污染的主要来源。此外，建筑业还产生了大量污

---

1 甘绍平，余涌. 应用伦理学教程[M]. 北京：中国社会科学出版社，2008：18.
2 董轶婷. 我国建筑能耗研究. 2013年4月，北京大学能源安全与国家发展研究中心工作论文系列，No.20130504，http://cced.nsd.edu.cn/.

染物，如施工噪声、建筑粉尘、建筑垃圾、固体废弃物等。同时，绝大多数的环境污染与生态平衡被打破的根源来自城市本身。美国建筑学院研究所协会及美国建筑师学会（ACSA/AIA）在一个研讨会的纪要中明确指出："建筑曾经是个形态问题，而现在则关系到了人类的生存。在过去的11万年中，我们一直用建筑来保护我们免受环境的侵害，但直到现在才发现，我们的建筑正在危害人类的健康和幸福的生活，而且超过了这个地球的承载能力。越来越多的人相信，一个合乎道德的文化转变是必要的。"[1]

因此，在建筑发展、城市化演进与有限的资源承载力、脆弱的生态环境间的矛盾越来越突出的今天，建筑的生态性要求日益成为现代建筑善的一项基本要求。生态性要求的核心是尊重自然，遵循可持续发展与环境伦理的基本理念，协调建筑与人、建筑与自然环境、建筑与生物共同体的关系，有效地把节能设计和对环境影响最小的材料结合在一起，使建筑尽可能多地发挥出有利于生态的建设性效益，尽量减少对人居环境和自然界的不良影响。美国著名生态学家奥尔多·利奥波德（Aldo Leapold）提出过一个整体主义的生态伦理原则："当一个事物有助于保护生物共同体的和谐、稳定和美丽的时候，它就是正确的，当它走向反面时，就是错误的。"[2]从一定意义上说，它同样也可以作为判断建筑善恶的基本标准。因此，随着城市、建筑和自然系统的矛盾日益突出，建筑活动必须寻求符合现代生态价值观的善恶标准，创造具有环境责任感的建筑文化，而建筑价值观中环境伦理学理念的引入尤为迫切和重要。

总之，建筑的善恶之所以是一个重要的问题，不仅因为它是建筑伦理的基本问题，是建构建筑伦理规范与行动规则的价值基础，还因为建筑具有或造福或伤害公众的巨大力量，而在现实中我们经常可以看到：建筑不仅有造福从而行善的功能，而且不时还会带来人为的伤害与灾祸。因此，如何引导建筑活动，尽量避免建筑恶而追求建筑善，使建筑活动在更深层次上服务于公众幸福与社会的和谐公正发展，展现出对自然环境的关爱，便成为建筑伦理的基本目标和主要使命。

---

1 ［美］南·艾琳. 后现代城市主义[M]. 张冠增译. 上海：同济大学出版社，2007：50.
2 ［美］奥尔多·利奥波德. 沙乡年鉴[M]. 侯文蕙译. 长春：吉林人民出版社，1997：213.

反思建筑抄袭风 *

对建筑抄袭之风的认真反思，有助于我们认清当代中国建筑发展中的突出问题，有针对性地解决问题，使中国的现代建筑之路走得更好。

* 本文发表于《瞭望》周刊2015年第25期，有改动，新配插图。

2015年5月，某著名大学百年校庆宣传片涉嫌抄袭事件，引起媒体广泛关注。一位建筑师对此感叹道，一遇到抄袭问题，再愤青的建筑师都沉默不语了。此话虽有些戏谑成分，但却折射出当下我国建筑界的一股不正之风——热衷于"模仿秀"。数不清的"山寨建筑"充斥城乡，拙劣地复制包括本国在内世界各地尤其是欧美国家的地标性建筑或景观元素，甚至一些开发商不满足于山寨标志性建筑，开始按照城镇这样的空间尺度进行复制。这股建筑抄袭之风已经吹了不少年，似乎人们都习以为常，甚至毫不介意。然而，对这种现象可能带来的问题和危害，我们的反思却远远不够。

　　首先，大量存在的建筑抄袭现象，反映了相关知识产权法律意识的淡漠和职业伦理的缺失。在世界大多数国家，建筑作品都受知识产权法律保护。在我国，相关法律以及我国已加入的国际公约对建筑作品版权保护都有相应的规定。建筑作品是《中华人民共和国著作权法》规定的作品类型。在《中华人民共和国著作权法实施条例》中，对建筑作品的定义是"以建筑物或者构筑物形式表现的有审美意义的作品"。由此可见，凡具审美意义的建筑作品都受著作权法保护，未经著作权人许可，复制、剽窃他人作品便构成侵权行为。各地出现的"山寨建筑"几乎全部复制的是有审美意义的建筑作品。这几年，有关建筑作品版权之争的法律诉讼开始出现，但总体上说建筑版权保护工作还停留在纸面化的法律条文上，并没有得到应有的重视与落实（图5）。对于建筑从业人员尤其是建筑师来说，在其职业伦理要求中，也没有强调建筑版权意识。事实上，不少建筑师（包括建筑开发商）甚至根本就不知道有建筑版权这回事。于是，建筑设计抄袭成风就不足为奇了。而在世界一些国家，例如美国，建筑版权方面的要求写进了《美国建筑师学会伦理与职业准

图5 北京望京SOHO与重庆美全22世纪写字楼效果图对比。2012年5月，重庆美全22世纪写字楼被指抄袭望京SOHO事件，引发业界对建筑设计版权的讨论（图片来源：筑龙网，http://blog.zhulong.com/blog/detail4365421.html）

则》（2004版）之中，要求其成员在职业活动中不应违反法律，包括版权法。版权法禁止在未经版权所有者允许的情况下拷贝建筑作品。

第二，建筑抄袭这种毫无新意的简单重复现象，折射了建筑设计领域创意枯竭、创新乏力、有影响力的原创作品稀缺的问题。改革开放后，随着快速城镇化进程，大量建筑拔地而起，每年城镇新建建筑近20亿平方米，城乡面貌发生了巨大变化，城乡环境有了明显改善。但伴随如此巨大的建筑规模，建筑文化并没有呈现继承和创新意义上的大繁荣和良性发展态势，反而产生一些建筑文化的乱象，如建筑风格雷同，缺乏民族和地域特色，造成千城一面；奉行"拿来主义"，山寨建筑、克隆建筑频现；一些标志性建筑和文化建筑一味求洋、求怪，追求奢华气派，等等。这些乱象，一方面，反映了在以市场为导向的功利主义和强大的商业逻辑的影响下，中国建筑业出现了一定程度的价值混乱；另一方面，则反映了许多建筑设计既没有立足本土城市文脉，较好地继承中国传统建筑的精华，也没能有机融入世界建筑文化潮流，更遑论一定程度上引领世界建筑潮流，致使当代中国建筑文化原创性不足，或将真正的建筑艺术创新沦为一种大杂烩式的"伪创新"，走的仍是从形式到形式的道路，并没有发展出体现时代精神的有中国特色的建筑文化。

第三，欧陆风盛行的建筑抄袭现象，不仅导致城市文化丢掉了中国风格，还让我们的乡愁无处安放。美国《赫芬顿邮报》编辑碧昂卡·博斯克，几年前在中国研究了上海的"一城九镇"计划。她认为这九个镇除朱家角镇凸现了本土水乡古镇风貌外，其余都试图打造或英伦风格、或德式风格，还有意大利、荷兰、西班牙等国风格，总之，是刻意复制别国的建筑风貌。以此为契机，她写了名为《原本复制：当代中国的山寨建筑》一书，描述了中国城市的建筑复制现象。其实，放眼全国，何止上海，到处都可见廉价的西方建筑仿制品，"欧陆风情"似乎成了中国城市社区流行的时尚外观。据不完全统计，中国各地至少有2座"悉尼歌剧院"，3座"埃菲尔铁塔"，6座"巴黎凯旋门"，还有不下10座"美国国会大厦"。[1]简单化地复制欧陆风格建筑及景观元素，甚至一些地方还建起具有某国纪念价值的雕像和纪念碑，不仅使中国许多城市传统的地域文化个性不断弱化甚至消失，这还成为中国城市建筑的一大败笔（图6、图7）。同时，这些建筑和景观传达的象征信息模糊不清，有可能弱化人们的民族文化认同感。实际上，越是全球化、国际化的时代，"乡土情结"和家园意识越是难以割舍。"何人不起故园情"！随着城市建设日新月异，一个个熟悉的环境变得陌生；随着城市空间越来越失去地方特色，人们对老建筑、老街区的珍惜和依恋之情反而日益增强，这种情感用一个富有审美意蕴的词来表达就是"乡愁"。所谓城镇建设要让居民"记得住乡愁"，本质上就是指城镇建设应保持和建构一种空间环境的场所感。而地方特色就是一个地方的"场所感"，这种地方特色能使人区别地方与地方的差异，能唤起对一个地方的记忆。场所感一旦消失，就意味着乡愁无处可寻也无处安放。试想，住在"泰晤士小镇"或"维也纳花园"的居民，老人们原来的乡愁载体早已不复存在，而成长起来的年轻一代更是难以体会到

---

1 牟汀汀. 中国山寨建筑大赛[J]. 周末画报：2014-10-21.

图6 浙江嘉兴市东方巴黎小区——抄袭巴黎凯旋门（图片来源：《周末画报》2014年10月21日，钱东升摄）

图7 浙江杭州威尼斯水城小区——抄袭威尼斯圣马可广场（图片来源：《周末画报》2014年10月21日，钱东升摄）

自己城市特有的建筑文化魅力，将来他们的乡愁难道要充满异国情调吗？

创新发展的原动力首先是提出问题和反思问题。对建筑抄袭之风的认真反思，有助于我们认清当代中国建筑发展中的突出问题，着力有针对性地解决问题，使中国的现代建筑之路走得更好。

02

追寻建筑美德（外一篇）*

建筑美德是一种物化形态的美德，它是一种通过建造活动展现出来的人为自己造福的重要实现方式，也是人利用人造物来满足生命需求、追求更好生活的外在表征。建筑美德之所以值得期待，主要是因为它契合了人性需要，可以带来造福于人的价值。

---

* 本文最初以《论建筑美德》为题发表于《伦理学研究》2013年第4期，本书收录时进行了修订，并新配插图。

很多时候，人们对建筑的价值评价不是针对建筑师和工程师的，而是针对实实在在展现在我们面前或我们身处其中的建筑本身。人们往往认为具有某些特征、品性、气质的建筑是值得赞扬、令人愉悦的，而具有另外一些特征、品性、气质的建筑是应该遭到贬斥、让人痛苦的。其实，人们在对建筑的价值评价中，已不知不觉涉及了有关建筑的美德与恶德问题。下面我试图以亚里士多德的美德概念为基础，追寻与探讨作为人造物的建筑最值得拥有的基本美德，从而拓宽美德伦理的探究维度，提升建筑的伦理功能。

一、建筑美德是什么？

本文所讨论的建筑美德不是指作为建造活动主体（如建筑师、工程师）的美德，而是一种属物的美德。也许人们相信，建筑师、工程师有美德，便能设计、建造出好房子，但两者之间并非一一对应关系。

建筑美德这一术语中，美德概念对应的英文词是"virtue"。virtue又译为德性，它源自拉丁文"virtus"，而virtus则是古希腊词"arete"的对译。arete在汉语中与virtue一样，一般译为德性或美德，其基本含义，在西方伦理思想史上美德伦理学的著名代表——亚里士多德那里，不仅指属人的品质或品性，而且也指属物甚至可用于万事万物的品质或品性，具体是指使人或事物成为完美状态并具有优秀功能的特性和规定。亚里士多德说："一切德性，只要某物以它为德性，它就不但要使该物状况良好，而且要给予该物以优秀的功能。例如眼睛的德性，就不但要使双目明亮，而且还要让它功能良好（眼睛的德性，就意味着视力敏锐）。马的德性也是这样，它要使马成为一匹良马，而且善于奔跑、驮着它的骑手冲向敌人。如若这个原则可普遍适用，那么人的德性就是一种使人成为高尚的，并使其出色地运用其功能的品质。"[1]我们也可以接着亚里士多德的话说，如若这个原则可普遍适用，那么建筑的德性或美德就是一种使建筑给使用者带来幸福的，并使其能够出色发挥功能的品质或秉性。进言之，建筑美德是判断建筑精神价值尤其是道德价值的基础，是建筑所表现出来的一种造福于人、让生活更美好的精神品质。

因此，建筑美德中的"美德"含义，实际上回归了亚里士多德的观念。当然，当我们说建筑的美德时，多少与现代汉语的用法相抵牾，因为汉语中美德这个词通常指专属于人的道德品质，一般不用于对物品、对艺术品的描写或评价。这也是有学者不同意将英文"virtue"、古希腊的"arete"中译为"美德"或"德性"的一个重要理由。如马永翔认为，在现代日常汉语里用来述说属人的道德品质的"美德"一词，不适合用来翻译本义上的virtue，并建议以"良品"来译述virtue 。[2]刘林鹰认为，不能以汉语的德性概念去对译古希腊的arete和英语的virtue，并提出"佳性"的说法。[3]其实，现代汉语的用法比我们想象中更富有弹性，在无法找到一个公认的、合适的词来替代"美德"这个词时，沿用不啻为最妥当的选择。

建筑美德是一种物化形态的美德，它是一种通过建造活动展现出来的人为自己造福的重要实现方式，也是人利用人造物来满足生命需求、追求更好生活的外在表征。因此，建筑美德之所以值得期待，主要是因为它契合了人性需要，可以带来造福于人的价值。作为人类建造过程的产物，建筑的美德不可能是其本身天然具有的优秀特征，它不过是一种"赋予性品质"，是建筑师、工程师、建筑工人、室内设计师等建筑从业人员通过其实践活动赋予建筑物的品质、特征，是在作为主体的人与作为客体的建筑的互动关系中形成

---

1 [古希腊] 亚里士多德. 尼各马科伦理学[M]. 苗力田译. 北京：中国社会科学出版社，1990：32.
2 马永翔. 美德，德性，抑或良品？——Virtue概念的中文译法及品质论伦理学的基本结构[J]. 道德与文明：2010，6：18-22.
3 刘林鹰. 古希腊的arete一般情况下不能译为汉语的德性[J]. 文史博览（理论），2009，5：24-26.

的，体现了人与建筑之间密不可分的关系。

如同传统的美德伦理总是善于借助道德叙事的方式来表达，建筑的美德也往往通过特殊的叙事方式更清晰、更形象地呈现出来。建筑如同一本"立体的书"，它可以通过材料、造型、表皮、色彩、肌理、虚实、路径、边界、空间组织与活动来隐喻与建构其社会文化意义与价值追求，这意义的表达便犹如讲故事一般。正如英国学者阿兰·德波顿（Alain de Botton）所说："我们心仪的建筑，说到底就是那些不管以何种方式礼赞我们认可的那些价值的建筑——亦即，要么通过其原材料，要么通过其外形或是颜色，它们能够表现出诸如友善、亲切、微妙、力度以及智慧等等重要的积极品质。"[1]

美德视角作为一种方法在建筑伦理研究中有两个基本的思维进路：建筑的美德与建筑的恶德。如果说建筑的美德是一种让建筑表现得恰当与出色的特征或状态，是建筑值得追求的好的品质；其反面则是建筑的恶德，即建筑表现出来的坏的、遭到谴责的、不应当如此的品质。这两种思维进路其实是相辅相成的。探究建筑美德是为了矫正和避免建筑恶德，而克服建筑恶德，正是实现建筑美德的一种现实选择。

建筑美德理论所要讨论的基本问题，实际上就是探寻什么样的品格是建筑最值得拥有的。纵观人类建筑思想史，虽然人们无法开列出一份对所有人、所有社会、所有文化而言都值得赞赏、值得追求的建筑美德清单，更难以对之做出详尽的解释和充分的证明，但至少我们可以按照等级关系来划分不同层次的美德。一般而言，有些建筑美德比另一些建筑美德更为基本，具有更强的普适性，而且它们不依赖于或从属于其他美德，这些美德被称为基本美德，而正是对这些以共同人性为基础的基本美德的探寻，是建筑美德理论的中心任务。

二、西方建筑思想史上有关建筑美德的代表性观点

在西方建筑思想史上，古罗马时期维特鲁威的《建筑十书》是

1　[英]阿兰·德波顿. 幸福的建筑[M]. 冯涛译. 上海：上海译文出版社，2007：9.

两千多年前唯一幸存下来的建筑学著作，对后世影响极为深远，甚至被称为建筑学领域的圣经。维特鲁威在《建筑十书》中，试图为建筑学建立一套评价标准，而他提出的建筑所应具备的六个要素特征和三个基本原则，是对建筑美德的最早探索。维特鲁威提出建筑的六个要素特征分别是秩序（ordering）、布置（design）、匀称（shapeliness）、均衡（symmetry）、得体（correctness）和配给（allocation）。其中，秩序指建筑物各部分的尺寸要合乎比例；布置指根据建筑物性质对构件进行安排所取得的优雅效果；匀称指建筑构件的构成具有吸引人的外观和统一的面貌；均衡指建筑物各个构件之间比例合适，相互对应；得体则颇富伦理意味，主要涉及形式与内容的适当性问题，如不同柱式的装饰风格是与其所象征的不同神祇的性别、身份相适应、相匹配的；配给则不仅指对材料与工地进行有效管理，还指建筑物的设计与建造方式应做到适合于不同类型、不同身份的人。[1]上述六个要素特征，揭示了维特鲁威对建筑的品质要求。也正是在总结这六个要素的基础上，维特鲁威提出了好建筑的三个经典原则："所有建筑都应根据坚固（soundness）、实用（utility）和美观（attractiveness）的原则来建造。"[2]其中，坚固与地基、结构及材料相关；实用则涉及城市中建筑物的位置、空间布局、房屋朝向、私人房屋与公共空间的关联性等问题；而美观则主要体现在建筑物的外观和细部比例之中。坚固、实用和美观可以视为维特鲁威提出的三种最基本的建筑美德，在建筑理论史上流传甚久。

文艺复兴时期意大利建筑大师阿尔伯蒂（Leon Battista Alberti）写了《建筑论：阿尔伯蒂建筑十书》一书，被誉为除《建筑十书》之外，完全奉献给建筑学的第二本书。在该书中，阿尔伯蒂的理论出发点是将建筑看成一种由外形轮廓和实体结构所组成的形体，一方面是思想的产物，另一方面则来源于大自然。同时，他对维特鲁威的建筑三原则作了进一步阐发。不同于维特鲁威将"坚固"放在第一位，阿尔伯蒂更重视建筑的功能特性，将"实用"放

1　[古罗马]维特鲁威. 建筑十书[M]. 陈平译. 北京：北京大学出版社，2012：67-68.
2　[古罗马]维特鲁威. 建筑十书[M]. 陈平译. 北京：北京大学出版社，2012：68.

在优先考虑的位置。也就是说，好的建筑应该首先按照其实用性来评价。他说："对于建筑物的每一个方面，如果你正确地对其加以思考，它都是产生于需要的，并且得到了便利的滋养，因其使用而得到了尊严；只有在最后才提供了愉悦，而愉悦本身决不会不去避免对其自身的每一点滥用。"[1]阿尔伯蒂对建筑实用原则的强调，不仅是从建筑学的基本原理上说的，而且也是从美德的角度加以阐发的。他认为，好的建筑，其每一个部件都应该是在恰当的范围与位置上，即它不应该比实际使用的要求更大，也不应该比保持尊严的需求更小，更不应该是怪异和不相称的，而应该是正确而适当的，如此则再好不过了。可见，阿尔伯蒂对"实用"的理解，遵循的是亚里士多德所崇尚的"德性就是中道"的原则。"实用"之于建筑不仅是一种基本的"应当"，而且，在这"应当"之中，又是一种"最好"。这意味着，对于阿尔伯蒂来说，建筑首先必须满足人的需要，确保其实用功能。然后，表现建筑的实用功能的时候，要恰到好处，要得体，要适当，要适合于它的用途。阿尔伯蒂也相当重视"美观"原则，他认为优美和愉悦的建筑外观是最为尊贵和不可或缺的，一个俗不可耐的建筑作品造成的过错仅靠满足需要来弥补是没有意义的。同时，阿尔伯蒂对美观的理解，也富有伦理意蕴。他不仅将美与善结合，认为最为高尚的东西就是美的。而且，在亚里士多德中道观的影响下，将美看成一种合于中道的和谐，认为"美是一个物质内部所有部分之间的充分而合理的和谐，因而，没有什么可以增加的，没有什么可以减少的，也没有什么可以替换的，除非你想使其变得糟糕"。[2]

意大利文艺复兴时期有一位建筑师被西方冠以"史上最重要建筑师"，他就是安德烈亚·帕拉第奥（Andrea Palladio）。帕拉第奥确信完美的圆形是上帝的象征，代表着智慧、稳定、和谐和宇宙万物的秩序。有着圆形穹顶的教堂和神庙建筑便体现了这些美德。在帕拉第奥之前，圆形穹顶是教堂和神庙的专属品。正是富

---

1 ［意］莱昂·巴蒂斯塔·阿尔伯蒂. 建筑论[M]. 王贵祥译. 北京：中国建筑工业出版社，2010：19.
2 ［意］莱昂·巴蒂斯塔·阿尔伯蒂. 建筑论[M]. 王贵祥译. 北京：中国建筑工业出版社，2010：151.

图8 帕拉迪奥的圆厅别墅（Villa Rotonda，1552）

（图片来源：viaggiointaliacongoethe.altervista.org）

于革新精神的帕拉第奥打破常规，将圆形穹顶的神殿建筑元素以及古罗马公共建筑中的柱廊运用于乡间别墅与私人府邸，让普通民宅也闪耀着庄严和秩序的美德之光（图8）。1570年，帕拉迪奥出版了对后世有深远影响的著作——《建筑四书》（*Quattro libri dell'architettura*），这本书是对鼎盛时期文艺复兴建筑的理论总结。作为一位在人文知识方面具有扎实基础的建筑师，他在继承维特鲁威和阿尔伯蒂建筑三原则的基础上，提出了自己的设计理念。帕拉第奥将实用（他认为这一概念与便利是同义语）原则放在第一位，认为"便利就是让建筑的每一个构成部分位于其合适的位置，既不低于人性尊严的要求，也不多于实际的需求"[1]。帕拉第奥同样注重美观，而美观需要简洁和比例，同时他认为，"一个堪称完美的建筑不能只是短暂的有用，或者很长一段时间不方便，或者它既坚固又有用，但却不美观"[2]。

17世纪初，英国建筑师亨利·沃顿（Henry Wotton）爵士在《建筑学要素》（*The Elements of Architecture*，1624）一书中将

1　Andrea Palladio. The Four Books on Architecture. Translated by Robert Tavernor and Richard Schofield. MIT Press,1997.　p7.

2　Andrea Palladio. The Four Books on Architecture. Translated by Robert Tavernor and Richard Schofield. MIT Press,1997.　p6.

维特鲁威的建筑三原则作了修改，主要是把第三个原则"美观"改成"愉悦"（delight）。他说："像在所有其他实用艺术中一样，在建筑中，其目的必须是指向实用的。其目标是建造得好。好的建筑物有三个条件：适宜、坚固和愉悦。"[1]其实，维特鲁威与沃顿的说法本质上是一致的，美感的一个重要特性就是愉悦。建筑不仅能够展现人的创造性天赋，而且作为一种脱胎于"物质躯壳"的精神化身，作为一种审美意象，还能使人获得一种精神愉悦，而这精神之愉悦恰恰是建筑的重要价值之一，是建筑美德的重要体现。

1771年，作为现代建筑史中功能主义的先驱者，法国建筑教育家雅克-弗朗索瓦·布隆代尔（Jacques-Francois Blondel）出版了《建筑学教程》（*Cours d' architecture*），这是18世纪建筑教育方面最全面的著作。他将建筑定义为一种艺术，而建筑的"第一美德是表明作为其构造目的之坚固；而后是与不同的建筑类型有关的便利；最后是装饰"。[2]他认为，"个性"表达了建筑的主要功能。每一种建筑类型都有特定的"个性"，这种"个性"应是"正确的""简单的"和"原生的"。庙宇对应的"个性"应是"端庄"，公共建筑对应的"个性"应是"庄严"，纪念性建筑对应的"个性"应是"壮丽"，而建筑表现的最高层次的"个性"便是"崇高"，它属于公共建筑、伟人陵墓。由此可见，布隆代尔对建筑个性的阐述，与其说是美学风格意义上的特征，不如说是伦理学意义上的美德。他还相信建筑中有一种"真实的"风格存在，"真实的建筑以一种得体的风格贯穿上下，它显得单纯、明确、各得其所；只有必须装饰的地方才有装饰"。[3]

19世纪中叶，英国著名建筑师和建筑理论家普金（Augustus Welby Northmore Pugin）在其著作《尖拱或基督教建筑中的真实原则》（*The True Principles of Pointed or Christian Architecture*，1841）中，开宗明义地阐述了关于建筑设计的基本原则："一座建筑物的所有外观特征都应该符合方便

1　[英] 戴维·史密斯·卡彭. 建筑理论（上）维特鲁威的谬误——建筑学与哲学的范畴史[M]. 王贵祥译. 北京：中国建筑工业出版社，2007, 21.

2　[英] 彼得·柯林斯. 现代建筑设计思想的演变[M]. 英若聪译. 北京：中国建筑工业出版社，1987：232.

3　[德] 汉诺-沃尔特·克鲁夫特. 建筑理论史——从维特鲁威到现在[M]. 王贵祥译. 北京：中国建筑工业出版社，2005：107.

（convenience）、结构（construction）或是适当（propriety）的要求；第二，所有的装饰应该使建筑物主要结构更为丰富。"[1]由此可知，崇尚哥特式建筑的普金，同样承袭维特鲁威的建筑三原则，他尤其重视建筑的具体功能和结构的合理安排。作为一名虔诚的天主教信仰者，普金还把建筑看成是道德的表达，而他所提倡的观念，核心便是将建筑结构和材料的真实性上升为道德高度，认为不论是在结构或是材料等方面，好的建筑都要"真实""诚实"或不"伪装"。普金认为，哥特式建筑便是拥有真实美德的典范性建筑，它的形式来自结构的法则，每个结构都有其存在的意义，装饰也成为结构的一部分。哥特式建筑明晰而富有逻辑的结构体系，体现了自然界的有机性以及宗教真理，是最理想的建筑形式。

作为19世纪英国伟大的艺术评论家、艺术与工艺运动的思想先锋，约翰·罗斯金[2]（John Ruskin）在《建筑的七盏明灯》（*The Seven Lamps of Architecture*，1849）这部读起来像是一本道德宣传手册的书中，以哥特式建筑为例，提出了建筑的七盏明灯：奉献之灯（the lamp of sacrifice）、真实之灯（the lamp of truth）、力量之灯（the lamp of power）、优美之灯（the lamp of beauty）、生命之灯（the lamp of life）、记忆之灯（the lamp of memory）和顺从之灯（the lamp of obedience）。综观这七盏明灯，没有一盏明灯是真正实用的或技术的明灯。显然，罗斯金想表达的不是建筑的实用功能，而是建筑所具有的精神功能与价值功能。他认为，建筑不是一般意义上的建造之物，建筑作为"明灯"，意味着指引建筑美好价值的原则，它能够帮助人们防范在建筑活动中出现的各种错误。对罗斯金来说，建筑的法则也是在人的道德生活中得到验证的，七盏明灯在一定程度上意味着建筑的七种美德，即奉献、真实、力量、优美、生命、记忆和顺从。倘若建筑不拥有这些"无用之用"的精神特征，便不能被称为真正的建筑。

---

1 Augustus Welby Northmore Pugin. *The True Principles Of Pointed Or Christian Architecture: Set Forth In Two Lectures（1841）*. Kessinger Publishing Co,2009. p1.
2 John Ruskin, 在我社现已出版的图书中，均译为"约翰·拉斯金"，此译名也得到我国建筑学界的认同。近年来有的出版单位出版的书中译为"约翰·拉斯金"，本书作者也采用此译名，为尊重作者，在此不作改动。——编者注。

罗斯金在他的另一部著作《威尼斯之石》(*The Stones of Venice*, 1853)中，还建构了一个"哥特精神"(the soul of Gothic)的体系，赞美了哥特式建筑原创的、自然的美好品质，批评文艺复兴建筑风格是不自然的、令人不愉快的、不虔诚的，其道德品质是腐朽的。《威尼斯之石》第一卷第二章的标题是"建筑的美德"(The Virtues of Architecture)，在这一章中他提出任何建筑都应具备三种基本美德：第一，用起来好，即以最好的方式建造；第二，表达得好，即以最好的语言表达事物；第三，看起来好，即它的存在让我们感觉愉快。[1]罗斯金认为，上述有关好建筑的三个基本美德中，第二个美德并没有普遍的法则要求，因为建筑的表达形式是多种多样的。对第一个与第三个建筑美德，罗斯金则更加具体地阐述为力量或好的结构、优美或好的装饰，前者更多涉及建筑的工程伦理和结构美德，而后者则主要指建筑的装饰美德，而装饰的意义在罗斯金看来具有带给人愉悦、满足的功能。

值得一提的是，19世纪中后期，欧洲许多国家建筑中的伦理诉求日益明显，这其中又集中在对建筑功能、结构或风格的真实或诚实美德的强调。上面提到的普金和罗斯金就是其中的代表人物，他们认为有美德的建筑主要体现在材料和结构的真实性，没有欺诈。罗斯金说："优秀、美丽，或者富有创意的建筑，我们或许没有能力想要就可以做得出来，然而只要我们想要，就能做出信实无欺的建筑。资源上的贫乏能够被原谅，效用上的严格要求值得被尊重，然而除了轻蔑之外，卑贱的欺骗还配得到什么？"[2]

20世纪初期，现代主义建筑大师纷纷提出了一些充满格言或警句色彩的设计哲学，某种程度上反映了现代主义建筑所重视的美德原则。例如，路易斯·亨利·沙利文(Louis Henri Sullivan)提出"形式追随功能"，强调好的建筑必须处理好功能与形式的关系，建筑的形式应适应与表达其功能，充分反映使用者的需求。奥地利建筑师与建筑理论家阿道夫·路斯(Adolf Loos)颇为激进地提出"装饰就是罪恶"，强调建筑不同于一般艺术，必须首先服务于公众的需要，过多的装饰意味

---

1 John Ruskin. The Stones of Venice. Da Capo Press, 2nd, 2003. p29.
2 [英]约翰·罗斯金. 建筑的七盏明灯[M]. 谷意译. 济南：山东画报出版社. 2012：44：

着对人力、资源和金钱的浪费，是不道德的。密斯·凡·德·罗（Mies van der Rohe）则提出"少即是多"（Less is more）的口号，强调建筑的精神性要通过明晰的结构和简洁的空间品质来表达。

粗略勾勒西方建筑思想史上有关建筑美德的代表性观点，可以发现，维特鲁威的建筑思想影响最大，他提出的三种基本的建筑美德——坚固、实用和美观，蕴含普适隽永的价值。因此，可以这样说，维特鲁威之后，不同历史时期的建筑师和理论家对维特鲁威以建筑三原则为核心的建筑价值观的认识、评价与发展，折射出西方建筑美德观念的流变。

三、当代建筑美德之追寻

追寻当代建筑美德首先不能忘却传统的"基本原理"，尤其在这个形形色色的"主义""流派"莫衷一是，各种刻意追求视觉需求的新奇建筑层出不穷的时代，更需要服从一些基本原则。彼得·柯林斯（Peter Collins）说过："假使我们来看看最传统的良好建筑的定义——即维特鲁威的实用、坚固、美观。那么很清楚，这三个基本要素之中，哪一个也从来不能完全丢弃；因为显然，优良的规划、强固的结构和好看的外观永远不能用别的东西代替。因此，革命性的建筑结果只能基于这三点以外的、增加的概念之上；或是给其中一方面或两方面以特别强调而牺牲第三方面，或是基于对建筑美观想法含义的变化上。"[1]因此，我们可以说，当代建筑美德不可能丢弃维特鲁威的建筑三原则，只不过是根据时代要求赋予其新的要求和内涵。英国学者戴维·史密斯·卡彭（David Smith Capon）提出的构成好建筑的六个原则正是在回归维特鲁威传统的基础上提出的。他的六个原则大致可与柏拉图、亚里士多德等思想家提出的一些古希腊美德相对应。[2]具体如下：

---

1 ［英］彼得·柯林斯. 现代建筑设计思想的演变[M]. 英若聪译. 北京：中国建筑工业出版社，1987：10.
2 ［英］戴维·史密斯·卡彭. 建筑理论（上）维特鲁威的谬误——建筑学与哲学的范畴史[M]. 王贵祥译. 北京：中国建筑工业出版社，2007：192-198.

好建筑的原则	古希腊美德
原则一：形式的不偏不倚性	公正
原则二：功能的有效性（经济性）	节制、中道
原则三：意义的诚实性（真实性）	诚实
原则四：结构的义务	责任（义务）
原则五：对文脉的尊重	尊重
原则六：精神的动机	意志（信念）

其中，原则一"形式的不偏不倚性"，对应于公正美德，主要指应当通过建筑的形式结构，发现建筑所具有的内在美，以及所表现出来的某种公正与客观的价值诉求。原则二"功能的有效性"，对应于节制和中道美德，是对建筑的功能元素提出的基本要求。卡彭认为，建筑的功能与道德的关系，实质上反映了人们对理想生活方式的追求，尤其是"与功能有关的道德暗示了决定性的需求和以最少浪费与最为经济的方式，对需求的满足"。[1] 原则三"意义的诚实性"，对应于诚实美德，主要指建筑对意义的表达应当是诚实的或真实的。卡彭从三个层次阐释了真实的内涵："首先，真实想象的概念，原初之物的一个拷贝；其次，感觉的真实，诚实与真挚；第三，其时代与文化的真实反映。"[2] 原则四"结构的义务"，对应于责任或义务美德，是对建筑的"设计""结构"与"材料"元素提出的基本要求。结构代表了建筑物的实现过程，在人的需求与技术可能性之间搭起了一座桥梁。因而，卡彭认为，"通过获取充分的知识与既有的方法和材料，来确保作品所要求的满意的结构与构造，正是建筑师的主要职责所在"。[3] 原则五"对文脉的尊重"，对应于尊重美德，是对建筑的"文脉"与"共有"元素提出的基本要求。卡彭认为"文脉"的本质是一

---

1 ［英］戴维·史密斯·卡彭. 建筑理论（下）：勒·柯布西耶的遗产——以范畴为线索的20世纪建筑理论诸原则[M]. 王贵祥译. 北京：中国建筑工业出版社，2007：100.

2 ［英］戴维·史密斯·卡彭. 建筑理论（下）：勒·柯布西耶的遗产——以范畴为线索的20世纪建筑理论诸原则[M]. 王贵祥译. 北京：中国建筑工业出版社，2007：135.

3 ［英］戴维·史密斯·卡彭. 建筑理论（下）：勒·柯布西耶的遗产——以范畴为线索的20世纪建筑理论诸原则[M]. 王贵祥译. 北京：中国建筑工业出版社，2007：163.

种"关系"概念，这种关系可以体现在各个方面，包括形式文脉、建筑物的文脉、视觉文脉，以及人的文脉与历史文脉。形式文脉强调尊重建筑与其周围环境之间的和谐；建筑物的文脉强调建筑物之间应彼此尊重，处理好建筑群体组合、内部与外部界限之间的关系；视觉文脉强调尊重感觉层面的审美情绪；人的文脉强调追求建筑中的人性尺度并赋予建筑以人的意义；历史文脉强调尊重建筑与历史传统、地域风格的关联。原则六"精神的动机"，对应于意志或信念美德，是对建筑的"意志"与"精神"元素提出的基本要求。卡彭认为，建筑总是在不同层面表达各种不同的意志，例如直觉意志、艺术意志以及政治意志，而这些意志反映了建筑发展中精神动机的力量。总之，卡彭认为，为了理解构成好建筑的六个原则，既需要详细描绘一个建筑的要素体系，也需要阐述一个建筑的价值体系，因为每一个原则都是由一个要素以及体现这一要素的适当价值所构成的。

从以上卡彭对建筑美德的探寻，可以发现，他一方面继承了维特鲁威以来的建筑美德传统，另一方面也根据时代特点进行了创新与发展。瑞士建筑评论家希格弗莱德·吉迪恩（Sigfried Giedion）曾提出过一个重要观点："现代建筑之所以称为现代建筑，系因为它以能说明我们这一时代的生活方式，为其主要任务。"[1] 显然，当代建筑所要面对的主要任务同样是对于这个时代而言可取的、理想的生活方式的回应，这是我们追寻当代建筑的美德时不能离开的基本坐标。我认为，当代建筑美德除了遵守建筑的坚固、实用和美观等传统美德外，尤其应强调能够协调建筑与环境关系的美德要求，类似于卡彭所说的"对文脉的尊重"。具体而言，表现在两个方面。

第一，当代建筑应强调一种合宜美德。所谓合宜，即合适、适宜、协调，主要是指建筑应体现出与环境和谐、适宜的态度，用阿道夫·路斯的话说就是"房屋如果表达谦虚客气不唐突便是合宜的态度"。[2]建筑是在环境中体现差异性的场所，应具有一种尊重周围建筑与环境的"集体主义"精神，协调地嵌入城市环境之中，不刻意追求

1　[瑞士]希格弗莱德·吉迪恩. 空间·时间·建筑[M]. 王锦堂，孙全文译. 武汉：华中科技大学出版社，2014: 1.
2　转引自[比利时]海蒂·海伦. 建筑与现代性[M]. 高政轩译. 台北：台湾博物馆，台湾现代建筑学会，2012: 79.

视觉刺激，不一味标新立异，或以自我为中心，而不顾及周围环境及传统文脉的连续性。彼得·柯林斯说过："在所有现代建筑的矛盾着的理想之中，今天没有任何理想被证明其重要性能超过'创造一个有人情味的环境'。关于个别建筑物、个别技巧，或个别手法主义的真实或虚伪方面的教条或辩论，永远也不能说不重要，但是比起新建筑是否能协调地适合于其所在的环境问题来，它们似乎都是次要的了。"[1]因此，与19世纪末建筑设计领域最注重的道德诉求是有关诚实或真实的美德不同，建筑是否与周围环境和谐、适宜变得尤为重要。如果大量新建筑，尤其是一些所谓的标志性建筑或"偶像建筑"，不顾及环境的整体协调，与城市空间环境的关系失去平衡，那么，街道和城市景观的连续性就会被一些冷冰冰的高层建筑或大型建筑肆意切割，城市原有的整体风貌显得支离破碎、杂乱无章，原本聚集人的场所变成拒绝人的场所，人性化的街道空间与城市环境将难以形成。

第二，当代建筑应强调以尊重和关爱自然为核心的环境美德。应该说历史上建筑师或理论家们对建筑美德的探寻，主是从功能、美学、结构或技术的角度出发，即便从伦理角度出发，也主要是以人的需要为出发点来认识建筑，并没有脱离"建筑—人"的关系范畴。然而，在建筑发展、城市化演进与有限的资源承载力、脆弱的自然环境之间的矛盾越来越突出的今天，建筑的生态性要求日益成为现代建筑的一项基本要求。与此要求相适应的建筑环境美德，要求人们从对"自然—建筑—人"这个大系统层面思考建筑与人、建筑与环境、建筑与生物共同体的关系，有效地把节能设计和对环境影响最小的材料结合在一起，使建筑尽可能从设计、建造、使用到废弃的整个过程做到无害化，从而减少建筑对人居环境和自然界的不良影响。从这个意义上说，现在方兴未艾的生态建筑或绿色建筑便是体现了环境美德要求的建筑。毕竟，建筑能够提供一种生活方式，或为解决环境问题提供一种途径。好的生态建筑既为居住者提供了舒适、健康、美观的居住环境，又使建筑与环境之间形成一个良性的系统，有利于生态系统的和谐、稳定与美丽，这是引领未来建筑发展的新趋势。

---

1 ［英］彼得·柯林斯. 现代建筑设计思想的演变[M]. 英若聪译. 北京：中国建筑工业出版社，1987：300-301.

城市地标建筑的好与坏*

好的地标建筑，让人们记住的不仅仅是建筑本身，而是在它的带动下所营造的一种独特的城市风格或城市氛围。

* 本文发表于《瞭望》周刊2012年第44期，新配插图并修订。

对于仍旧处于快速城市化进程中的我国而言，许多城市掀起的一轮又一轮的城市开发热潮，似乎不足为奇。然而，近年来一些城市新建的所谓地标建筑或重要的公共建筑和城市人工景观项目，却频频遭到市民、网友的质疑或"戏谑"。例如，希望打造成现代苏州代言者的地标建筑"东方之门"被调侃为"低腰秋裤"（图9），杭州奥体博览城体育游泳中心则被戏称为"比基尼大楼"。诚然，从建筑艺术审美的视角而言，人们对建筑形态的审美评价，往往呈现多元化甚至是迥然不同的价值判断，受到"戏谑"的建筑并非一无是处，也不能简单判定其美与丑。然而，城市地标建筑或重要的公共建筑遭遇多方审美诟病的现象，绝不是一个简单的审美趣味问题，需要相关学者与城市建设者们反思它所折射出的几个深层次问题。

图9　位于苏州工业园区CBD轴线东端的苏州东方之门
（图片来源：http://top.gaoloumi.com/）

第一个问题：城市地标建筑是否可以为了审美上的新奇性，而只顾形式、浪费资源甚至牺牲其实用功能？

当前城市开发中，各级政府与商业机构建造地标建筑的欲望是相当强烈的。作为突显城市形象的新亮点、作为带动周边土地升值的"利器"，地标建筑的建设一向"不差钱"。比如苏州的"东方之门"总投资达45亿元人民币，号称"中国单位用钢量最大的建筑"。正是在这种以市场为导向的强大商业逻辑和"眼球经济"的推动下，出现了一些令人忧虑的问题，即许多建筑失去了基本的价值追求，忽视建筑设计中实用性与节俭性的价值取向。

早在古罗马时代，被誉为"建筑学之父"的维特鲁威在《建筑十书》中不仅阐述了建筑对于建立公共秩序和体现社会福祉的重要性，还提出了好建筑的经典标准：即建筑应当建造成能够保持坚固、实用、美观的三原则。维特鲁威的"三原则"看似简单，却蕴含隽永的价值，对评判现代建筑的好与坏仍具指导意义。建筑可以说是一种介乎于审美与实用之间的艺术形态，它不可能像音乐、绘画一样，把实用功能撇在一边，不计成本，肆意挥洒创意，甚至有意违反功能性的要求，去追求纯粹的形式之美。因此，对建筑艺术的评价首先要看它是否为某种用途提供了合适的功能。然而，让人堪忧的是，某些造型歪七扭八、单纯追求视觉吸引力的建筑，却在我国一些城市，动辄以多花费几亿、甚至十几亿的代价变为现实。这些造价不菲的建筑，难道称得上是好建筑吗？

第二个问题：城市地标建筑如何平衡设计者的审美趣味与公众审美趣味之间的差异，如何有效发挥公共建筑艺术独特的审美熏陶功能？

某些地标建筑外观遭到公众戏谑性的负面评价，或者退一步说，某些地标建筑所意欲表达的美好设计意图无法让公众感知与理解的现象，从一个侧面说明，我们对建筑尤其是地标建筑的公共性问题重视不够。

相比于其他艺术门类，建筑是一种最大众化的、甚至被称为一种"强迫性"的艺术。因为无论它们是美是丑、是好是坏，我们都居于其间，具有强迫接受的不可选择性。同时，正如著名建筑学者罗杰·斯克鲁顿在《建筑美学》一书中所说，建筑还是一种群众性的活动，它的目的是要达到客观性，并且要为群众所接受。正因为如此，建筑担负着其他艺术无可替代的审美教育和情感熏陶功能。尤其是地标性建筑，从一定程度上代表着一个城市的形象与文化追求，它们的好与坏、美与丑，绝对不能仅仅由专业人士说了算，真正成功、真正美好的地标建筑应体贴公众的感受，经受得住大众眼光的审视。

因此，在如何平衡设计者的审美趣味与公众审美趣味这个问题上，一方面，我们要认识到两者之间并没有审美格调上的高低之分。其实，对于建筑而言，通过好的设计、建造和景观美化，改善和提升人的生活品质，带给人以审美的愉悦，这便是绝大多数人所赞同的有关好建筑的一个重要方面。在此意义上，建筑行家的观点与普通民众的看法，其实是一致的。另一方面，我们也要注重专业人士审美趣味与公众审美趣味之间的相互沟通与相互包容。地标建筑属于重要的公共建筑，因而在其设计过程中应采取有效的手段倾听民众的意见。同时，对一些外观颇为另类的地标建筑，我们也应该本着一种多元包容的心态去看待它给城市建筑文化带来的丰富性，而不是一味地质疑与贬低。

第三个问题：地标建筑如何与周围环境及整体城市风貌相和谐，并营造一种清晰可辨、并具有独特文化气质的整体氛围？

在许多城市，大量的新建筑，尤其是一些所谓的标志性建筑或"偶像建筑"，往往以自我为中心，与城市空间环境的关系失去平衡，城市景观的连续性被一些位置随意、毫无特色的高层建筑肆意切割，城市原有的整体风貌显得支离破碎、杂乱无章。据《文汇报》报道，建筑学家郑时龄曾针对当下中国城市建设"地标情结"盛行的现状，认为那些求"高"、求"奇"、求"怪"的建筑只能瞬间闯入人们的视线，惊诧后却是美感的缺失，地标多了也就没有了地标，靠"突兀"争作地标，只能把城市建设引入一个无序、杂乱的境况。

其实，如同人们对法国巴黎的印象绝不仅仅是几个地标建筑，而是围绕这些地标建筑所形成的巴黎特有的城市文化氛围一样，即便有人借当年巴黎的埃菲尔铁塔、卢浮宫玻璃金字塔入口都曾引发热议而为新奇建筑辩解时，我们不能忽视的一个重要因素是，这些建筑最终为人们所认可，正是因为它们与周围环境形成了一种新的和谐。好的地标建筑，让人们记住的不仅仅是建筑本身，而是在它的带动下所营造的一种独特的城市风格或城市氛围。

03

立体之书：建筑的伦理叙事*

从叙事的角度来看，我们可以把建筑区分为叙事性建筑与非叙事性建筑。非叙事性建筑完全是出于使用需要而建造起来的构筑物，主要体现物质功能。叙事性建筑是「会说话的建筑」，其精神性含量较高，储存的文化信息量较为丰富，主要体现为一种精神与文化功能。

* 本文最初以《论建筑的伦理叙事》为题发表于《伦理学研究》2012年第5期，本书收录时进行了修订，并新配插图。

建筑如同一本"立体的书"，是以空间为对象的特定文化活动，叙事在建筑艺术中发挥着独特的作用。以象征手段和空间元素为媒介，建筑叙事把诸多文化形象与精神观念表现在人们面前，让建筑能"载道""言志"，甚至"成教化，助人伦"，成为表达某种意义或价值，尤其是伦理意蕴的叙事系统。概言之，营造具有伦理性叙事的建筑空间，是从古至今建筑艺术体现其精神功能的重要手段。

一、建筑作为一种叙事

　　所谓"叙事"，就是人们把客观世界纳入到一套言说系统中来加以认识、解释和把握，其典型形式是讲述故事或事件。在人类的文化中，叙事并非只存在于文学之中，它的表现形式多种多样。法国文学批评家、哲学家罗兰·巴特（Roland Barthes）说："对人类来说，似乎任何材料都适宜于叙事：叙事承载物可以是口头或书面的有声语言、是固定的或活动的画面、是手势，以及所有这些材料的有机混合；叙事遍布于神话、传说、寓言、民间故事、小说、史诗、历史、悲剧、正剧、喜剧、哑剧、绘画（请想一想卡帕齐奥的《圣徒于絮尔》那幅画）、彩绘玻璃窗、电影、连环画、社会杂闻、会话。而且，以这些几乎无限的形式出现的叙事遍布于一切时代、一切地方、一切社会。"[1]

　　建筑艺术，作为一种有意味的表达方式，可以通过材料、造型、表皮、色彩、肌理、虚实、路径、边界、空间组织与活动来隐喻与建构其社会文化意义，这意义的表达便犹如讲故事一般。尤其对那些富有艺术创造力的建筑哲匠们来说，他们总是能以建筑这种

1　[法] 罗兰·巴特. 叙事作品结构分析导论[M]. 张寅德译. 北京：中国社会科学出版社，1989：2.

空间性媒介来达到叙述事件、表达意蕴的目的。

英国学者埃蒙·坎尼夫（Eamonn Canniffe）提出叙事是城市设计的基本元素，而所谓叙事，他认为是指运用对公民而言有重要意义的类比和意义元素等表达方式，为城市中人类活动的关键角色设定场景，使城市成为一种故事的集合。[1]建筑叙事则是范围更广的城市设计叙事的重要构成，它是基于物质媒介，通过象征、类比、场景再现等方式，以及强调隐喻意味的建筑形式语言，营造一个能讲故事的建筑表皮、造型和空间环境，使建筑负载文化和价值信息。

当然，不同的建筑类型，其物质含量或精神含量各有侧重。如一般被人们称为房子或"构筑物"的建筑，它们以实用功能为基本目标，本质上是不讲故事的。只有那些能被称为艺术，具有象征、传意等精神功能，使人产生情感上反应，渲染某种诗意和价值倾向性的建筑，才具有叙事性。据此，从叙事的角度来看，我们可以把建筑区分为叙事性建筑与非叙事性建筑。非叙事性建筑完全是出于使用需要而建造起来的构筑物，主要体现物质功能。叙事性建筑是"会说话的建筑"，其精神性含量较高，储存的文化信息量较为丰富，主要体现为一种精神与文化功能。不同类型的叙事性建筑，其叙事性的强度是不同的。有代表性并具有明显伦理意蕴的叙事性建筑主要包括纪念建筑、宗教建筑和政治建筑，下面主要以这三种类型的建筑为例讨论建筑的叙事性问题。

（一）纪念建筑的历史叙事

一般而言，纪念建筑是为纪念有功绩的或显赫的人或重大事件，在有历史或自然特征的地方营造的建筑或建筑艺术品。[2]它的形式有纪念碑、纪念塔、纪念堂、纪念馆和陵墓等，是一种供人们拜谒、凭吊、瞻仰、纪念用的人文建筑。纪念建筑以精神功能为主，旨在通过对历史事件、历史人物的展示与再现实现教化的目的与意义。

纪念建筑的存在方式便使其具有较强的叙事性。"纪念建筑用建

1　Eamonn Canniffe. *Urban Ethic: Design in the Contemporary City*. London and New York: Routledge, 2006. p80.

2　中国大百科全书总编辑委员会. 中国大百科全书（建筑·园林·城市规划卷）[M]. 北京：中国大百科全书出版社，1992: 218.

筑的手段表达纪念情感，它同文学一样是借助物理基础获得确定的外部时空形式的精神存在"。[1]除表达特定的纪念主题外，纪念建筑作为存储历史的符号，借由时间向度的历史叙述，突显了建筑所具有的不可替代的集体记忆功能。从历史叙事的维度理解，所有具有年代价值的建筑遗址都可被称为是一种广义的纪念建筑，它们荷载了可触摸到的文化记忆，是"石头的史书"，如同老祖母向坐在膝上的孩子讲述着很久以前的故事。梁思成和林徽因说："无论哪一个巍峨的古城楼，或一角倾颓的殿基的灵魂里，无形中都在诉说，乃至于歌唱，时间上漫不可信的变迁；由温雅的女儿佳话，到流血成渠的杀戮。"[2]约翰·罗斯金感叹，没有建筑艺术，我们就会失去记忆，"堆栈在几片断垣上的另几片残壁，难道不是每每让我们抛下手中不知多少页真伪存疑的记载数据？[3]"阿尔多·罗西（Aldo Rossi）认为，建筑形式的力量，被看作是集体记忆的宝库，而城市建筑的独特性始于何处？他说："我们现在可以说，其独特性是从事件和记载事件的标记之中产生的。"[4]显然，作为集体记忆记录与传播的直接物质载体，纪念建筑比其他建筑类型更明确地体现出了罗西所说的建筑的独特性。各类纪念建筑，例如名人故居和名人纪念馆，承载着特定的文化内涵，是名人们生命情感的寄寓之所，是可供精神追忆的历史空间。即使时光变迁，斯人远逝，但往日的文化气息与生活特质仍可能保留在故居的一砖一瓦之中，成为一座城市独特的文化血脉和文化基因（图10）。当人们在昔日或以文章警世、或以行动影响时代的人杰旧居里流连，就像翻阅写满字迹的历史书卷，心灵会受到触动，会潜移默化地受到来自理想人格的感召和陶冶。

（二）宗教建筑的教谕叙事

从古代到现代，从东方到西方，宗教建筑都是一种至关重要的建筑类型。古代建筑尤其是古代欧洲建筑、古埃及建筑，更是与宗教仪式与宗教活动紧密联系在一起，承担着重要的仪式与法术功

1 何咏梅，胡绍学. 纪念建筑的"召唤结构"[J]. 世界建筑，2005，9：107.
2 梁思成，林徽因. 平郊建筑杂录[J]. 中国营造学社汇刊. 1932，4：98.
3 ［英］约翰·罗斯金. 建筑的七盏明灯[M]. 谷意译. 济南：山东画报出版社，2012：288.
4 ［意］阿尔多·罗西. 城市建筑学[M]. 黄士钧译. 北京：中国建筑工业出版社，2006：107.

图10　北京老舍故居（秦红岭摄）

能，成为宗教的另一种象征与表达。海德格尔对古希腊神庙的描述，指出了宗教建筑的神性叙事："这个建筑作品包含着神的形象，并在这种隐蔽状态中，通过敞开的圆柱式门厅让神的形象进入神圣的领域。贯通这座神庙，神在神庙中在场。神的这种现身在场是在自身中对一个神圣领域的扩展和勾勒。"[1]

宗教建筑不仅表达神性叙事，还具有强烈的教谕性叙事功能。宗教建筑往往以其独特的外部造型、神圣的内部空间及情境氛围，将建筑转换成一种人们凭直觉便可体验到的语言体系，让信徒在具有教导和训诫性的叙事空间中，或祈求祷告，或接受布道，或聚集交流，或共同完成某种宗教仪式，体验人与神的交流，其精神感召力是其他建筑类型所无法比拟的。进言之，在信仰宗教的人眼里，宗教建筑成为宗教史学家米尔恰·伊利亚德（Mircea Eliade）所说的"神显"（hierophany），即显现了神圣的器物，神圣正是通过神

1　［德］马丁·海德格尔. 林中路[M]. 孙周兴译. 上海：上海译文出版社，2004：27.

图11　雅典宙斯神庙的山花

显来表征自己。显圣物的意义在于，通过它们能够与神沟通，从而使人的生命更充实并超越自己的有限性。宗教建筑作为建筑的显圣物，不仅其外部造型，甚至其隐秘幽暗的内部空间都充满着"神的诉说"，有时甚至表达了比外部造型更为强烈的精神性效果。在这样的空间里，信仰宗教的人们体验到了不同的存在，体验到了神圣、崇高、神秘产生了敬仰、畏惧等情感，总之，他们被一种强大的精神力量所征服。这种力量，便是宗教建筑及空间的精神感召力。

同时，宗教建筑还特别善于利用图像进行形象化的叙事，使其成为一种能够提供丰富记录的叙事场所。早在古希腊和古罗马时期，神庙的山花上便布满了诸神雕塑作为表现元素（图11），而中世纪哥特式教堂除了运用特定的建筑技术所构成的垂直向上的建筑形态，与光影、色彩、声音等环境因素相互烘托外，更是辅之以描述圣经故事和圣人传说的各种雕塑、壁画、彩绘玻璃窗，从而使民众，尤其是那些目不识丁的民众，更好地感受到宗教教义之含义，进而谨遵教谕。

（三）政治建筑的权力叙事

尼采说："建筑物应该体现骄傲，体现对重力的胜利和权力的意志；建筑艺术是表现为形式的一种权力之能言善辩的种类，它时而诲人不倦，甚至阿谀奉承，时而断然号令。最高的权力感和安全感在伟大的风格中得以表现。"[1]纵览中外历史，建筑受到政治意识和权力意志的强烈左右，一定程度上变成了权力展示的物质工具。

---

1 ［德］尼采. 偶像的黄昏[M]. 卫茂平译. 上海：华东师范大学出版社，2007：126.

图12 巴黎雄狮凯旋门（Arc de Triomphe de l' Etoile à Paris）是拿破仑为纪念1805年打败俄奥联军的胜利于1806年下令修建的（图片来源：http://www.carnavalet.paris.fr/en/collections/arc-de-triomphe-de-l-etoile-paris）

例如，中国古代在"且夫天子以四海为家，非壮丽无以重威，且无令后世有以加也"[1]的崇拜意识支配下，宫殿建筑成为反映一定政治秩序的集中代表，几乎每一朝代的皇帝，为了强化所谓"天之骄子"的形象，只要登上王位宝座，就不惜人力财力大修宫殿，以彰显君主威严。法国17世纪下半叶权臣柯尔贝尔（Jean Baptiste Colbert）上书路易十四时也言："如陛下所知，除赫赫武功而外，唯建筑物最是表现君王之伟大与气概。"[2]拿破仑也非常懂得建筑的政治伦理作用，尤其重视用雄伟庄严、威风凛凛的凯旋门、纪功柱和军功庙一类的纪念性建筑，以及宏伟的集会或检阅用广场来表彰军

1 许嘉璐、安平秋. 二十四史全译：史记（第一册）[M]. 北京：汉语大词典出版社，2004：138.
2 陈志华. 外国建筑史（第三版）[M]. 北京：中国建筑工业出版社，1979：145.

队，歌颂他的赫赫战功（图12）。一些极权主义者如希特勒、墨索里尼，都将建筑看成表达权力的工具和重要的政治宣传手段，热衷于用建筑来强化自身的权威和巩固对国家暴力工具的掌握。

在现代社会，政治建筑主要包括行使国家权力、对国家事务进行管理的国家机构的行政建筑，以及一些具有政治象征意义的大型公共建筑和具有较强政治色彩的集会广场。虽然当代社会建筑与公共空间作为政治意识形态的象征与政治活动的理想场所的价值有所减弱，但政治建筑的权力叙事仍不绝如缕。与古代社会有所不同的是，近现代社会政治建筑的权力叙事，鲜有直接突显统治者的至高权威，而是借由气势宏伟、造型庄严的建筑形式表达国家的自信形象，让民众体会到一种自豪感和民族认同感。法国政治思想家托克维尔（Alexis de Tocqueville）在《论美国的民主》一书中提出过一个问题："为什么美国人既建造一些那么平凡的建筑物又建造一些那么宏伟的建筑物？"他认为这是因为在民主社会，每个公民都显得渺小，但是代表众人的国家却非常强大。于是，诸如国会大厦这样的公共建筑一定要造得宏伟才符合国民对于国家的想象。[1]（图13）托克维尔的观点不无道理，这也正是作为一种公共建筑的政治建筑

图13 美国国会大厦（United States Capitol）

---

1 ［法］托克维尔. 论美国的民主（下卷）[M]. 董果良译. 北京：商务印书馆，1996：573.

所具有的独特的民族与国家形象的展示功能。

以上三种不同类型的建筑所呈现的叙事性各有特定的维度：或者偏重历史性叙事，或者偏重教谕性叙事，或者偏重权力性叙事。但这三种建筑类型所呈现的叙事元素又是相互重叠的，叙事方式是相辅相成的。它们之间的叙事对象虽然不同，但却具有共同的精神性意蕴，这便是它们所共同体现出的伦理性意蕴。

二、建筑的伦理叙事主题与策略

所有的叙事性建筑都或隐或显地呈现和反映社会伦理观念与伦理秩序这一主题，但不同类型的叙事建筑，其伦理叙事意图的指向又各有侧重，并以特定伦理价值目标为旨归。

（一）纪念建筑的伦理叙事主题与策略

伦理叙事需要有历史和传统的传承和道德示范。纪念建筑的基本功能是通过对重要的历史人物和历史事件的纪念，传承社会伦理文化和道德谱系，树立社会的道德楷模和行为典范，给人们确立美德学习的范例，因而其伦理叙事的主题和基本功能是传承与教化。正如18世纪法国建筑师勒杜（Claude-Nicolas Ledoux）所说："纪念性建筑物的'个性'，正像他们的自然属性一般，可以服务于传播教化与道德净化的作用。"[1]

虽然一些纪念建筑的外观、立面、体量和色彩具有象征或再现意义，但除非是单独的纪念碑，物质形态的象征毕竟有很大的局限性，难以明确表达纪念建筑的伦理意蕴。因而，纪念建筑的主要伦理叙事策略是通过表达特定主题的空间组织、雕塑、文字、影像、装饰、道具等综合手段，营造特定纪念氛围，把一些著名历史人物、历史事件或英雄故事以情节化场景的方式再现出来，参观者通过体验、观看与阅读的方式接受相关信息，从而达到纪念建筑的教化功能。对此，童寯有一个很好的概括：纪念建筑应"以尽人皆知

---

1 ［德］汉诺—沃尔特·克鲁夫特. 建筑理论史——从维特鲁威到现在[M]. 王贵祥译. 北京：中国建筑工业出版社，2005：116.

的语言，打通民族国界局限，用冥顽不灵的金石，取得动人的情感效果，把材料与精神功能的要求结为一体"。[1]

我国古代纪念建筑在建构伦理道德的教化空间、传承和宣扬封建纲常伦理和做人美德方面，有不少成功范例。例如，牌坊是中国古代特有的门洞式纪念建筑，多建于苑囿、寺观、祠庙、陵墓等大型建筑组群的入口处，或立于功臣、名宦、节妇、孝子任职地或出生地及家门口，形制各异，风格多种。牌坊往往集匾、联和碑刻于一身，其所载的匾语、联句和碑刻，把一些人生理想、道德典范的故事通过物质实体再现出来，用以表彰楷模，宣扬忠臣功德、孝子节女等封建礼教，成效显著。此外，一些纪念建筑还通过与诗词文学等典型的叙事性艺术发生关系的形式，使建筑本身无法表达出的意蕴能够借助诗文来传递，从而达到叙事的目的。例如，中国历史上有许多文人喜欢借一些有纪念意义的亭、台、楼、阁等建筑场所，在细致描绘对环境体验的同时，通过以建筑和建筑环境为比兴的箴言雅论，抒发自己对人生际遇的反思和对崇高美德的追求，从而创造出深远的意境，激发出形象的教化力量，提升了建筑对人审美品性的陶冶作用。

（二）宗教建筑的伦理叙事主题与策略

宗教建筑的伦理叙事主题很明确，即充分利用建筑艺术的独特功能来使人们更好地感受到宗教的真理。无论是基督教、佛教，还是伊斯兰教，无不充分利用其建筑艺术所营造的独特精神氛围，来宣扬其宗教信仰和宗教伦理。阿兰·德波顿指出，早期神学家们发现了一个令人深思的事实：

> 他们认为建筑对人类的塑造可能比经文更有效。因为我们是感觉的造物，如果我们经由眼睛而非我们的理智接受精神的律条，我们的灵魂得到强化的概率会更高。通过凝视瓷砖的排列可以比研习福音更易学到谦卑，经由一扇彩绘玻璃窗可能比通过一本圣书更易习得仁慈的本质。[2]

1　童寯. 纪念建筑史话[J]. 建筑师，第47期.
2　[英]阿兰·德波顿. 幸福的建筑[M]. 冯涛译. 上海：上海译文出版社，2007：11.

为了服务于传播宗教真理和宗教伦理和目标，宗教建筑的主要叙事策略，就是利用建筑与空间语言营造具有强烈情绪感染力的环境氛围。不论是基督教的教堂、佛教的寺院，还是伊斯兰教的清真寺，其外部形式与内部结构无不给人一种神圣、庄严和肃穆的感觉。同时，宗教建筑还特别善于综合利用雕塑、绘画、文学、音乐等其他艺术形式的叙事功能，使建筑与这些叙事性艺术相辅相成，营造一个利用空间讲故事的神圣环境，从而使象征的、隐性的教育方式与直接的宗教道德宣教浑然一体。英国艺术史家贡布里希（Ernst Gombrich）甚至认为，"装饰"一词对于教堂建筑而言都是容易引起误会的一个词，"因为教堂里的一切东西都有明确的功用，都表达跟基督教的圣训有关的明确思想"。[1]

试以哥特式教堂为例。黑格尔说哥特式教堂有两大特征：一是在空间上以完全与外界隔开的房屋作为基础；二是整个教堂充满着一种超尘脱世、自由升腾的动感与气势，目的是体现心灵对至高存在与至善境界的永恒追求。[2]哥特式教堂的内部与外部无不表现出上述特征。教堂内部是高耸挺拔、筋骨嶙峋的柱廊，由富于升腾动感的垂直线条所贯通，巨大的空间似乎使一切世俗琐碎的事情都显得微不足道；而教堂的外部形状更是昂然高耸，渲染着上帝的崇高和人类的渺小（图14），加上从镶嵌着圣经故事的彩色玻璃窗里射入的迷离光影，更增加了其神圣的气氛。在这样的建筑环境与氛围中，人的内心无不怀有一种虔诚的状态，耳闻目睹的一切无不促使宗教精神在人们心灵中内化，连同它所倡导的种种道德准则，不知不觉就会转化为人们的内心信念。

（三）政治建筑的伦理叙事主题与策略

概括地说，政治建筑的伦理叙事主题就是表达某种政治伦理价值，主要体现在两个方面：第一，作为一种权力展示符号，通过特殊的建筑风格和空间处理方法彰显统治者的至上权威，维护社会的政治秩序。例如，在我国，当以宗法制为基础的社会体系在西周之

1 ［英］贡布里希. 艺术的故事[M]. 范景中译. 北京：三联书店，1999：176.
2 ［德］黑格尔. 美学（第三卷上册）[M]. 朱光潜译. 北京：商务印书馆，1979：88-92.

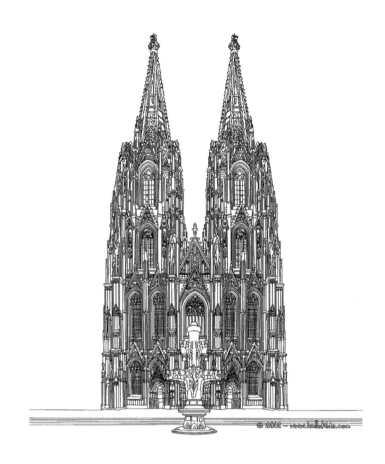

图14 充满自由升腾气势的德国科隆大教堂
（图片来源：http://www.hellokids.com/）

后逐渐式微，宫殿建筑便代替王室宗庙成为权力的物化象征。自此以后，宫殿建筑与传统的宗庙建筑在教化功能上截然不同，"它们的作用不再是通过程序化的宗庙礼仪来'教民反古复始'，而是直截了当地展示活着的统治者的世俗权力"。[1]中国古代宫殿建筑对统治者权力的展示，注重通过抽象形式（点、线、形、色、数字、方位等）及结构法则（对称与均衡、比例与尺度、节奏与韵律、主从结构等）所生成的特殊氛围及象征功能，使建筑走向崇高、庄严和秩序。尤其是在传统建筑的空间序列中，中轴线往往是引导礼仪、表达礼制的一个重要建筑特征。北京故宫便以中轴线与严格对称的平面布局手法，呈现出一个"戏剧化"的空间场景，将封建等级秩序的政治

1 ［美］巫鸿. 中国古代艺术与建筑中的"纪念碑性"[M]李清泉，郑岩等译. 上海：上海人民出版社，2009：15.

伦理意义表达得淋漓尽致。故宫的布局遵循周代礼制思想，依"前朝后寝"的古制，沿南北轴线布局，主要建筑前朝三大殿（太和殿、中和殿、保和殿）和内廷后三宫（乾清宫、交泰殿、坤宁宫），井然有序又颇富韵律感地排列在中轴线上，建筑空间序列主次分明，尊卑有别。对此，"我们可以说故宫的中轴是一个政治事件，一个指定的存在空间，一个身体的动线；它把我们的意向引向政治意识形态中心，皇帝成为中心目标"。[1]

第二，通过隐喻性的建筑语言和空间布局表达某些政治理念和政治理想，体现公共建筑与公共空间所具有的隐性的政治伦理功能。迪耶·萨迪奇（Deyan Sudjic）指出："古希腊的政治遗产至今仍然可以通过大量的政府建筑反映出来，这些建筑提醒着人们议会民主的渊源。"[2]的确，古希腊时期，一些具有政治意义的公共建筑和公共空间，如市政广场（Agora）、露天剧场和柱廊长厅，承载着人们对民主理想的追求。尤其是市政广场，虽然具有商业与文娱交往等多种社会功能，但从某种意义上说，它首先是一个具有宗教与政治内容的"叙事空间"。一方面，它为公民以敬神的名义所举行的各种仪式提供了一个空间；另一方面，它又是城邦公民共同参政议政、自由发表言论、表达民主权利的政治生活空间，同时城邦的法律法令、议事会的决议等都在此公告。古希腊的露天剧场在城邦的政治民主化过程中也具有特殊意义，因为很多时候作为城邦最高权力机关的公民大会就在此召开，设在山丘上的露天剧场，呈扇形，有着斜坡式的座位（图15），这种空间形式让民主形式得以运作，让议事与投票能够在"众目睽睽"之下进行。

古希腊建筑与公共空间中所蕴含着的民主理想延续至今，尤其集中体现在西方最有代表性的政治建筑——议会大厦或国会大厦的设计之中。例如，德国国会大厦（Reichstag）建造于1884年至1894年，是德国100多年来重要的历史见证者。1990年德国重新统一后，德国政府决定对它进行改造。全球招标中，由英国建筑师诺

---

1 尹国均. 作为"场所"的中国古建筑[J]. 建筑学报，2000，11：52.
2 [美]迪耶·萨迪奇，海伦·琼斯. 建筑与民主[M]. 李白云，任永杰译. 上海：上海人民出版社，2006：18.

曼·福斯特（Norman Foster）设计的由25根支柱构架的穹顶方案最后中标。福斯特不仅在国会大厦与新的办公区域的连接处，有机融入了当年二战的遗迹和史实，还在原古典巴洛克风格的建筑上开了一个天井，加建一个人们能够登上去的玻璃穹顶，下面是面积很大的马蹄形会议室（图16），对公众开放，使国民和游客可以居高临下地观察国会的开会情况，从而透明地展现国会议员的工作，隐喻议员的权力来自民众，要接受民众监督。在这里，建筑成了民主政治理念最为直观的呈现。

　　叙事性建筑并不只局限于本文所阐述的纪念建筑、宗教建筑与政治建筑。例如，园林建筑、文化景观类建筑也具有丰富多样的叙事特征。建筑的伦理叙事并不像文本叙事那样可以直接以思想或观点的形式呈现，不可能像小说、戏剧和电影那样直接讲述故事、表达意义。建筑更多体现的是一种依赖于具体语境的"潜在叙述"，它以其独特的"无声语言"向人们暗示某种伦理观念和伦理价值。建筑的伦理叙事功能其实很有限，它最擅长的不过是借用隐喻的力量，综合利用其他叙事艺术，营造一种有利于理念表达、价值传递和情感陶冶的教化环境。在此意义上，瑞士文化历史学家雅各布·布克哈特（Jacob Burckhardt）的如下观点对揭示建筑艺术的叙事力量而言是颇为合适的："只有通过艺术这一媒介，一个时代最秘密的信仰和观念才能传递给后人，而只有这种传递方式才最值得信赖，因为它是无意而为的。"[1]

1　转引自：曹意强. 艺术与历史——哈斯克尔的史学成就和西方艺术史的发展[M]. 杭州：中国美术学院出版社，2001：59-60.

04

宫室之制与宫室之治 *

『宫室之制』与『宫室之治』既为中国古代社会政治架构提供了一种物化的象征体系与权力机器的支持，更是为宗法伦理而设，是达到『别尊卑贵贱』这一等级人伦秩序和推行道德教化的重要伦理治理方式。中国古代建筑文化的这一典型特征，在随后两千多年的王朝时代并没有发生实质性变化，为世界任何古代建筑文化之所无，这是我们认识和把握中国古代建筑伦理思想的关键。

* 本文最初以《宫室之制与宫室之治：中国古代建筑伦理制度化探析》为题发表于《伦理学研究》2014年第5期，本书收录时进行了修订，并新配插图。

中国古代建筑无论在整体布局与群体组合、建筑形制与数量等级、空间序列与功能使用、装饰细部与器具陈设等方方面面，都浸透和反映着礼制秩序和传统伦理。而且，中国建筑从殷周开始一直到清代，还以其伦理制度化的形态，成为实现宗法伦理价值和礼制等级秩序的制度性构成，形成了迥异于西方建筑文化的"宫室之制"与"宫室之治"传统，并由此塑造了中国传统建筑文化绵延数千年的独特伦理品性。

一、宫室之制："礼"的物化制度形态

"礼"是中国传统文化的重要特质，是儒家伦理的核心内容。事实上，古代中国的家庭、家族、都城、国家，都是按照"礼"的要求建立起来的，从立国兴邦的各种典制到人们的衣食住行、生养死葬、行为方式等，无不贯穿着"礼"的规定。学界一般认为"礼"的起源与祭祀活动紧密相关，是由各种祭典或祭祀文化发展而来的。《礼记·礼运》中说："夫礼之初，始诸饮食，其燔黍捭豚，污尊而抔饮，蒉桴而土鼓，犹若可以致其敬于鬼神。"这段话大意是说，远古时期，人们将日常的饮食牺牲、击鼓作乐等方式敬奉于鬼神，这就是"礼"的开始。"礼"在后来的发展中，应用范围不断扩展，并将"事神"与"治人"两项重要功能有机结合起来，从最初的祭祀领域到政治、军事、律法、财产分配、日常起居等不同领域，成为一个功能混融的文化体系，尤其是演变为以血缘为纽带、以伦理为本位、以等级差别为特征的制度性规范。正如邹昌林所说："'礼'在其他文化中，一般都没有越出'礼俗'的范围。而中国则相反，'礼'不但是礼俗，而且随着社会的发展，逐渐与政治制度、

伦理、法律、宗教、哲学思想等都结合在了一起。这就是从'礼俗'发展到了'礼制'，既而从'礼制'发展到了'礼义'"。[1]

"礼"上升为制度层面，便是礼制。古代礼制的全面确立及其系统化始于西周。至少从"周公制礼作乐"开始，以伦理制度化形态所表现的宫室之制乃至都城布局便是礼制的重要内容，成为宗法等级制度的重要象征与物化形态。所谓"宫室之制"，简言之就是指中国古代宫室建筑之礼制化。具体而言，主要指宫室建筑在形制上的程式化和数量上的等级化，以宗法伦理制度形态表现出一整套中国古代建筑等级制度，这是宫室之制的核心内容。

从一般意义上说，所谓建筑等级制度，是指统治者按照人们在政治上、社会地位上的等级差别，制定出一套典章制度或礼仪规矩，来确定适合于自己身份的建筑形式、建筑规模、色彩装饰、建筑用材与构架等，从而使建筑成为传统礼制的物化象征。古代中国的建筑等级制度在周代得以明确形成，一直为后世的建筑等级制度所沿用，并不断得到强化。其后，建筑等级制度主要经历了唐、宋、明、清各代的不断修订、补充，逐渐由较为粗疏发展为一套缜密的建筑等级制度，其周密烦琐乃世所罕见。中国古代建筑等级制度自其滥觞之时，便是一种礼法混同、德法合体的建筑等级制度，而非单纯的伦理等级制度。唐代以后，由于礼法合流的局面得到全面展开和推进，建筑等级制度的法律属性得以强化，其基本标志就是建筑等级制度主要通过《营缮令》等行政法规和帝王诏书的形式加以规定和颁布。本文限于篇幅，主要以先秦为例阐述作为一种宫室之制的建筑等级制度。

礼的要义是上下之纪、人伦之则，礼制的本质在于明上下、别贵贱。对于礼制而言，明确的等级差别是极其重要的。因此，宫室之制首先要解决的问题就是，如何让建筑具有区分尊卑贵贱的等级象征和价值标识功能。礼学专家沈文倬认为，用礼来表现等级身份，不外有两个方法，第一种方法他称之为"名物度数"，"就是将等级差别见之于举行礼典时所使用的宫室、衣服、器皿及其装饰上，从其大小、多寡、高下、华素上显示其尊卑贵贱"[2]，他将这种体

---

1 邹昌林. 中国古礼研究[M]. 台北：文津出版社，1992：11.
2 沈文倬. 宗周礼乐文明考论[M]. 杭州：浙江大学出版社，1999：5.

现差别的器物统称之为"礼物";第二种方法他称之为"揖让周旋","就是将等级差别见之于参加者按其爵位在礼典进行中使用着礼物的仪容动作上,从他们所应遵守的进退、登降、坐与、俯仰上显示其尊卑贵贱"[1],他将这些称之为"礼仪"。沈文倬就典礼内容来说明等级身份的两种礼制表现方法,其实是后世礼家对礼仪制度的基本分类。显然,作为"礼物"的宫室之制,采取的是"名物度数"的礼制方法。需要注意的是,"名物度数"与"揖让周旋"有着内在联系,如宋代李如圭说:"读礼者苟不先明乎宫室之制,则无以考其登降之节、进退之序,虽欲追想其盛而以其身揖让周旋乎其间且不可得,况欲求之义乎。"[2]清代一些治礼者,也多重视宫室之制,认为只有了解宫室制度以后,揖让升降的礼仪才有所依附。

众所周知,宫室最初的功能是满足人类最基本的遮风避雨的实用功能,如《易·系辞下》中讲:"上古穴居而野处,后世圣人易之以宫室。上栋下宇,以待风雨。"然而,中国古代宫室建筑从其诞生之日起就与礼制有着内在关联。如《墨子·辞过》中讲:"古之民,未知为宫室时,就陵阜而居,穴而处,下润湿伤民,故圣王作为宫室。为宫室之法,曰室高足以辟润湿,边足以围风寒,上足以待雪霜雨露,宫墙之高,足以别男女之礼,谨此则止。"墨子在这里谈及了宫室具有的"足以别男女之礼"的礼仪性功能。实际上,从周代开始,宫室与服饰车舆一样,超越了"用事"的实用功能,是表达礼的价值判断的象征性承载物,具有区分社会等级的节度作用。与此同时,宫室之制形成了"名物度数"的建筑等级制度。

"名物"一词数次出现在《周礼》中,如《周礼·春官宗伯第三》中说:"司服掌王之吉、凶衣服,辨其名物与其用事";"掌五几五席之名物,辨其用,与其位。"在这里,"名物是指上古时代某些特定事类品物的名称。这些名称记录了当时人们对特定事类品物从颜色、性状、形制、等差、功能、质料等诸特征加以辨别的认识。"[3]《周礼》中包含了较为丰富的建筑类名物词,如昭、穆、社、稷、

1 沈文倬. 宗周礼乐文明考论[M]. 杭州:浙江大学出版社,1999:5.
2 李如圭. 仪礼释宫(影印文渊阁四库全书第103册)[M]. 台北:台湾商务印书馆,1983:523.
3 刘兴均. "名物"的定义与名物词的确定[J]. 西南师范大学学报(哲学社会科学版),1998,5:85.

宫、圜土、祠、城、郭等，所以要辨别这些建筑的名称和种类，以及所适用的礼事。后世训诂学中，名物训释的一个重要内容就是训释宫室建筑的名称，包括追溯宫室建筑命名的缘由，以礼图的形式描摹其具体的建筑形制，阐述宫室建筑名称与形制的演变过程等。

《礼记·曲礼下》中有一段话很重要："君子将营宫室，宗庙为先，厩库为次，居室为后。"这段话我们一般是从建筑营建的先后次序上来理解，即君子营建宫室的礼仪，首先要建造的是宗庙，其次建造马厩仓库，最后才建居室。但实际上先秦之前，"宫"与"庙"不分，宗庙、厩库和居室并非单独存在的建筑，而只是作为宫室建筑的组成"部件"，共同发挥着作为礼器（也可以用"礼物"表达）的功能（图17）。沈文倬认为，宫室建筑是先造庙后造寝的，庙与寝并列，寝西庙东，样式相同，"这样的庙寝并列，就是所谓的'宫'，士以上应该住包括庙与寝在内的叫作宫的房子。"[1]杨宽认为："周族的习惯，庙和寝造在一起，庙造在寝的前面，这到春秋时还是如此。"[2]由此我们可以说，周代及其以后的礼制实际上将宫室视为一种礼器，其核心是藏祖先之主进行祭祀之礼的场所——宗庙，而后世

图17　河南安阳殷墟宫殿宗庙遗址

1　沈文倬. 周代宫室考述[J]. 浙江大学学报（人文社会科学版），2006，3：39-40.
2　杨宽. 先秦史十讲[M]. 上海：复旦大学出版社，2006：192.

著录礼器的书籍一般也将宫室看作礼器的组成部分。例如，宋代聂崇义的《新定三礼图》将礼器划分为六种，即服饰、宫室、射具、玉器、盛器、丧具；清代江永的《礼书纲目》列有丧服、祭物、名器、乐器专目，宫室则属于名器之一种。美术史家巫鸿的一个观点也间接说明了在商周和汉代建筑物为何能够成为礼器，他指出："一件商周青铜彝器或者一块汉画像石从来都不是作为独立的'艺术品'制作出来的，并且也从来不被当成一件独立的'艺术品'使用和看待。这些作品最初总是一个更大的集合体（要么是一组礼器，要么是一套画像）的组成部分，而这些集合体又总是特定建筑物——宗庙、宫殿或坟墓——的内在组成部分。"[1]

宫室作为礼器，不仅是一种名物词，其本身也同其他礼器一样，有形制、数量上的区别，正如《左传·庄公十八年》中说"名位不同，礼亦异数"，由此而形成了等级分明的伦理化制度形态。《礼记·乐记》中云："簠簋俎豆，制度文章，礼之器也；升降上下，周还裼袭，礼之文也。"可见，礼器不仅是簠簋俎豆之类的实物性存在，还是制度文章之符号性彰显。关长龙认为，礼器之"制度"与"文章"作为礼器的符号性表达各有侧重，"制度"规定典礼时具体用度的多少、大小、高下、文素，以及仪式的选择组配之法度条目等，"文章"则通过形态、结构、布局得以呈现。[2]

从礼器视角解读宫室之制，我们发现宫室建筑首先要通过"数量"所具有的独特礼制意义与伦理意蕴，使"数"与"量"成为标识和象征建筑等级的重要符号。如把阳数之极"九"视为最尊贵的数字，是代表与"天"和帝王有关的数字，然后根据"自上而下，降杀以两，礼也"[3]的原则，七、五、三之有序递减，形成传统建筑数量等级系列。在这里，数字不是单纯的符号，实质成为一种表现伦理等级内涵的代码。《周礼·春官宗伯第三·典命》记载了周代不同爵位等级者在都城、宫室、车骑、衣服、礼仪等方面的等级规定：

1　[美]巫鸿. 中国古代艺术与建筑中的"纪念碑性"[M]. 上海：上海人民出版社，2009：98.
2　关长龙. 礼器略说[J]. 浙江大学学报（人文社会科学版），2014, 2：21-23.
3　杨伯峻：《春秋左传注》（修订本）[M]. 北京：中华书局，1990：1114.

典命掌诸侯之五仪诸臣之五等之命。上公九命为伯，其国家、宫室、车旗、衣服、礼仪，皆以九为节。侯伯七命，其国家、宫室、车旗、衣服、礼仪，皆以七为节。子男五命，其国家、宫室、车旗、衣服、礼仪，皆以五为节。王之三公八命，其卿六命，其大夫四命，及其出封，皆加一等，其国家、宫室、车旗、衣服、礼仪，亦如之。

由此可见，依据礼制之规定，宫室与都城、车骑、衣服一样，依据不同地位和身份，分别以九、七、五之节度有序递减。对此，东汉郑玄在《周礼注疏》卷二十一中还进一步注曰："公之城盖方九里，宫方九百步；侯伯之城盖方七里，宫方七百步；子男之城盖方五里，宫方五百步。"这里涉及周代不同爵位者所应享用的城郭、宫室方圆大小的规模定制，其方圆大小按所封爵位高低依九、七、五之有序递减。与此相适应，在寝庙制度和门朝制度上都有相应的数量等级规定。周代自天子至于士，路寝、宗庙的形制或模式相同，只是等级上有所差异。关于路寝之制，沈文倬总结了相关典籍繁杂的说法后指出："因爵位不同，正寝之外，燕寝是有多有少的。天子五寝，诸侯三寝，卿大夫一寝，士则无燕寝而有下室。"[1]

关于宗庙之制，《礼记·王制》中说："天子七庙，三昭三穆，与太祖之庙而七；诸侯五庙，二昭二穆，与太祖之庙而五；大夫三庙，一昭一穆，与太祖之庙而三；士一庙，庶人祭于寝。"这一规定表明，天子、诸侯、大夫、士与庶人依据不同的社会等级地位，其相应的庙制也从七依奇数级差而递减，天子可以立三昭庙、三穆庙，加上太祖庙共七座宗庙，诸侯、大夫、士则依次相应降等，庶民则只能在自家住宅中祭祖。关于门朝的等级规定，郑玄注《礼记·明堂位》时云："天子五门：皋、库、雉、应、路。鲁有库、雉、路三门，则诸侯三门与。"[2]这说明门朝制度的基本规定是天子五门，诸侯三门。

---

1 沈文倬. 周代宫室考述[J]. 浙江大学学报（人文社会科学版），2006，3：40.
2 《十三经注疏》整理委员会. 十三经注疏·礼记正义（上、中、下）[M]. 北京：北京大学出版社，1999：942.

由此可见，中国古代通过"数量"标示建筑等级，首先是以多、以大为尊贵。正如《礼记·礼器》中说："礼，有以多为贵者：天子七庙，诸侯五，大夫三，士一"；"有以大为贵者：宫室之量，器皿之度，棺椁之厚，丘封之大。此以大为贵也。"其次，还以高为尊贵。如在说明建筑台基时，《礼记·礼器》中说："有以高为贵者：天子之堂九尺，诸侯七尺，大夫五尺，士三尺；天子、诸侯台门。此以高为贵也。"

　　以上所述，体现了宫室作为礼器在规模、形制、数量等方面的制度性规定，宫室作为一种礼制象征符号，还要通过其装饰、布局、结构之"文章"，进一步彰显宫室的象征和节度作用。

　　在装饰等级方面，《礼记·明堂位》中说："山节藻棁，复庙重檐，刮楹达乡，反坫出尊，崇坫康圭，疏屏；天子之庙饰也。"这里具体规定了只有天子之庙才配享有的各种庙饰。也正因为如此，《论语·公冶长》中记载了孔子对臧文仲在建筑上的违礼逾制感到不满："臧文仲居蔡，山节藻棁，何如其知也。"鲁国正卿臧文仲家的祭祀之堂不仅有国君的用物蔡龟，还将斗栱雕成山形，房梁上的短柱绘以水草纹饰。这原本是天子宗庙才有的装饰，臧文仲这么做就是僭越礼制。颜色的分别及色彩的鲜明程度也与建筑等级密不可分。《春秋穀梁传》中说："礼，天子诸侯黝垩，大夫仓，士黈。"[1]这句话是说，依据礼制，天子和诸侯宫室里的柱子应涂漆成黑色，大夫住宅的柱子用青色漆，士的房子的柱子则用黄色。宫室建筑具体的颜色等级后来有所变化，尤其是到了唐宋以后，建筑装饰与色彩要求规定得更为苛刻而严谨。此外，在建筑构件（如椽或柱）的工艺技术水平上，砍削打磨的粗细度也是反映建筑等级的标志。这方面的规定从《国语·晋语》中的一段话可见一斑："赵文子为室，斫其椽而砻之，张老夕焉而见之，不谒而归。文子闻之驾而往曰：'吾不善，子亦告我，何其速也！'对曰：'天子之室，斫其椽而砻之，加密石焉。诸侯砻之，大夫斫之，士首之。备其物，义也；从其等，礼也；今子贵而忘义，富而忘礼，吾惧不免，何敢以告？'"[2]赵文子建造宫

1　白本松. 春秋穀梁传[M]. 贵阳：贵州人民出版社，1998：131.
2　邬国义，胡果文，李小路. 国语译注[M]. 上海：上海古籍出版社，1994：442.

室之所以违礼，就是他的宫室砍削房橡后又加以细磨，这是只有天子之室才有的工艺。按礼的要求，诸侯宫室的房橡只需粗磨，大夫家的房橡要加以砍削，而士的房子则只要砍掉橡头就可以了。

中国的宫室建筑从起源之初就显现为一种复合式结构，以相互联结、在平面上展开的封闭式院落布置为特征，至少可分为建筑院落和建筑组群（即宫城）两个层次。正因为如此，宫室建筑的布局方式，便成了展示礼制等级的物化象征。《礼记·乐记》中提出了"中正无邪，礼之质也"的观点。《荀子·大略》中说："欲近四旁，莫如中央，故王者必居天下之中，礼也"。《管子·度地》中说："天子中而处，此谓因天之固，归地之利。"《吕氏春秋·审分览·慎势》中说："古之王者，择天下之中而立国，择国之中而立宫，择宫之中而立庙。"这些说法从礼制的高度，概括了中心拱卫式都城规划模式和建筑群的中轴对称布局对于烘托帝王尊贵地位的重要意义。河南偃师二里头夏代遗址发现的大型建筑群，可以说是目前确认的中国最早的与礼制相关的宫室建筑之一。考古发现，偃师二里头遗址宫殿区位于遗址中心，建筑组群和绝大部分院落建筑内部已呈中轴对称布局（图18）。陕西岐山凤雏村所发掘的西周时期甲组建筑基址，虽然考古学者对这组建筑的性质到底是宗庙、宫殿或贵族宫室持不同意见，但至少可以肯定它是与礼制相关的建筑。从其布局来看，同样有明确的中轴线，主体建筑前堂布置在全院的几何中心，次要建筑对称布置在主体建筑的两侧，整个院落左

右对称，布局整齐有序，由此开启了中国宫室建筑严肃方正、"居中为尊"的伦理化审美性格。

二、宫室之治：伦理政治化的负载工具

李允鉌说："'礼'和建筑之间发生的关系就是因为当时的都城、宫阙的内容和制式，诸侯大夫的宅第标准都是作为一种国家的基本制度之一而制定出来的。建筑制度同时就是一种政治上的制度，也就是'礼'之中的一个内容，为政治服务、作为完成政治目的的一种工具。"[1]李允鉌在这段话中，主要强调的是建筑等级制度作为"礼"的政治功能。

如前文所述，"礼"是一个包容性极强的概念，它与政治、法律、宗教、伦理、习俗、艺术等结合为一个独特的文化体系。"礼"还被历代王朝奉为治国之器，从周代开始，礼制维系社会安定与政权稳固的政治功能就相当突出和明确。《礼记·仲尼燕居》载："子曰：明乎郊社之义、尝禘之礼，治国其如指诸掌而已乎！""子曰：礼者何也？即事之治也，君子有其事，必有其治。治国而无礼，譬如瞽之无相与，伥伥乎其何之？"孔子认为，如若明白了郊社尝禘之礼，治国就易如反掌，治理国事而不依礼，就好比是盲人没有搀扶者，迷茫而不知向何处去。

在诸多物化的礼制形态中，建筑及其等级制度的政治功能尤为独特而重要。宗庙作为周代最具代表性的礼制建筑，它所体现的政治功能最为突出，不仅政治上、军事上的大典必须在宗庙举行，甚至宗庙本身就是国家和政权的象征。《春秋穀梁传》中记述武王克纣，不仅"其屋亡国之社，不得上达也"，还使"亡国之社以为庙屏"，[2]即用灭亡了的殷朝之社作为宗庙的屏蔽，以示宗庙已灭，这叫作"灭宗庙"，象征国家的覆亡。《墨子·明鬼》中说："且惟昔者虞夏、商、周三代之圣王，其始建国营都，曰：必择国之正坛，置以为宗庙。"可见，西周之前宗庙在都城空间中处于中心地位，是三

---

1 李允鉌. 华夏意匠[M]. 天津：天津大学出版社，2005：40.
2 白本松. 春秋穀梁传[M]. 贵阳：贵州人民出版社，1998：599.

代圣王为政的重要标志。巫鸿认为，这一时期"王室宗庙结合了祖庙和宫殿两种功能——它既是祭祖的场所，也是处理国家政务的重地"。[1]春秋以后，大体上说，"宫室之治"逐步由"宗庙主导"演变为"宫殿主导"，皇权更明显地表现于巍巍都城和壮丽宫殿的建筑艺术上。一个例证便是成书于战国后期的《周礼·冬官考工记·匠人》中的一段著名论断："匠人营国，方九里，旁三门。国中九经、九纬，经涂九轨。左祖右社，面朝后市。"在这个空间秩序十分严整的都城格局中，并非宗庙而是天子所居之地的宫殿成了中心。此后，宫殿作为社会政治权力的集中体现，它的政权象征意义日益重要。例如，《史记·高祖本纪》中有一段对话，经常被引用来说明统治者通过壮丽宏大的宫室建筑彰显君主之重威。这段话是这样说的："萧丞相营作未央宫，立东阙、北阙、前殿、武库、太仓。高祖还，见宫阙壮甚，怒，谓萧何曰：'天下匈匈苦战数岁，成败未可知，是何治宫室过度也？'萧何曰：'天下方未定，故可因遂就宫室。且夫天子四海为家，非壮丽无以重威，且无令后世有以加也。'"[2]在这里，宫室的宏伟壮丽成了君主权力的象征和负载工具。

古代建筑及其等级制度除了政治象征和显著的强化君权功能之外，核心的政治功能是别贵贱和明上下的秩序化功能。陈来说："古代礼制中那些器物、车舆、宫室的繁复安排在社会功能上都是为了彰明等级制的界分、增益等级制的色彩、强化等级制的区别。"[3]因为只有使整个社会在各个层面都上下有别、等级分明、井然有序时，有效的社会管理与控制机制才能实现，君王的统治也才能长久。因此，宫室之制蕴藏着一种借建筑以划分、确定、保障、巩固社会等级序列的有效治理手段。周代详备的礼制在维护政治秩序中发挥了基础性作用，并直接促成了古代建筑等级制度的形成和完善。在其后数千年的历史变迁中，直至明清，建筑礼制虽有损益，但始终贯穿着周礼别贵贱、定尊卑的基本精神。

与此同时，古代建筑等级制度还有节制器物使用和建筑消费的

1　[美]巫鸿. 中国古代艺术与建筑中的"纪念碑性"[M]. 上海：上海人民出版社，2009：114.
2　许嘉璐、安平秋：二十四史全译（史记）[M]. 北京：汉语大词典出版社，2004：138.
3　陈来. 古代宗教与伦理——儒家思想的根源[M]. 北京：三联书店，2009：299.

独特作用，这方面被认为同样具有治国安邦的重要价值，并成为仁政的重要组成部分。例如，《韩非子·五蠹》中说："尧之王天下也，茅茨不翦，采椽不斫。"这段话是说王天下的尧帝住的宫室简陋到只用茅草覆盖屋顶，而且还没有修剪整齐。此后，有不少良臣志士在君主大兴宫殿而可能致劳民伤财之时，经常以先帝践行俭德的范例与宫室奢靡之风而致国破身亡的反例相劝谏。《管子·禁藏》中说："故圣人之制事也，能节宫室，适车舆以实藏，则国必富，位必尊矣。"春秋时吴王阖闾为了完成政治改革，采取了种种节用恤民的廉政措施。据《左传·哀公元年》记载："昔阖庐食不二味，居不重席，室不崇坛，器不彤镂，宫室不观，舟车不饰；衣服财用，则不取费。"其中"室不崇坛"即平地作室，不起坛；"宫室不观"即宫室不修筑楼台亭阁。夏商之后，宫室营建等级还伴随"宫室有度"的要求。如《荀子·王道》中说："衣服有制，宫室有度，人徒有数，丧祭械用皆有等宜。""宫室有度"提出了一种基于生存需要和礼制要求的建筑标准，本质上就是要求人们的营造活动要符合建筑等级制度，防止逾越分位而争夺资源，这是治国之道不可或缺的重要组成部分。

宫室制度不仅具有重要的政治功能，还具有明确的伦理功能。《礼记·祭义》中说："祀乎明堂，所以教诸侯之孝也。"《礼记·坊记》中说："修宗庙，敬祀事，教民追孝也。"《吕氏春秋·孝行览·孝行》里引曾子话曰："能全支体，以守宗庙，可谓孝矣。"这里说明，无论是在明堂祭祀祖先，还是修建宗庙进行祭祀，目的都是要教育人们遵守孝道，追孝祖先。《礼记·祭统》中说："夫祭有昭穆。昭穆者，所以别父子、远近、长幼、亲疏之序，而无乱也。是故有事于大庙，则群昭、群穆咸在，而不失其伦，此之谓亲疏之杀也。"这段话的大意是说，宗庙祭祀中的昭穆之制，是用来区别人伦关系、体现亲疏关系的等差。《礼记·大传》中还说："亲亲故尊祖，尊祖故敬宗，敬宗故收族，收族故宗庙严，宗庙严故重社稷。"由此可见，《礼记》极为强调宫室之制，尤其是宗庙制度的人伦教化和德治功能。王国维在《殷周制度论》中特别强调一个观点，即他认为包括庙数之制，在内的殷周诸制度不仅是一种国家政治制度，更是"道德之器械"，只有"使天子、诸侯、大夫、士各奉其制度、典礼，以亲亲、尊尊、贤贤、明男女之别于上，而民风化于下，此之谓治。反是，则谓之乱。是故，天子、诸侯、卿、大夫、士者，民之表也；制度、典礼者，道德之器也。"[1]由此，我们可以说，所谓"宫室之治"，就是依托以建筑等级制度为核心的宫室之制而形成的一种伦理治理方式，其最终要落实到社会伦理秩序层面并达到德治教化的目标，以此形成一个道德共同体，用王国维的话来说即是周公制礼作乐，"其旨则在纳上下于道德，而合天子、诸侯、卿、大夫、士、庶民以成道德之团体"。[2]

实际上，由于"礼"是宗法社会的一种整合性的制度架构，它从制度层面统摄了政治、伦理与法，因而宫室之治的政治、伦理与法度功能并没有截然区分，它们相互渗透，具有伦理与政治、伦理与法律双向同化的趋势。《左传·隐公十一年》中说："礼，经国家，定社稷，序民人，利后嗣。"这段简短的话语，高度概括地说明了礼制所具有的治理国家、安定社稷的政治功能以及调理人伦之序而泽及子孙的伦理功能。进一步说，礼制作为最普遍的社会规范，当它与政治制度、法律制度结合在一起的时候，它主要表现的是一个具有强制性的外在社会控制力量，而当它与伦理道德紧密联系在一起的时候，它主要表现的是一种更持久的内在的社会控制力量。宫室之治借由具体的建筑等级制度，主要体现的是一种外在的社会控制工具。正因为对规范的有效尊从本质上必须顺乎人情，且信服于个人自我约束的内在化的社会控制力量，因而我们发现，中国古代建筑等级制度从建立之初，僭越逾制的现象便如影随形，甚至愈演愈烈，不得不用刑律加以规范。

总之，"宫室之制"与"宫室之治"既为中国古代社会政治架构提供了一种物化的象征体系与权力机器的支持，具有维系宗法政治秩序的显著政治功能，更是为宗法伦理而设，是达到"别尊卑贵贱"这一等级人伦秩序和推行道德教化的重要伦理治理方式。发轫于夏商周时期的中国古代建筑文化的这一典型特征，在随后两千多年的王朝时代并没有发生实质性变化，为世界任何古代建筑文化之所无，这是我们认识和把握中国古代建筑伦理思想的关键。

---

1 王国维. 观堂集林（外二种）[M]. 石家庄：河北教育出版社，2003：242.
2 王国维. 观堂集林（外二种）[M]. 石家庄：河北教育出版社，2003：232.

05

儒家伦理与中国传统建筑文化 *

如果说儒家伦理重「礼」的特征塑造了中国传统建筑的理性品格，那么可以说儒家伦理『贵和尚中』的特征，则在很大程度上赋予了中国传统建筑不同于其他地域建筑，尤其是西方建筑的独特文化基调与审美情趣。

---

* 本文最初发表于《新建筑》2004年第3期，本书收录时进行了修订，并新配插图。

中国传统文化本质上是一种人伦文化，千百年来形成了丰富、完善的伦理思想体系。虽然传统伦理思想是中华民族各种文化精神互摄整合而形成的有机体，儒、释、道是其基本结构要素，但其中儒家伦理是主体与核心。从汉代以后，在政治力量的推动下，儒家思想便开始广泛渗透到精神文化与物质文化的各个领域，而作为传统文化重要组成部分的中国传统建筑，同样要从一个侧面反映和表达儒家伦理的理念和要求，传统建筑也的确在整体布局与群体组合、表现形态与结构特征、空间序列与功能使用、装饰细部与器具陈设等方面浸透着儒家伦理的种种特征。正如高介华先生所言："对于中国古代建筑文化的影响，儒家的思想、学说是属根本，且又具体而微。它的影响，从秦都咸阳这个特例一直贯穿延伸到封建社会末期。"[1]

一、儒家伦理的基本特征

关于儒家伦理的基本特征，学术界可以说是仁者见仁，智者见智。综合大多数人的观点，试可以这样概括：儒家伦理是以礼、仁、中和为内核的思想体系。这其中，尤其以"礼"和"中和"思想对中国传统建筑的影响最为强烈和明显。

"礼"是中国文化人伦秩序与人伦原理最集中的体现，可以说，儒家的伦理规范就是"礼"的秩序。"礼"原先是尊敬和祭祀祖先的仪式、典章或规矩，后在古代社会长期发展中逐步演变为以血缘为基础、以等级为特征的伦理规范，渗透在君臣、父子、夫妇、兄弟

1　高介华. 孔子与中国建筑文化[J]. 华中建筑，1992：4.

等各种人伦关系和社会生活的各个领域之中。

"礼"的突出特征就是它有上下等级、尊卑贵贱等明确而严格的秩序规定。如荀子说："礼者，贵贱有等，长幼有差，贫富轻重皆有称者也。"[1]《礼记·曲礼》说得也很清楚："夫礼者，所以定亲疏、决嫌疑、别同异、明是非也。"而且，作为一种统治秩序和人伦秩序规定的"礼"往往把强调整体秩序作为最高价值取向，而个体是被重重包围在群体之中的，每个人首先要考虑的是应该在既有的人伦秩序中安伦尽份，维护整体利益，形成一个等级分明、尊卑有序、不容犯上僭越而又和睦相处的社会。

从一定意义上说，"仁礼合一"是孔子思想的特色，"仁"是其思想内核，"礼"是"仁"的外在表现。仁道不过是"通过礼所规定的各种具体形式表达出来的互相信任与尊重"。[2]孔子曾说："人而不仁，如礼何？"[3]在他看来，若没有了仁德，那么"礼"就无从谈起。所以孔子特别重视"仁"，"仁"也因此成为整个儒家思想的核心。

"仁"的最基本内涵，孔子把它规定为"爱人"，[4]而"爱人"的具体内容就是"己所不欲，勿施于人"的"推己及人"之道。尤其要注意，儒家之讲仁，有一个次序问题，是一种有差等的爱，这就是孟子所说的"亲亲而仁民，仁民而爱物"[5]。第一个层次是"亲亲"，即家族血缘之爱，即是说按照血缘关系的远近，爱有亲疏之别；其次，才是对一般人要爱，即人们之间相互发挥自身德性；最后要扩充仁爱之心以至于万事万物，从而达到王阳明所说的"万物一体之仁"的境界。

贵和尚中可说是儒家伦理的又一个特点。"贵和"即贵和谐、"和为贵"；"尚中"即崇尚中庸之道。先说"贵和"，"和"即和谐、协调、平衡、秩序、和合，它标志着事物存在的最佳状态。儒家伦理对"和"的强调主要体现在三个层面：第一个层面是"天人之和"，即天与人的和谐。《中庸》说："万物并育而不相害，道并行而不悖"，这正是儒家所构想的"天人合一"或"太和"（即至高无上的

---

1 《荀子·富国》

2 转引自：杜维明. 儒家思想新论[M]. 南京：江苏人民出版社，1995：77-78.

3 《论语·八佾》

4 《论语·颜渊》

5 《孟子·尽心上》

和谐）境界。虽然说儒家关心人胜过关心自然，但在天人之和观念的支配下，主张促进天、地、人三才并进，使万物和谐相处，"天有其时，地有其财，人有其治，夫是之谓能参"。[1]；第二个层面是"人际之和"，即人与人之间的和谐，强调待人要礼貌和气，尤其重视家和为贵，恰如孟子所说："天时不如地利，地利不如人和"[2]；第三个层面是"身心之和"，即人自身的和谐，强调个体在心理和精神生活方面应当追求一种平和、中和的做人境界。

儒家"贵和"思想往往是和"尚中"之义联系在一起的。既然"和"是天人关系、人与人关系所达到的一种良好的秩序和状态，那么如何实现"和"的理想呢？儒家认为，根本的途径就是适中、持中，保持中道。说到"中"，儒家认为并不是指折中调和，或与各方面保持等距离。孔子曾说"过犹不及"[3]，"中"的意思就是无过无不及，既不过头，也无不够，恰如其分，也就是适度，它标志着事物存在和发展的最佳结构和人行为的最佳方式。《中庸》一书则将中与和相连，称中和，说"致中和，天地位焉，万物育焉"，即达到了中和境界，天地万物都能各得其所、各安其位、和谐发展。

总的说来，儒家和谐观的重要内容就是以中为度，"中"即是"和"，或者说"和"包含着"中"，"持中"就能"和"，表现在美学领域中即为中和之美。自汉代以后，历代儒家学者大都认同这种观念，继承并努力实践这种观念。

二、"礼"与中国传统建筑

具有强制性、普遍性、规范性特点的"礼"深深制约着中国传统建筑活动的诸多方面。总的说来，"礼"的影响主要体现在两个方面：一是形成了严格的建筑等级制度，二是在建筑类型上形成了中国独特的礼制性建筑系列。

儒家伦理把建立尊卑有序的社会等级秩序看成是立国兴邦的人

---

1 《荀子·天论》
2 《孟子·公孙丑下》
3 《论语·先进》

伦之本，"贵贱无序，何以为国"。[1]因此，社会生活、家庭生活和衣食住行的各个层面都要纳入"礼"的制约之中，建筑作为起居生活和诸多礼仪活动的物质场所，理所当然要发挥"养德、辨轻重"，[2]从而维护等级制度的社会功能。以礼制形态表现出的一整套古代建筑等级制度便是这一制度伦理的具体体现。

简单说，所谓建筑等级制度是指历代统治者按照人们在政治上、社会地位上的等级差别，[3]制定出一套典章制度或礼制规矩，来确定适合于自己身份的建筑形式、建筑规模等，从而维护不平等的社会秩序。从有文献记载开始，古代中国的建筑等级制度在周代就已形成。如《考工记·匠人》中说："王宫门阿之制五雉，宫隅之制七雉，城隅之制九雉。经涂九轨，环涂七轨，野涂五轨。门阿之制，以为都城之制。宫隅之制，以为诸侯之城制。"这里清楚表明周代已从建筑物的类型、尺寸和数量等方面加以限制，它的许多礼制规定，一直为后世的建筑等级制度所沿用。

中国古代的建筑等级制度主要经历了唐、宋、明、清各代的不断修订、补充，逐渐由较为粗疏发展为一套缜密的建筑等级制度。具体来说，建筑的形式、屋顶的式样，面阔、色彩装饰、群体组合、方位朝向、建筑用材，如此等等，几乎所有细则都有明确的等级规定，建筑往往成了传统礼制的一种象征与载体。

如从建筑的结构形式来看，宋代大木作制度主要有殿堂（殿阁式）和厅堂两类结构形式，其用材等级是显著不同的。《营造法式》规定："凡构屋之制，皆以材为祖。材有八等，度屋之大小，因而用之。"[4]清代明确地把大式、小式两种做法作为建筑等级的基本标志。在《清工部工程做法则例》里，大木作分为"大式""小式"与"杂式"。"大式建筑"往往用于宫殿、庙宇、府衙和上层人士宅院，"小式建筑"则用于一般民居住宅、铺面或其他杂用。小式建筑绝不能

1　《左传·昭公二十九年》

2　荀子在论及宫室建筑时说："为之宫室、台榭，使足以避燥、养德、辨轻重而已，不求其外。"（《荀子·富国》）

3　古代中国的社会政治秩序，像一座庞大的宝塔，皇帝或天子高踞颠顶，拥有最高的权力和绝对的权威。在皇帝之下，则是由高而低的不同社会等级，如诸侯、卿大夫、士、庶人等，各个等级之间存在不可逾越的鸿沟。

4　[宋] 李诫、邹其昌点校.《营造法式》（修订本）[M]. 北京：人民出版社，2011：29.

图19 中国现存规模最大的唐代木构建筑五台山佛光寺东大殿斗栱

图20 中国传统建筑几种主要的屋顶式样

硬山

歇山（九脊）

重檐庑殿

悬山

庑殿（五脊）

卷棚

使用歇山、庑殿等屋顶形式，也绝不能用斗栱。可见，中国传统建筑不仅在间架、屋顶、材分、规格等方面有明确限定，尤其是作为中国建筑技术独特创造的斗栱技术（图19），由于其由不同样式的构件组成，造型奇特，再辅之以彩绘，具有独特的装饰效果，因而作为特定的建筑符号表现了封建社会伦理等级观念。一般只有宫殿、帝王陵寝、坛庙、寺观等重要建筑才允许在立柱与内外檐的枋处安设斗栱，并以斗栱出跳数多少，来表示建筑的政治伦理品位，"从装饰性或说官方体制说，乃依照斗栱出跳数以表现建筑等级：通常建筑的等级越高，斗栱出跳数也越大"。[1]

从建筑物单体看，中国古代建筑的最大形态特征，大概不能不首推其大屋顶。大屋顶建构有多种形式，不同形式往往具有不同的伦理品位，如以庑殿式为尊（其中重檐庑殿式为最尊），歇山次之，悬山又次之，硬山、卷棚等为下（图20）。明代以后，庑殿顶、歇山

---

1 杨裕富，董皇志，许峰旗. 中国传统建筑木构架的构造技术讨论[J]. 台湾大学建筑与城乡研究学报，2012，20：30.

顶作为传统建筑中伦理品位显贵的大屋顶形式，只能用于宫殿、帝王陵寝与一些大型的寺庙殿宇之上，以其庄重、雄伟之势表现帝王的至尊。

而在民居的建筑规格方面，必须符合住宅主人的身份和等级。隋唐时期的封建典制对此做出了明确规定："准营缮令。王公已下。舍屋不得施重栱藻井。三品已上堂舍，不得过五间九架；厅厦两头门屋，不得过五间五架。五品已上堂舍，不得过五间七架；厅厦两头门屋，不得过三间两架。"[1]而且，传统建筑装饰的文化主题、规格、品位等，往往也由礼制所规定。如龙的装饰图案，一般只能出现在皇家的都城、宫殿、坛庙、陵寝等建筑上；又如《明会典》规定，只有五品以上官员所建的房屋梁柱间许施青碧彩绘，屋脊许用瓦兽。此外，在建筑用色方面也有严格的等级限制，如五行说中，黄色、金色代表中央，象征高贵与华丽，因而在明清被规定为皇家宫殿、陵墓的御用色，擅用者要处极刑。民舍屋顶只能用等级最低的黑、灰色，由此故宫的大屋顶构成了一片壮阔的黄色琉璃瓦海，它在灰色调的老北京城的衬托下，显得格外的华丽夺目，有着不可侵犯的威严。

传统建筑的群体组合形制和空间序列同样体现着"礼"所要求的尊卑等级秩序。不仅是皇家宫殿如此，就连民居建筑的组合形式也是如此。《黄帝宅经·序》中说："夫宅者，乃是阴阳之枢纽，人伦之轨模，非夫博物明贤未能悟斯道也。"大意是说，住宅不仅应当是天地之间阴阳之聚集交汇的物质生活场所，而且也是体现人伦关系之准则的空间存在模式。所以，在住宅的格局等方面理应体现"三纲五常"等封建社会人伦关系的基本准则。传统民居大多属于在群体组合中形成的庭院式布局，这种布局方式所构建的封闭的空间秩序，恰与儒家所宣扬的伦理秩序形成了同构对应现象。如作为汉族传统民居经典形式的北京四合院，便在空间布局尤其是居住用房的分配使用方面较突出地反映了儒家的家庭伦理观念。

北京四合院通常有较明确的中轴线，坐北朝南，左右对称，多

1　王溥. 唐会要. 卷之三一"杂录".

图21 标准的三进四合院鸟瞰图

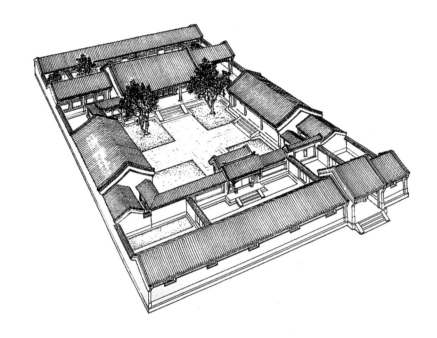

有前、后或外、内两院。它在前院设"倒座",作为仆役住房、厨房和客房;倒座与正房、厢房之间有垂花门相隔,形成内外院。后院为全宅主院,有正屋、厅堂和东西厢房。其中位于中轴线上的正屋属最高等级,为长辈起居处;中间的厅堂不住人,专为家庭中婚丧寿庆等大事之用;两侧东西厢房则为晚辈住所。如此布局使得父子、夫妇、男女、长幼及内外秩序严格、尊卑有序,相互不可僭越(图21)。

"礼"及儒家伦理精神在中国建筑中的另一个重要体现是礼制性建筑在诸多建筑类型中的主导地位。中国的"礼制性建筑起源之早、延续之久、形制之尊、数量之多、规模之大、艺术成就之高,在中国古代建筑中都是令人触目的"。[1]

前面说过,"礼"原先是祭祀祖先的仪式、典章或规矩,或者说祭祀是"礼"重要的表现方式,它具有准宗教的崇拜意义。中国特有的祭祀或礼制性建筑主要是坛与庙。坛为祭祀天地神灵一类的建

---

1 侯幼彬. 中国建筑美学[M]. 哈尔滨:黑龙江科学技术出版社,1997:147.

筑物，它把人间最高统治者称为"天子"，从而建立起天伦与人伦统
一的秩序，使皇权统治成为神授的或天经地义的事情。庙主要用于
祭拜祖宗、一些先师圣贤和山川神灵，这其中最为明显表达儒家礼
教精神的当算宗庙。

　　在世界建筑史上，只有中国古代社会这种以血缘关系为纽带的
宗法制才能孕育出宗庙这一奇特的建筑文化现象，它可以说是宗法
伦理的一个精神性象征。所谓宗法制，指以宗族血缘为纽带、以嫡
长子为大宗、以男性家长为尊所构成的社会政治结构与人伦制度。
其基本内容包括嫡长子继承制、封邦建国制和宗庙祭祀制度。其
中，宗庙祭祀制度对传统建筑文化的影响最为直接，因为等级森严
的宗法制使得全国从最高的"家长"到普通百姓都有他们的先祖大
宗需要祭祀，于是各种不同等级的专供祭祀祖宗的宗庙建筑便应运
而生。《礼记·王制》规定："天子七庙，三昭三穆，与太祖之庙而
七。诸侯五庙，二昭二穆，与太祖之庙而五。大夫三庙，一昭一
穆，与太祖之庙而三。士一庙。庶人祭于寝。"这一规定表明，天子
可以建七座宗庙，诸侯、大夫、士依次降等，而庶民则只能在自家
住宅中祭祖。由此可见，宗庙之制渗透着强烈的伦理等级色彩。

三、"贵和尚中"与中国传统建筑

　　如果说儒家伦理重"礼"特征塑造了中国传统建筑的理性品格，
那么可以说儒家伦理的"贵和尚中"特征，则在很大程度上赋予了
中国传统建筑不同于其他地域建筑尤其是西方建筑的独特文化基调
与审美情趣。

　　首先，儒家重视"天人之和"的哲学理念所提供的人与自然和
谐一致的思维模式和价值取向，成了中国建筑史上众多建筑巨匠所
恪守的建筑哲学，并构成了中国传统建筑最基本的哲学内涵。林语
堂在谈到中国建筑时曾经说过："儒家学说中人在自然界所处的地位
可由以下概念说明：'天地人为宇宙之三才'。……人类知道自己在
自然界万物中应处的地位，并以此为荣。他的精神，正像中国建筑
的屋顶那样，被覆地面，而不像哥特式建筑的尖塔那样耸峙云端。

这种精神的最大成功是为人们尘世生活的和谐与幸福提供了一种衡量标准。"[1]这种极为重视人与自然相亲和的思想观念，在园林、宫殿、民居、寺观等建筑门类中有自觉或不自觉的体现。尤其是中国园林文化，无论是追求气势的皇家园林，还是讲究再现自然美的山水园林，都十分注重模山范水、象天法地，运用人力巧夺天工，尽量不露人工斧凿痕迹，再造自然之美，达到"虽由人作，宛如天开"的天人相亲、天人合一的审美境界。

其次，儒家和谐观念尤其重视的"人际之和"也在传统建筑中有所体现。如，古代宫殿建筑的代表——明清北京故宫，其太和殿、保和殿、中和殿这三大殿的名称都突出一个"和"字，这从一个侧面反映了封建统治者追求祥和昌盛、社会和谐发展的政治理想。而传统民居的分布多为以血缘为纽带的同姓聚居，并在布局上强调以组群建筑的对称、和谐创造一种和睦气氛，这实际上便是儒家宗法伦理中"家和万事兴"观念的间接反映。

第三，儒家"尚中"思想造就了富有中和情韵的道德美学原则，这对传统建筑的创作思想、建筑风格、整体格局等方面有明显的影响。传统建筑文化在空间上的主要特征莫过于对"中"的空间意识的崇尚，大到都城规划，小到合院民居，都强调秩序井然的中轴对称布局，形成了以"中"为特色的传统建筑美学性格。

"尚中"思想还是中国传统文化所提倡的"实用理性"的一种表征。关于这种"实用理性"的特征，李泽厚说："中国实用理性的传统既阻止了思辨理性的发展，也排除了反理性主义的泛滥。它以儒家思想为基础构成了一种性格-思想模式，使中国民族获得和承续一种清醒冷静而又温情脉脉的中庸心理：不狂暴，不玄想，贵领悟，轻逻辑，重经验，好历史，以服务于现实生活，保持现有的有机系统的和谐稳定为目标，珍视人际，讲求关系，反对冒险，轻视创新……"[2]的确，"尚中"的基本精神作为传统文化的一个特殊因子深深浸染着传统建筑，使传统建筑的创作思想和设计手法强调对立面的中和、互补，而不是排斥、冲突。在礼制形制的制约下，却

---

1 林语堂. 中国人[M]. 郝志东，沈益洪译. 上海：学林出版社，2001：116-117.
2 李泽厚. 中国古代思想史论[M]. 北京：人民出版社，1985：306.

交织着礼与乐的统一、美与善的统一、情与理的统一、文与质的统一、人工与天趣的统一、对称方正与灵活有序等诸多方面的和谐统一。如明嘉靖时建造，清乾隆改建的北京天坛，从群体布局上看，处处是对比的。如有空间形式的对比、体量和造型的对比、色彩的对比，但在这诸多对比之中始终抓住建筑的造型比例，在处理单体建筑的形式、尺度和色彩等方面尽量与整体建筑风格和谐统一，从而使一切对比融入和谐之中。

第四，儒家所推崇的"中庸之道"带有传统主义和保守抗变的倾向，对形成传统建筑文化体系的超稳定结构有不小影响。"中庸之道"虽然包含允当适度的持中之意，但它力图使对立双方所达成的统一、平衡历久不变，永远不超越"中"，永远以"礼"为标准，这就使之成为一种阻碍事物发展变化的理论，发展到后来，便成为典型的"天不变道亦不变"的守成式和谐论。在这种正统的、官方的哲学思想控制下，中国传统建筑文化的发展只能因袭传统方式而周期性地循环，几千年来没有产生过根本性的突破或转变，如梁柱组合的木构框架从上古一直沿用到清末。许多建筑的营造，不过是墨守成规，按一定模式重复再现，没有新的创造与突破，没有个性与感情的奔放流露，只能是四平八稳、处处似曾相识，探讨个中原因，不能不说与儒家伦理有一定关系。

06

禁锢与教化：中国传统建筑文化中的性别伦理*

中国传统建筑主要从物质空间分配入手，以区隔内外、分隔男女的空间规训机制，一方面实现了建筑与空间对女性身体与女性活动的控制与限制，另一方面则实现了维护男性的绝对统治，以男性为主导的权力格局，并以物质标识的方式彰显了男尊女卑的性别伦理格局。

---

* 本文最初以《中国传统建筑文化中的性别伦理》为题发表于《唐都学刊》2013年第3期，本书收录时进行了修订，并新配插图。

建筑在中国古代的性别权力关系中扮演着一个重要的角色。若从性别伦理视角审视传统建筑文化，可以发现，典型的民居住宅、一些纪念性建筑和礼制建筑，尤其是院落空间和居住空间的布局方面，男女有别、男尊女卑、男主女从的性别伦理格局，得到了极为鲜明的体现与独特的表达。对此，美国人类学教授白馥兰（Francesca Bray）感叹道："在中国，房屋发挥的一个最关键作用，是用空间标志出家庭内的差别区分，包括对女性的隔离。"[1]

一、男女空间的内外区隔与性别伦理的维系

　　传统文化对男性中心主义性别格局的维护，对女性身体的规训，是从各个层面展开的。这其中，从建筑的物质空间分配入手，以"辨内外"为基本准则，强调男女两性应当分处不同的空间，这是从物质层面维系性别伦理、巩固男权秩序的核心手段。

　　内与外原本是一组空间概念，但在中国传统文化语境下，却将内外与男女、夫妇联系起来，使其具有了独特的礼仪属性，绝非仅仅分隔内部与外部空间的简单意义。

　　在古代典籍中，《易传》是中国传统哲学的性别意识之源，开始从阴阳的相互交替作用中推演男女、夫妇、父子等人伦关系，尤其是《周易·家人》中的象辞"女正位乎内，男正位乎外。男女正，天地之大义也"，开启了后人以内与外界分男女之别的先河。《礼记·内则》中说："男不言内，女不言外。非祭非丧，不相授器，其相授，则女受以篚。其无篚，则皆坐，奠之而后取之。外内不共

1　[美] 白馥兰. 技术与性别——晚期帝制中国的权力经纬[M]. 江湄，邓京力译. 南京：江苏人民出版社，2006：42.

井，不共湢浴，不通寝席，不通乞假，男女不通衣裳。内言不出，外言不入。"这段话虽然是日常生活中的礼仪规定，但其重要意义是初步提出了影响中国上千年的"男主外女主内"的性别分工模式，以及"男女授受不亲"的日常行为准则。中唐时宋氏姐妹的《女论语》中，作为全篇纲领的"立身章第一"开篇即有："内外各处，男女异群。莫窥外壁，莫出外庭，出必掩面，窥必藏形，男非眷属，莫与通名。"司马光在《礼记·内则》所规定的男女两性日常生活举止要求的基础上，特别突出了住宅院落里"中门"的规制意义，在《书仪·居家杂仪》中指出：

> 凡为宫室，必辨内外。深宫固门，内外不共井，不共浴堂，不共厕。男治外事，女治内事。男子昼无故不处私室，妇人无故不窥中门。有故出中门，必拥蔽其面（如盖头、面帽之类）。男子夜行以烛，男仆非有缮修及有大故（大故谓水火盗贼之类），亦必以袖遮其面。女仆无故不出中门（盖小婢亦然），有故出中门，亦必拥蔽其面。铃下苍头但主通内外之言，传致内外之物，毋得辄升堂室、入庖厨。

司马光这段话揭示了传统住宅"中门"具有实用功能之外的礼仪属性，它既是内外空间转换的纽结，也是伦理行为变换的场所，是真正的标示家庭伦理的"阴阳之枢纽"。

所谓"中门"，一般是指内院、外院或内室、外室之间的门。司马光强调"妇人无故不窥中门"，意思是说女性的活动空间应以"中门"为限，若无故进入中门以外的空间，便是闯入了男性的领地，是违背妇道而不合礼制要求的。《左传》中说："君子曰：非礼也。妇人送迎不出门，见兄弟不逾阈，戎事不迩女器。"[1]这段话也涉及了有关门的具体礼制规矩，即妇人送迎不得擅出寝门，见兄弟不得逾越门槛。

作为汉族传统民居经典形式的北京四合院，在空间布局与门制

---

1 杨伯峻. 春秋左传注（修订本，第一册）[M]. 北京：中华书局，1990：399.

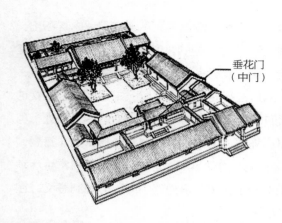

图22 典型四合院民居中门示意图

垂花门
（中门）

图23 北京四合院的『中门』——垂花门
（摄于郭沫若纪念馆）

方面便突出反映了男女有别的家庭伦理观念。[1]四合院多有前、后或外、内两院。它在前院设"倒座"，一般作为仆役住房或客房。倒座与正房、厢房之间有一座重要的门，叫垂花门（图22、图23），为礼仪之属，因其重要，所以一般安排在四合院的中轴线上，面对

---

1 需要说明的是，在中国传统建筑中，不是所有的宅院与民居都合乎我在此章中引用的表达性别礼仪规范的典型形式。不同经济阶层的中国古代女性，其生活状况不同。至少下层穷人或庶民的房子大都是简庐陋室，并没有条件像上层人士那样讲究方位朝向、中轴对称、空间布局、居住用房的等级分配。下层人士的家庭内部空间并没有森严的性别隔离，因为妇女几乎没有可以幽居的空间，当然其活动范围也相对宽松。

四合院的庭院与正房，其门制装饰也颇为讲究。为了保证内宅的隐蔽性，在垂花门后檐柱处常设门扇，这道门称为"屏门"。除去家族中有重大仪式，如婚、丧、嫁、娶时打开之外，其余时间屏门都是关闭的。人们进出垂花门时，不能过屏门，而是走屏门两侧的通道。垂花门在二进以上宅院中起着重要的过渡功能，是作为二门出现的，实际上就是四合院的"中门"，门内门外，形成内院外院，其空间的等级不同，尤其是内外分明，妇女不能随便到外院。因为，居家之礼的根本是"谨夫妇"，即规范男与女、夫与妇不同的行为方式。因而，对应于此，住宅营建的原则为"辨内外"，即划分内与外不同的居住空间，并要求男女在不同的伦理环境中应有不同的行为举止。内外空间固然需要分开，但也必不可少地需要联系。这样，可开可闭的"门"便成为其间的枢纽。

透视四合院的形制，不难发现这是一幅极为形象的礼仪活动的写照，它以一种无言的形式表达了中国传统的家庭秩序及其性别和身份伦理观念。而从相关考古资料可以推测，至迟从汉代起，一直到清代，这种符合纲常伦理的宅院布局原则都大致未变。

传统建筑中，除了门具有区分内外、区隔男女的礼仪属性外，墙同样也起着除围护和避御风寒邪气之外独特的分割空间的礼仪功能。

东汉刘熙的《释名·释宫室》中说："墙，障也，所以自障蔽也。垣，援也，人所依止，以为援卫也。墉，容也，所以隐蔽形容也。壁，辟也，辟御风寒也。"显然，这里所论墙与壁，都主要强调其"障蔽""辟御"之实用功能。但是，在中国传统建筑文化中，墙的意义远不止这些实用功能。白馥兰说："环绕房子的围墙将里面的世界与外面的世界分开，规定了中国人的家及其依附者。"[1]实际上，传统建筑之重视墙，除了满足实用功能外，还是一种以血缘亲情维系的求封闭、向心的家文化的产物。同时，墙还被视为梳理伦常秩序的一种工具。《墨子·辞过》中说："古之民未知为宫室时，就陵阜而居，穴而处，下润湿伤民，故圣王作为宫室。为宫室之法，曰：室高足以辟润湿，边足以圉风寒，上足以待雪霜雨露，宫墙之高，

---

1 ［美］白馥兰. 技术与性别——晚期帝制中国的权力经纬[M]. 江湄，邓京力译. 南京：江苏人民出版社，2006：70.

足以别男女之礼，谨此则止。"这段话在说明了宫室与原始巢穴的区别后，强调了宫墙"足以别男女之礼"的性别伦理功能。

不仅高大的宫墙可以分隔男女，民间住宅的院墙和内墙也具有类似的礼仪功能。例如，北京四合院以房舍之外墙的四边连构成院墙，仅在东南隅设一院门，二进院落一般在东西厢房之间建一道隔墙，而内墙则作为住宅内院与外院的空间分割手段。对于住在四合院的女性而言，没有正当理由，便从内闱跨出中门到围墙外面的世界，是违礼之举。

很多学者注意到一个现象，宋代张择端的名画《清明上河图》再现了北宋汴京承平时期的繁荣街景，然而，在这幅长卷中我们却几乎找不到女性的身影[1]（图24），原因何在？显然这是男外女内的礼制要求的真实反映。直到晚期帝制的中国，情形也大致如此。"在帝制中国晚期，所有社会阶层都认为，妇女的幽居以及在家内外使男女分隔不仅仅是'敬'的标志，而且是维持社会公共道德的核心因素"。[2]

围墙主要用来分割室内与室外空间，但值得一提的是，至少从秦

1　例如，佐竹靖彦在《〈清明上河图〉为何千男一女》一文中指出："宋人张择端《清明上河图》的最显著特色是，在喧闹拥挤的宋代都会街市的每一个场景里，都找不到女性的影子。这一状况在清院本中也没有太大变化。"（载于：邓小南主编. 唐宋女性与社会（下）[M]. 上海：上海辞书出版社，2003：785. ）伊沛霞认为，幸存的很多宋代绘画表现了当年的世界看上去是什么样的，而在《清明上河图》中，街道上有六百多人，这些混杂的人群有一个共同点：除了明显几个例外，他们都是男人。（参见：[美]伊沛霞·内闱——宋代妇女的婚姻和生活[M]. 胡志宏译. 南京：江苏人民出版社，2010：18. ）芮乐伟·韩森（Valerie Hansen）说："《清明上河图》描绘了一个没有饥饿、痛苦、贫困，更不可思议的是，一个没有妇女的城市。"（参见：[美]芮乐伟·韩森. 开放的帝国——1600年的中国历史[M]. 邹劲风，梁侃译. 南京：江苏人民出版社，2007. 序第8页. ）
2　[美]白馥兰. 技术与性别——晚期帝制中国的权力经纬[M]. 江湄，邓京力译. 南京：江苏人民出版社，2006：99.

图25 明代仇英的《汉宫春晓》局部，现藏台北故宫博物院。从此画中可以看到室内空间中的屏风和卷起来的帷帐，有一女子在屏风后窥视

汉开始，不属于严格意义上建筑构件的帷帐和屏风，则成为分割室内空间的基本设施。直到宋代之前，织物材质的帷帐以及屏风等室内陈设，在组织和分隔室内空间方面仍起着主要作用。它们与墙不同，属于不完全的室内隔断手段，能分能合，亦隔亦透。帷帐和屏风不仅具有装饰意义上的功用，风水上的化煞辟邪功能，同时还具有礼制意义上的界定领域、突显尊位的功能，一定程度上建立了一种内外区分、男女有别的室内空间关系。未婚女子不能随便出入厅堂，于是家里有客时，影影绰绰的躲在帷帐或屏风后窥视，便成为很有意味的一幕场景（图25）。自宋代以后，随着小木作技艺普遍应用于室内空间，并逐步取代了帷帐，独立式的屏风虽然一直沿用，但演变为一种室内装饰品。高彦颐（Dorothy Ko）认为，传统建筑室内空间的变化，尤其是后来以固定的墙壁取代屏风来分隔家户空间后，或许强化了家室的封闭感，从而助长了"妇女深闺"这一理想。[1]

---

1 ［美］高彦颐. 缠足："金莲崇拜"盛极而衰的演变[M]. 苗延威译. 南京：江苏人民出版社，2009：174.

缪朴强调中国传统建筑的第一个特点就是"分隔"，他说："中国传统建筑给人的首要感受是那种一重又一重的分隔。"[1]传统建筑对男女两性空间界限的划定，便是通过这一特有的分隔特征来完成的，即借由建筑中"门"与"墙"独特的区隔内外空间的作用，给女性规定出一个自我封闭的场所，使得内外空间秩序与男女性别界限得以确立与稳固，从而强有力地维护了传统的性别秩序和人伦纲常。

二、"看不见"的女性空间

在中国古代居住建筑中，不仅通过内外区隔的空间界限彰显男性对女性的控制权，使女性终日禁锢在一个狭窄的天地里，就连女性的主要活动空间——后院、内室、闺房、绣楼、后堂及厨房等，都要进一步通过强化隔绝功能的房屋设计、特殊的建筑构件与生活器具，更为严谨缜密地限定女性的空间自由，"即使在家庭内部，女性的空间活动也极为有限，因此，古代的女性空间基本是'看不见'的"。[2]

中国传统建筑中，无论是官式建筑还是民间建筑，大多属于在群体组合中形成的庭院式布局。传统民居"前堂后室"的庭院式布局所构建的封闭的空间秩序，恰与传统礼教所宣扬的"内外有别""男女有别"的伦理秩序形成了同构对应现象。北京四合院中，以作为礼仪之属的"中门"（垂花门）为界，形成前（外）院与中院的分割，这是分隔男女空间的明确界限，女性空间只能囿于中门之后。中院为全宅的主院，有正房、厅堂和东西厢房。中院里位于纵、横中轴线交叉点上的正房属最高等级，坐北朝南，是家里最尊贵的房子，为院中长辈的起居处。中间的厅堂不住人，是一家的核心空间，专为家庭中婚丧寿庆祭祀等大事之用，它是家长权力的象征。两侧东西厢房一般开间小、进深浅，为晚辈住所。典型的三进四合院一般在正房的后面加一排罩房，后罩房与正房之间便形成一个狭长的后院。后院与中院之间通过正房东耳房尽端的通道来出入。后罩房处于院落的深处，仅面向后院

---

1 缪朴. 传统的本质——中国传统建筑的十三个特点[J]. 建筑师，第40期.
2 黄春晓. 城市女性社会空间研究[M]. 南京：南京大学出版社，2008：42.

开设门窗，是四合院最后的一排房。后罩房一般由未出嫁的女性居住，家庭中的男性成员不得随意进入。家中的女眷、女仆也住在后罩房。同时它还可以用作杂物间，其等级低于正房和厢房，最重要的是它与院落中的公共区域完全不重叠。由此可见，从四合院的空间布局，尤其是居住用房的分配使用方面来看，男外女内、男前女后的方位格局极为典型，突出反映传统家庭伦理观念影响下女性空间的从属地位与隔离特征。

对于未婚女子而言，她们的天地限于闺房中的世界。南宋诗人陆游在《鹅湖夜坐书怀》中云："士生始堕地，弧矢志四方。岂若彼妇女，龊龊藏闺房。"闺房作为传统家居中的一个特别的女性空间，规划设计上最大的特点便是高隐蔽性和私密性，往往藏在院落中最不显眼的角落。四合院中女子的闺房——后罩房完全与家庭的中心区域分隔开来，以此强化其私密性。而在南方民居中同样也强调女性住宅的私密性，只不过方式稍有不同。

例如，徽州古民居白色抹灰的外墙高大，在外墙高处开小窗，形成封闭性很强的宅院空间（图26）。宅院空间基本结构以"进"为单位，内向方形布局，以狭长的天井为中心，一进一进地向纵深方

图26 封闭的徽州古民居，高高的围墙既为防盗，也为让女性禁锢其中

图27 徽州古民居中通向二楼闺房的楼梯（摄于黟县南屏村）

向发展。三合院单元中，大多为二层楼房，轴线取中，两厢对称。正房三开间，一明两暗格局。明间为开敞厅堂，装饰等级是最高的，这是家庭的主要礼仪空间，位于主轴线上，敞临天井，妇女一般不得进入厅堂。大户人家的闺房一般设在二进以内的阁楼上靠天井的房间，其所在的位置限制了未婚女性的活动空间。为了增强闺房的隐蔽性，往往还将通向二楼的楼梯修得既窄又陡（图27），在一楼入口处还设一扇小门，未婚女性可以在封闭的情况下活动在卧室和后堂之间，而不致暴露在客人面前。

传统民居院落虽然有明确的男性空间与女性空间的性别划分，但若要再细分，在女性群体内部，我们还可以划分为未婚女性空间与已婚女性空间两种。以上所谈闺房便是典型的未婚女性空间。

女性结婚后，在她的人生中，重新变换了一个新的生活空间，这个空间虽然仍旧封闭而隔离，但此时，"一个女人以妻子和母亲的身份使自己与超越内室的世界相联系"。[1]明媒正娶的已婚女性相较于未婚女性而言，她的身份变了，她是一家之主妇，是儒家所宣扬的"五伦"中夫妇关系之重要一维。从传统的家庭分工而言，她虽可以"主内"，但仍被排斥在家长之外。瞿同祖指出："家以内的

---

1 ［美］白馥兰. 技术与性别——晚期帝制中国的权力经纬[M]. 江湄，邓京力译. 南京：江苏人民出版社，2006：73.

工作就人而言，主妇所统率的范围以不出中门的妇孺为限——娣、妾、童年的子孙、在室的姊妹、侄女、子妇、侄妇，以及仆妇丫鬟等，但在女本从男的原则之下，主妇本人亦处于从的地位，她并不是家长。"[1]可见，妻子与母亲的身份，使女性能够与丈夫一同居住在家庭的核心区域，甚至家中最好、空间等级最高的房间。同时，她们空间活动的自由度增大，但仍旧要足不出中门，主要活动区域还是在后院。她所"主内"的那些事情，不过是烹饪、浣洗、缝纫、育婴以及充当家庙祭祖中的伴礼者。伴随家庭分工的变化，女性的空间重心也有所转移。除了内室卧房外，厨房和设祭坛或祖宗牌位的堂屋也成了她们重要的活动空间。需要说明的是，堂屋作为家庭中重要的礼仪空间，突显的是男性家长的权力。在家祭中，主要的参与者理所当然是男性家长，因为祖先牌位是以父系血缘繁衍为中心的，它所凝聚的是男性祖先在时间轴上的延续性。女性作为主妇，只是跟随丈夫，作为一种"伴礼者"的身份祭祀祖先。设若女性不是正室，处于妾位，则是禁止参加堂屋中的家庭祭礼的。

总之，在中国古代居住建筑中，男性与女性的主要活动区域是不同的，换句话说，男性和女性与家居空间的关联是不同的。一般而言，遵循男外女内、男前女后的原则进行空间区隔，尤其注重对女性空间的防卫性与私密性设计，试图依靠禁锢来控制女性，抵制外部世界有可能带来的危险与诱惑，防范所谓"红杏出墙"或"后院起火"，捍卫男性与父权对女人的统治。从女性群体内部而言，对未婚女性的空间限制更为严格，她们一般被禁闭在闺房之中，难以抛头露面。已婚女性按照"夫为妻纲"的性别等级、"妇无公事"的观念和"男主外、女主内"的家庭分工模式，虽可以迈出内室，但其活动领域仍局限于后院、后堂与厨房，难以逃脱传统的空间界限。

三、作为传统女性教化空间的祠堂与牌坊

在传统中国，作为民间社会一个多功能的特殊公共空间，祠堂

---

1 瞿同祖. 中国法律与中国社会[M]. 北京：中华书局，2003：113.

除了具有增强宗族凝聚力，实现尊祖敬宗、敦宗睦族的基本功能之外，还具有族内教化、对越轨行为控制的功能。虽然从性别伦理视角来看，祠堂是一个显示男性权力的祭祀性空间，祭祀仪式有着严格的等级限制，女性一般没有权利进入祠堂核心区域。然而，这并不妨碍它成为教化与规范女性操行的强大工具。

以徽州为例，明清时期徽州数目繁多的祠堂，便是女性重要的教化与控制性空间。在一向以理学重地自居的徽州地区，宗族制度十分典型，宗法观念深入人心，因而徽州境内祠堂林立，成为全国祠堂最发达的地区。而且，更为重要的是，在明清时期的徽州人心目中，祠堂的控制功能无可替代。对于女性而言，那些矗立于村落中的一个个威严肃穆的祠堂，本身便是"无言的教化者"，让人油然而生敬畏之情。具体而言，祠堂对女性的人伦教化与控制，主要体现在通过表现等级秩序的祭祀制度设计与祭祀空间安排，强化女性对以男权为核心的宗族权力的服从与认同。

在祭祀制度设计方面，徽州宗族一般会制定宗规、宗训和祠规，并对进出宗祠及祭拜礼仪明文规定。其中，宗规、宗训主要是要求族人按照儒家伦理准则来处理家庭关系，要求女性闭门不出、相夫教子、孝敬公婆，尤其重视对妇女在贞节方面的劝诫，通过德业相劝、过失相规的褒贬制度来教化女性成员。

例如，黟县南屏村叶氏支祠的思孝堂，其横枋上除了挂着"经魁"的横匾外，还挂着"操著松筠""洁方纯玉"这些主要用于褒奖女性贞洁美德的匾额（图28）。对于进出宗祠的规定，徽州宗族规定男女不同座，妇女一般不准登入祠堂核心空间。女性只有在一种较为特殊的情况下才可以进入祠堂，即新娘嫁到外族时，须到自家祠堂拜别；到新郎家后第三日，进男方家宗祠祭拜认新祖，除此不得入内。[1]

徽州宗祠祭祀仪式的男女等级限制，通过门槛所划分的不同祠堂空间得以体现。徽州祠堂从建筑格局上看，少则二进，多则三进、四进。以三进祠堂为例，平面由外而内依次展开三进：第一进

1　参见：李忆南. 徽州女仆·棠樾女祠[J]. 妇女研究论丛，1995：2.

图28 黟县南屏村叶氏支祠的后堂思孝堂匾额（秦红岭摄）

是仪表堂堂的大门——"仪门"，一般会设置石鼓，祭祀时供鼓乐之用；穿过仪门的第二进称为"享堂"，也叫"正堂""正厅"，这是族内议大事、办庆典或族人聚会之地；第三进称为"寝堂"，也叫"正寝""寝殿"，它是祠堂中地位最高、最重要的空间，中间设龛座三间，供奉列祖列宗的神主牌，中龛供奉始祖神主，左右两龛为昭穆室，供奉始祖以下神主。从徽州宗祠的整体布局而言，对整座祠堂空间的等级界定起关键作用的是两道象征权力与纲常界线的门槛，第一道是仪门，第二道是享堂和寝堂之间的门槛。在宗祠中，女性一般不允许进入仪门。在支祠中，有些支祠省去了仪门，有的家族允许妇女进入享堂前天井两边的廊庑，但女性一般不可跨越享堂和寝堂之间的门槛，进入供奉祖先神主牌的核心祭祀空间——寝堂。如此一来，以男权为核心的宗族祭祀权力，便通过祠堂的门槛得到确认与强化。

在徽州，以祠堂为物质手段对女性进行控制与教化，更具特色的是出现于明末清初专门供奉女主的祭祀祠堂——女祠。明中叶以前，宗祠不设女祠，庶母神主也不可入祠堂受祭。但到了明中期以后，这种祠规有所变通和松动。例如，明嘉靖十九年（1540年）建造的歙县呈坎村罗东舒祠，便在祠堂内后寝宝纶阁右进旁为女性祖先另辟"则内"（内室）（图29），用以祭祀女性祖先，它实为罗氏女祠，面积不及男祠的十分之一。清嘉庆十年（1805年），直奉大夫翰林罗廷梅怜其母因属再婚不能入主宗祠，便开风气之先河，另辟支祠专供其母。同样是这一年，徽州棠樾大盐商鲍启运"因家祠旧

图29 安徽歙县呈坎村罗东舒祠为女性祖先另辟『则内』（内室）（秦红岭摄）

图30 安徽歙县棠樾村的著名女祠——清懿堂（秦红岭摄）

奉男主，未女主，遗命其子有莱重建女祠"，借以纪念为徽商的辉煌做出贡献的鲍氏妇女。鲍启运遗命其子所建的歙县棠樾村的鲍氏姚祠——清懿堂（图30），是现存最为完好的一座女祠，以"清懿"为名，取的是"清白贞烈、德行美好"之意。女祠内立有鲍氏女主牌位，女性可以入祠祭祀，或共商女性之大事。清懿堂的格局是三进两天井、五开间，其朝向是坐南朝北，与家族的男祠——坐北朝南的敦本堂相对而立。虽然女祠清懿堂与男祠敦本堂平面布局相同，甚至面阔和进深反倒比男祠略大些，但第一进门相比旁边气派的男祠大门，实在太过简陋与小气，显示了妇女的从属地位。

女祠的出现，并不表示当时女性的社会地位有所提高，反倒可解读为是男权至上的宗族社会给女性营造的教化空间，是一种变相鼓励女人多做节妇烈女，或是为了更有效地规训妇德而采取的一种怀柔手段。"女祠之建立，实为突出祖妣，进一步推崇理学孝义，鼓励女性为宗族家庭的巩固和发展做出坚定不移的牺牲，它既是祭祀性空间，又是教化性和等级性空间，包含着对女性更深的禁锢和束缚"。[1]

若说女祠的建立，是间接教化女性谨守孝贞的一个物质载体，那么不仅在徽州，甚至在我国好多其他地方，还有一种对女性进行教化与束缚、更为直接而强有力的物质工具，那就是封建礼教更赤裸的物化象征——贞节牌坊。

牌坊是中国古代特有的门洞式纪念建筑，形制各异，风格多种。古代牌坊往往集匾、联和碑刻于一身，其所载的匾语、联句和碑刻，把一些人生理想、道德典范的故事通过物质实体的形式再现出来，用以表彰楷模，宣扬忠臣功德、孝子节女等封建礼教。因此，牌坊具有特殊的旌表功能，是一种伦理型建筑，储存的文化信息量较为丰富，主要体现为一种精神意义与文化功能。在多种多样的牌坊建筑中，为旌表妇女贞节而立的牌坊，称为"贞节牌坊"。据《后汉书》卷五《孝安帝纪》记载，公元119年2月，孝安帝发布诏书，规定"贞妇有节义十斛，甄表门闾，旌显厥行"。宋代以后，旌表制度受到高度重视，尤其重视以旌表门闾的方式褒扬孝行显著、谨守贞节的女性。从明代开始，贞节牌坊因有了制度层面的依据而逐渐兴盛。据《明会典》（卷78）记载，明初朱元璋登基的第一年（1368年），便下诏旌表贞节："民间寡妇，三十以前亡夫守制，五十以后不改节者，旌表门闾，除免本家差役。"清代同样以节烈为旌表女性的重点。

1　张献梅. 宋代理学禁锢女性在建筑上的反映[J]. 重庆科技学院学报（社会科学版），2007,4: 126.

图31 安徽歙县棠樾村牌坊群——鲍文渊继妻吴氏节孝坊（秦红岭摄）

在"程朱阙里"的徽州，因受推崇贞节的程朱理学的浸润和濡染，加之根深蒂固的宗法观念，所以格外"盛产"节妇烈女，这同时也推动了徽州贞节牌坊的兴建。现保存完好的歙县棠樾村的牌坊群中，有两座为贞节牌坊，均建于清乾隆年间。一座是鲍文渊继妻吴氏节孝坊（图31），为旌表鲍文渊继妻吴氏而建。牌坊为四柱三架冲天式，通面宽9.3米、高11.83米，牌坊额匾刻"节劲三冬""脉承一线"。据说吴氏在夫亡之后，守寡31年，恪守妇道，尽心抚养前室之子，年老之后倾其家产，为亡夫维修祖坟。这一举动感动了当地官员，于是打破继妻不准立坊的常规，破例为她建造了一座牌坊。但是，此牌坊的额匾题字"节劲三冬"的"节"字，上下两部分有明显错位，即把节字的草头与下面的"卩"错位雕刻，似以区别于正室。另一座是鲍文龄妻汪氏节孝坊。此牌坊也为四柱三架冲天式，通面宽8.759米、高10.5米，额匾刻"矢贞全孝""立节完孤"。据县志记载，汪氏25岁守寡，45岁去世，守节20个春秋。

贞节牌坊的主要功能是旌表褒奖与道德教化，它不仅体现了掌权者对守节妇女的一种制度性奖励，让那些具有典型模范意义的贞女节妇，通过一座座森严冷酷的牌坊而"名垂青史"；而且，它也是对女性贞节教育的形象教科书，至少对生活在其周围的女性来说，有巨大的自警与示范力量，并在潜移默化中起到教化人心、巩固人伦的重要作用。正如王晓崇所言："比起国家层面的褒扬与宗族层面的倡导，贞节牌坊在空间上释放出的威慑以及号召达到了更为有效的宣传效果，通过这种空间建筑传递出不断的、无言的、有效的社会心理暗示，在心理暗示的影响下，越来越多的徽州女性走上'节烈'之路。"[1]

综上，中国传统建筑主要从物质空间分配入手，以区隔内外、分隔男女的空间规训机制，一方面实现了建筑与空间对女性身体与女性活动的控制与限制，另一方面则实现了维护男性的绝对统治，以男性为主导的权力格局，并以物质标识的方式彰显了男尊女卑的性别伦理格局。

---

1 王晓崇. 徽州贞节牌坊与节烈女性[J]. 社会科学评论，2007，3：37。

07

美善合一：中国传统建筑审美的伦理向度[*]

中国传统建筑并不强调审美的独立性，而重视发挥审美的社会伦理功能，占主流地位的建筑审美理想总是与伦理价值相依相伴，以艺术的审美伦理化为旨归，贯穿礼乐相辅、情理相依的精神，具有浓厚的伦理品性，这是中国传统建筑美学的重要特质之一。

[*]　本文最初发表于《华中建筑》2012年第7期，本书收录时进行了修订，并新配插图。

虽然中国传统审美文化中，建筑似乎从来没有像西方那样被明确视为一种审美对象，与诗歌、音乐、绘画等艺术形式相提并论，然而，作为中华民族艺术体系中一个重要门类的传统建筑，很早就形成了一套较为成熟的审美法则，有自觉的审美追求与独特的审美精神。本文将从中国传统建筑文化所体现的礼乐精神、中和品格、比德理念三个方面，探讨传统建筑艺术审美的伦理之维。

一、传统建筑的礼乐之美

礼乐文化是中国传统文化尤其是儒家学说中一个涵盖面很广、影响极深的文化范畴。儒家所谓的"礼乐"是什么呢？

"礼"原先是尊敬和祭祀祖先的仪式、典章或规矩，它是由祭祀礼仪发展而来的。"礼"后来在古代社会发展中，逐步将"事神"与"治人"两项重要功能有机结合起来，应用范围不断扩展。从最初的祭祀领域到政治、军事、娱乐、日常起居等不同领域，成为一个功能丰富的文化体系，尤其是演变为以血缘为基础、以等级为特征的伦理规范，渗透在君臣、父子、夫妇、兄弟等各种人伦关系和社会生活的各个领域之中，以实现个人、家庭和社会全方位的秩序格局。恰如《荀子·富国》中说："礼者，贵贱有等，长幼有差，贫富轻重皆有称者也。""礼"是由祭祀礼仪发展而来的，"乐"是祭礼活动中的综合歌舞。而在古代中国从有文字可考的历史开始，制礼作乐便是同时进行的。按照《周礼》记载，不同的乐舞适用于不同的祭祀场所。"乐"不仅仅指乐舞，它还是音乐，是诗、乐、舞等古代表演艺术的总称，是"礼"的艺术化表现形式。尤其要强调的是，儒家所谓"乐"，并非泛指所有的"乐"，而是特指"雅乐"，也即《礼记·乐记》中所谓的"德音"，所谓的"乐者，通伦理者也"。

以仁释礼、"仁礼合一"是儒家思想的特色。仁是礼的思想内核和精神实质，礼是仁的外在表现和秩序原则。或者说，仁是为外在的行为规范（礼）找到内在的伦理价值观念（仁）和内心情感的支持。孔子讲："人而不仁，如礼何？人而不仁，如乐何？"[1]从这句话中，可以看到孔子把仁爱作为礼乐引领人向善的一个目标提出来，既希望仁与礼的统一，也希望仁与乐的统一。可见，儒家所言"礼乐"，都以"仁"为灵魂，是一种伦理化的"礼乐"。而儒家之所以注重和倡导礼乐精神，也主要基于礼乐所具有的"别异和同"的伦理教化功能。《礼记·乐记》指出："乐者，天地之和也；礼者，天地之序也。和故百物皆化；序故群物皆别。"即是说，乐所表现的是天地间的和谐，礼所表现的是天地间的秩序。因为和谐，万物才能化育生长；因为秩序，万物才能显现出差别。进言之，"礼"的特征重在"辨异"，分别贵贱，区别次序，规范人们在社会中的地位和关系；而"乐"的特征重在"和同"，"以音声节奏激起人的相同情绪——喜怒哀乐——产生同类感的作用"[2]，追求一种以理节情、情理统一的和谐精神。

概言之，中国古代的礼乐文化充盈着伦理教化的血液，"礼"借"乐"的审美形式来彰显自己，"乐"又以"礼"为自己的深层内涵；礼者为异，乐者为同；礼者为理性，乐者为感性。礼乐相成即是把秩序与和谐、感性与理性互补、统一起来。

中国传统建筑艺术作为传统文化的重要组成部分，从一个侧面鲜明地反映和表达了儒家礼乐文化的要求，传统建筑也的确在建筑等级与程式、整体布局与空间序列、大壮与适形的审美追求等方面浸透着礼乐文化的独特品性。

首先，"礼"深深制约着中国传统建筑艺术的诸多方面，其影响主要体现在三个方面：一是形成了严格的建筑等级制度，二是在建筑类型上形成了中国独特的礼制建筑系列，三是在建筑的群体组合

---

1 《论语·八佾》
2 瞿同祖. 中国法律与中国社会[M]. 北京：中华书局，2003：296.

形制和空间序列上形成了中轴对称、主从分明的秩序性空间结构。所谓建筑等级制度是指历代统治者按照人们在政治上、社会地位上的等级差别，制定出一套典章制度或礼制规矩，来确定适合于各自身份的建筑形式、建筑规模等，从而维护不平等的社会秩序。具体来说，建筑体量、屋顶式样，开间面阔、色彩装饰、建筑用材，如此等等，几乎所有细则都有明确的等级规定，建筑往往成了传统礼制和伦理纲常的一种物化象征。[1]

第二，传统礼乐文化中的"乐"本质是"和"，是"乐由中出"，即以令人亲切的富有艺术感染力的形式来直接陶冶、塑造人的情感，调和人与人之间的关系。这种"乐"的传统对传统建筑美学的影响，国内一些建筑学者主要以园林建筑和书院建筑为例，强调其与宫殿建筑、礼制建筑的不同。这些建筑形式的空间序列往往不求严格对称，也无明显的主次之分，而是根据需要自由组合成宜人的空间尺度和体量，强调在庄严的礼仪空间中融入朴素亲切的人文气息。[2][3]

的确，虽然在儒家"礼"的影响下，传统建筑讲究等级森严、规则对称、严肃方正的伦理理性美的原则，但在园林建筑中这些原则却似乎成了大忌。中国园林建筑一般没有横贯的中轴线，没有建筑物刻意的对称，它所营造的是一种流通变幻、虚实相生、动静相济的和谐之美，这也是古人所崇尚的园林美的形式特征。恰恰是礼乐文化熏陶下建筑审美追求的这两种不同而互补的艺术风格，合奏出中国传统建筑艺术理性与浪漫的统一。

"乐"对中国传统建筑艺术的影响，还体现在审美的形式理性品格方面。传统建筑等级格局上的固定模式，不仅是礼制的要求，还是传统审美活动中章法合度、合乎体宜的理性要求。对此，李泽厚有独到见解，他认为正是在乐的影响下，传统艺术注重提炼美的纯粹形式，追求程式化、类型化，以此塑造人的情感。他说："也正因为华夏艺术和美学是'乐'的传统，是以直接塑造、陶冶、建造人化的情感为基础和目标，而不是以再现世界图景唤起人们的认识从

1　有关内容具体参见前文相关阐述，这里不赘述。
2　参见：李欢. 浅议礼乐文化对建筑的影响[J]. 四川建筑，2009：8.
3　参见：何礼平，郑健民. 礼乐相成——我国古代高校建筑文化的滥觞[J]. 载建筑师，2005：1.

而引动情感为基础和目标，所以中国艺术和美学特别着重于提炼艺术的形式，而强烈反对各种自然主义。"[1]这种影响具体到建筑艺术，即是强调建筑的形式美规律。建筑的营造因袭传统惯例，按一定模式重复再现，追求一种"情感均衡的理性特色"[2]，即便是具有自由活泼性格的园林建筑，也追求形式美、体宜美，强调其建筑艺术表现一种普遍性的、受理性控制的情感形式，而缺少西方建筑艺术中有强烈个性色彩与情感抒发的建筑叙事。

第三，在传统的礼乐文化中，很难将礼与乐对建筑艺术审美的影响截然分开。对于中国传统建筑艺术而言，礼乐是一种文化基质，它除了使中国传统建筑美学呈现一种浓厚的伦理色彩外，更使中国建筑形成了一种"大壮"与"适形"互补的审美追求，传统宫殿建筑便是这种审美追求的最好体现。

"大壮"原出自《易经》。《周易·彖传》曰："大壮，大者壮也，刚以动，故壮。"《周易·象传》曰："雷在天上，大壮。君子以非礼弗履。"《易·系辞下》中有一段话将建筑与"大壮"联系在一起："上古穴居而野处，后世圣人易之以宫室。上栋下宇，以待风雨，盖取诸大壮。"即是说，"上栋下宇"而能够遮风避雨的建筑正是从"大壮"卦象中得到启迪而建造的。王贵祥认为，至迟从春秋时开始，对"大壮"卦的解释便包含了阳刚、雄大、威壮等美学意义。[3]

西周之前，都城中充当政治中心和宗教祭祀中心的王室宗庙，其建筑地位最高。但是，当以宗法制为基础的社会体系在西周之后逐渐式微，宫殿建筑便代替王室宗庙成为权力的物化象征。自此以后，宫殿建筑与传统的宗庙建筑在建筑风格与教化功能上截然不同，"它们的作用不再是通过程序化的宗庙礼仪来'教民反古复始'，而是直截了当地展示活着的统治者的世俗权力"。[4]由此，"大壮"开始成为封建帝王表达其重威的一种审美追求，并在古代宫殿建筑艺术中得到鲜明体现，传统宫殿建筑以恢宏的气势，彰显和强化帝王

---

1 李泽厚. 华夏美学·美学四讲[M]. 北京：三联书店，2008：31.
2 李泽厚. 华夏美学·美学四讲[M]. 北京：三联书店，2008：32.
3 王贵祥. 东西方的建筑空间：传统中国与中世纪西方建筑的文化阐释[M]. 天津：百花文艺出版社，2006：325.
4 [美]巫鸿. 中国古代艺术与建筑中的"纪念碑性"[M]. 上海：上海人民出版社，2009：15.

所谓"天之骄子"的形象。

"适形"主要是指建筑的体量与空间尺度应以适宜人的活动为宗旨，适合建筑物的实用功能，便于人的生活需要，带给人亲和融洽的审美感受，体现乐生重生的现世品格。[1]我们在宫殿建筑群中可以看到，虽然宫殿建筑的外朝部分体量宏伟、品位崇高，但后寝部分的空间尺度一般骤然变小，建筑等级现象也没有前朝那么明显，并辅之以曲廊环绕、花木环抱的园林景观，起到放松身心、陶冶情操的作用。可见，在传统礼乐文化的影响下，以宫殿为代表的传统建筑所体现的"大壮"与"适形"这两种看似对立却相反相成的审美追求，反映出封建帝王既要维护严格的礼制等级秩序，又要追求和谐而适宜的生活环境的双重诉求。

二、传统建筑的中和之美

中和是中国传统文化精神的重要特质，也是最原初的审美形态，它几乎与中国传统文化同时产生，也一直贯穿中国古代审美形态的发展过程。

叶朗认为，以儒家哲学为灵魂的审美形态"中和"，其结构是一个十字打开[2]。这个十字的中心，当然是儒家所要求的中和境界。十字的一横，代表着时间上的血缘承继关系与空间上的社会关系，强调一种人际之和，有孝、悌、和、友、礼等伦理观念与规范作为内容。十字的一竖，向上是一种超越，主要强调一种天人之和，"以德合天""赞天地之化育"是其主要内容；向下则是掘井及泉，"尽心""尽性"是其内容。可见，叶朗从审美角度对中和的界定与中和的伦理特征是一致的，这说明中和是中国传统真善美统一的核心。

就伦理审美形态而言，传统建筑中和之美的基本要求和特殊意义主要表现在以下几个方面。

首先，不论是宫殿建筑，还是佛寺道观，中国传统建筑都抑制了那种与自然相抗衡的大尺度、大体量的建筑样式，强调一种合适

1　关于适形，下文还要阐发，兹不冗赘。
2　叶朗. 现代美学体系[M]. 北京：北京大学出版社，1999：79.

的、具有恰当分寸的人性尺度。

中的意思就是无过无不及，既不过头，也无不够，恰如其分，也就是适度。只有"不过"与"无不及"的客体才能成为我们的审美客体，也就是说审美客体本身要适"中"。《礼记·中庸》说："喜怒哀乐未发谓之中，发而皆中节谓之和。中也者，天下之大本也。和也者，天下之达道也。致中和，天地位焉，万物育焉。""中"本身并非喜怒哀乐，而是指对喜怒哀乐的持中状态，即对喜怒哀乐等情欲要有一个适中的度的控制。孔子在评价《诗经·周南·关雎》时说了一句著名的话："乐而不淫，哀而不伤。"[1]意思是诗歌在表达情感时要有所节制，掌握好恰当分寸，达到平和、宁静的境界，这样才能被称为好的诗歌或美的诗歌。

中国传统建筑文化中，好的建筑、美的建筑同样要求有一种合适的比例、宜人的尺度。虽然传统建筑在宫殿建筑中有明显的尚大之风，但传统建筑更讲究"适形""便生"的人本主义理性精神。

适形论最初从主张建筑应当建造得"有度"开始。《考工记·匠人》中说："室中度以几，堂上度以筵，宫中度以寻，野度以步，涂度以轨。"这反映了早期营建活动中以人体为法的适度原则。伍举对楚灵王说的一段话表达了建造有度的观点："故先王之为台榭也，榭不过讲军实，台不过望氛祥。故榭度于大卒之居，台度于临观之高。"[2]这就是说，先王建造宫室台榭，榭之大不过是用来讲习军事，台之高不过是用来观望气象吉凶，超过这种功能需要之"度"的建筑，是不必要的。《吕氏春秋》一书则将阴阳五行学说引入适形论的观念之中，指出"室大则多阴，台高则多阳，多阴则蹙，多阳则痿，此阴阳不适之患也。是故先王不处大室，不为高台，味不众珍，衣不燀热"。[3]较为明确提出"适形"原则的可推汉代的董仲舒。他说："高台多阳，广室多阴，远天地之和也，故圣人弗为，适中而已矣。"[4]

---

1 《论语·八佾》
2 邬国义，胡果文，李晓路. 国语译注[M]. 上海：上海古籍出版社，1994：513.
3 [战国] 吕不韦门客编撰，关贤柱等译注. 吕氏春秋全译[M]. 贵阳：贵州人民出版社，1997：21.
4 苏舆. 春秋繁露义证[M]. 北京：中华书局，1992：449.

"适形"与"便生"是相联系的,"适形"是营建的一种准则,而"便生"才是营建的目标。墨子讲"是故圣王作为宫室,便于生,不以为观乐也",[1]这里"便于生"的基本意思就是指建筑的设计与营造要方便居住者的生活,满足基本的生活需要。

受到"适形"和"便生"原则的影响,中国建筑的造型或空间之"大",主要是通过向平面展开的群体组合来实现。单体建筑的外部造型和体量一般不会巨硕突兀,超过人的感知视觉的最大尺度。在群体建筑中每个单体之间的距离,最大单位是千尺,这是人体既能感到对象的坚实存在而又不会失去对象的最大尺度。紫禁城虽然以巍峨壮丽的气势和严谨对称的空间格局表现帝王的九鼎之尊,但其建筑艺术追求却仍然具有鲜明的现实性、节制性特点,构成规模宏大的紫禁城建筑组群的各个单体建筑,其外部空间构成的基本尺度一般都遵循了"百尺为形"的原则,而没有以夸张的尺度来突显帝王权威(图32)。

如果说在世俗建筑中洋溢着中和的审美气质,那么在与西方宗

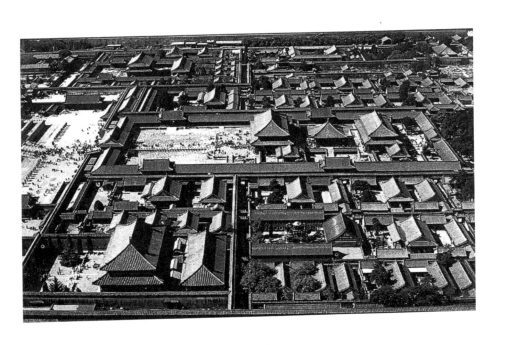

图32 紫禁城后宫内延俯瞰

1 《墨子·辞过》

图33　云南大理崇圣寺千寻塔（李乾朗手绘）

（图片来源：李乾朗：《穿墙透壁：中国经典建筑剖视》，桂林：广西师范大

学出版社，2009年，第97页）

教建筑的比较中，中国传统的宗教建筑所体现的中和之美更为明显。西方宗教建筑大多具有张扬超人的尺度，强烈的空间对比，出人意表的体形，"飞扬跋扈"的动感，其巨大夸张的形象震撼人心，使人吃惊，似乎"人们突然一下被扔进一个巨大幽闭的空间中，感到渺小恐惧而祈求上帝的保护"。[1]可以说，西方宗教建筑是以神性的尺度来营构的，而中国的宗教建筑，则是以人的尺度来设计建造的，其外部形态和内部空间给人的是一种亲和感，体现的是中国宗教的人间气息与温柔敦厚的世俗诗意。除佛塔外，一般未能如西方宗教建筑那样具有"高耸""雄张"之美。即便是具有高耸造型的佛塔，也要以多重水平塔檐来削弱它的垂直动感，使之不至于过分突兀（图33）。

1　李泽厚. 美的历程[M]. 北京：三联书店，2009，66.

图34 北京天坛祈年殿的和谐之美

第二，中和之美包含对立的、有差异的因素之相互融合与相成相济，它深刻影响了传统建筑的审美模式。

中国传统建筑几千年的设计手法和审美模式是相当一贯的：即强调对偶互补，追求在变化中求统一、寓对比中求和谐，强调对立面的中和、互补，而不是排斥、冲突。于是，我们看到，优秀的传统建筑在程式化的礼制形制的制约下，却交织着礼与乐的统一，文与质的统一，人工与天趣的统一，直线与曲线的统一，刚健与柔性的统一，对称方正与灵活有序等诸多方面的和谐统一。始建于明永乐十八年（公元1420年）的北京天坛，作为我国规模最大、伦理等级最高的古代祭祀建筑群，便是这种中和之美的完美体现。从建筑设计和群体布局上看，天坛处处是对比的。有空间形式的对比（如祈年殿和圜丘一高一低、一虚一实）、体量和造型的对比（如圆形建筑搭配方形外墙的设计，祈年殿和圜丘四周低矮的墙墙与主体建筑形成高低对比）、色彩的对比（祈年殿内部绚丽夺目的色彩与外部的素雅形成鲜明对比）（图34），但在这诸多对比之中，天坛建筑群始终抓住建筑的造型比例，在处理单体建筑的形式、尺度和色彩等方面尽量与整体建筑风格和谐统一，从而使一切对比都融入整体和谐之中。

中和之美作为传统建筑艺术最典型的特征，其思想基础是中国所特有的阴阳五行观念。简言之，古代中国人认为世间的一切事物，无论有形无形，都是由阴、阳二气和木、火、土、金、水五种物质元素，通过阴阳的消长变化和五行间的彼此循环、相互作用，即所谓"相生""相克"衍生出来的。阴阳学说形象地反映在由《周易》而来的太极图里。太极图乃是传统中和之美的象征。太极图中，左边一半为黑（阴），右边一半为白（阳），"一阴一阳谓之道"，意味着世间万物都由阴阳这两种相对相成的因素构成。但是，在一半黑中有一小白，白中有一小黑，这意味着阴阳二者的对立关系不是绝对的，是阴中有阳、阳中有阴，即双方有着内在的共同性，反映出"对立而不相抗"的中国式互补和谐原则。中和就是相异或矛盾对立的两个方面所具有的和谐协同的"中"的结构和"和"的关系。

比如紫禁城，其布局除了符合一般的形式美感法则之外，背后还渗透着伦理性的阴阳五行系统意义。紫禁城遵循"前朝后寝"的布局模式，以乾清门为界，南为外朝区，属阳；北为内廷区，属阴。外朝的主殿布局采用奇数，为五门三朝之制。外朝前三殿，太和殿在前，为阳中之阳（太阳）；保和殿在后，谓阳中之阴（少阳）。两者之间是阴阳之和，故有了中和殿之称，谓"中阳"（阳明）。此三大殿的布局象征了阴阳和谐、万物有序。内廷三宫为阴区，乾清宫最前，是阴中之阳（厥阴）；坤宁宫最后，是阴中之阴（太阴）；居中者为交泰宫，是中阴（少阴）。此三大殿的布局方式反映了天地交泰、阴阳合和的寓意。总之，"紫禁城的建筑以气势雄伟的外朝和严谨纤巧的内廷的对比，用物化的形式体现了阴阳学说的内容；并且通过宫殿布局和名称的巧妙结合，对阴阳学说中'从阴中求阳，从阳中求阴'的哲理进行了阐释。紫禁城的建筑在布局、数目、色彩等方面的变化，则体现了古人对于物质相生相克关系的认识，并以这种认识为指导，在紫禁城的建筑中体现了天子至尊、国泰民安等思想以及趋吉避凶的象征意义"。[1]

第三，中和作为审美形态最根本、最高层次的特征是天人合一，这是传统建筑审美文化之魂。

从迄今为止世界文化发展史来看，对天人关系或人与自然的关系的不同理解始终影响并规定着各种文化包括建筑文化的基本内

1　洪华. 紫禁城建筑的文化内涵——阴阳五行学说[J]. 北京联合大学学报，2001, 1: 76.

涵。如果说西方建筑文化观念中的逻辑原点是天人相分，即人与自然的关系被看作是偏于对抗的，相比而言，传统建筑意匠则在探求人与自然和谐方面表现出极高智慧，从周代开始便高奏天人合一的主旋律。

传统建筑文化中的天人合一观，其积极意义主要表现为一种崇尚天地的营建思想和道法自然的审美追求。我国古代的空间环境观着重于人、建筑与自然环境三者的和谐，一向将自然、将天地认作是自己的"母亲"，"人"总是千方百计地融于"天"——即自然之中，而不是与之决裂与对抗，不是谁征服谁。因而，在中国传统的建筑文化观念中，人们将人为的建筑看作是自然、宇宙的有机组成部分，自然、宇宙不过是一所庇护人类的"大房子"，两者在文化观念和美学品格上是合一的，建筑之美不过是自然之美的模仿与浓缩。

这种极为重视人与自然相亲和的人文理念，在园林、宫殿、民居、寺观等建筑门类中都有自觉体现。比如中国的民居建筑，无论是北方民居、南方山地吊脚楼，还是江南水乡民居与皖南民居，其建筑选址都充分考虑环境因素，强调人与自然和谐相处。江南水乡民居依水而居，因水成镇，人与水亲密结合；皖南民居掩映在青山绿水、茂林修竹之间；南方山地吊脚楼则充分借助地理环境的特点，依山傍水，就势而建。

"天人合一"的审美追求，在传统园林建筑中得到了淋漓尽致的表达。无论是追求气势的皇家园林，还是小巧精致的私家园林，无不遵循自然法则，以造化为师，十分注重模山范水，情景合一，通过"借景""框景""透景"等艺术表现手法，将大千世界引入园林之中，使人工建筑与自然环境融为一体，相互辉映，达到明代计成《园冶》中说的"虽由人作，宛自天开"的人与自然浑然一体的最高审美理想。

三、传统建筑的比德之美

中国传统的审美方式是多形态的。除了道家、禅宗所追求的自然、适性、"逍遥"和"畅神"以外，以儒家为代表的另一种审美方式是"比德"，它给传统建筑审美方式打上了伦理化的烙印。

"比德"在中国是一个源远流长的审美传统。"比德"即德法自然，主要指以自然景物的某些特征来比附、象征人的道德情操、精神品格，或者说是把对自然存在物与人们的精神生活、道德情感联系起来进行类比联想的一种审美方式，由于它往往寄寓的是某种德性或品质，故被称为"比德"。

管子曾以禾来比照君子之德，老子在《道德经》里有"上善若水""上德若谷"的说法，影响更深远的则是孔子的比德说。在《荀子·法行》中记载了孔子答于子贡曰："夫玉者，君子比德焉。温润而泽，仁也；栗而理，知也；坚刚而不屈，义也；廉而不刿，行也；折而不挠，勇也；瑕适并见，情也。"这就是说，君子之所以贵玉，是因为玉之品性可与君子为比。孔子还提出"智者乐水，仁者乐山"[1]，开拓了传统文化中审美视野的新方向。朱熹对此解释说："智者达于事理而周流无滞，有似于水，故乐水；仁者安于义理而厚重不迁，有似于山，故乐山。"[2] 可见，无论是管子，还是老子、孔子，都主张一种比德式审美观，即有意识地在审美对象那里寻求与主体的精神品德相似之处，从而把主体的社会价值与客体的特性联系在一起来判断一个对象是美还是不美，实质上则强调了审美意识的人伦道德根源，"比德"成为由伦理到审美的中介。人们喜欢松，因为松可以"比德"，即所谓"岁寒而知松柏之后凋也"；人们喜欢梅花，是因为梅花可以"比德"，即所谓傲霜斗雪、临寒独开；人们喜欢竹，是因为竹也可以"比德"，即所谓"中通外直"。所以，自然界的一草一木，只有具备了某些可比的德性之后，才会被人们格外欣赏。这种审美的"比德"说，无论对自然美的欣赏，还是对艺术的创作，都产生了重要影响。"我们的审美观，尤其是以大自然为师，紧贴着大自然下笔，而无人为的踪影。在这个与天同寿的审美价值观之下，我们产生了抒情言志的诗，产生了超尘绝俗的画，产生了逸趣横生的庭园，这些更不期然而然地凝聚成我们的生活方式，使

---

1 《论语·雍也》
2 朱熹. 四书章句集注[M]. 北京：中华书局，1983：90.

我们与大自然合一共处"。[1]

比德作为将自然山水与某种精神德性结合起来的思维方法，移植到建筑中来，对提升建筑的艺术感染力与精神功能有独特的作用。中国建筑艺术中的"比德"之美，除了体现于建筑装饰艺术中之外（如明清以来梅、兰、竹、菊被广泛用作建筑雕饰题材），更为典型地反映在古典园林的造园思想之中。中国园林早在先秦时就已发轫，至汉时的皇家园林便已开始摹仿并寄情自然山水，这一造园思想经过魏晋南北朝的发展，至唐宋时由于文人墨客大量参与造园活动，使这种范山模水、寄情山水的造园思想几乎达到了炉火纯青的地步。园林至明清进入总结阶段，并发展为抒情言志、记事写景的成熟艺术。中国园林之妙，不仅在于有限与无限的和谐，还在于美与善的和谐。园林不仅满足了人们的审美追求，同时也被借以表现主人的文化素养和品格情操。"中国哲学偏重于伦理道德，中国园林有很浓厚的伦理性，偏重于抒情言志。中国古典园林或记事、或写景、或言志，总之都反映人情社会，具有极浓的伦理味。因此，我们把它称之为'伦理园'"。[2]

例如，江南私家园林的代表之一苏州拙政园，据明嘉靖十二年文徵明的《王氏拙政园记》和嘉靖十八年王献臣《拙政园图咏跋》记载，其园主明代弘治进士王献臣是想通过园林艺术抒发和宣泄自己因遭到诬陷罢官而不得志的情感，以及对朝政的不满之情。他自比西晋潘岳，借《闲居赋》意而云："昔潘岳氏仕宦不达，故筑室种树，灌园鬻蔬，曰'此亦拙者为之政也'。余自筮仕抵今，余四十年。同时之人，或起家八坐，登三事，而吾仅以一郡倅，老退林下，其为政殆有拙于岳者，园所以识也。"[3]拙政园中的远香堂，为该园的主要建筑。从厅内可通过做工精致的木窗棂四望，尤其夏季可迎临池之荷风，馥香盈堂，所以取宋代理学家周敦颐之《爱莲说》中佳句"香远益清"活用之，作了该堂之雅名，以借莲荷的形象寄寓主人不慕名利、不与恶浊世风同流合污、洁身自好的操守。又如

---

1 王路. 人·建筑·自然——从中国传统建筑看人对自然的有情观念[J]. 建筑师，第31期.
2 盛翀. 中日园林浅略比较研究[J]. 建筑师，第31期.
3 程国政编注，路秉杰主审. 中国古代建筑文献集要（明代上册）[M]. 上海：同济大学出版社，2013：169.

图35　扬州个园（秦红岭摄）

清代扬州园林中的名作个园，取名"个园"也有浓厚的比德之意（图35）。正如清代刘凤诰在《个园记》中所言："主人性爱竹。盖以竹本固，君子见其本，则思树德之先沃其根。竹心虚，君子观其心，则思应用之务宏其量。至夫体直而节贞，则立身砥行之攸系者实大且远。"[1]

此外，中国历史上有许多文人喜欢借亭、台、楼、阁等建筑场所，在细致描绘人们对环境体验的同时，通过以某一建筑和建筑环境为比兴的箴言雅论，抒发自己对人生际遇的反思和对崇高美德的追求，从而创造出深远的意境，激发出形象的教化力量，提升了建筑对人的审美情趣的陶冶作用，如著名的《岳阳楼记》《滕王阁序》《醉翁亭记》《沧浪亭记》等。"醉翁之意"的最终目标不是这些物质性的亭、台、楼、阁，而是它们所涵育其中、润泽陶养的人之精神。这其实是更高层次的"比德"。

1　程国政编注，路秉杰主审．中国古代建筑文献集要（清代下册）[M]．上海：同济大学出版社，2013：44.

08

建筑、现代性与安居：
卡斯腾·哈里斯的建筑伦理思想 *

卡斯腾·哈里斯的建筑伦理思想依循海德格尔所开辟的存在论的建筑哲学之路，围绕建筑现代性的一些重要问题，主要探讨了在「祛魅」的世界里建筑与安居的关系，阐释了建筑在社会价值与精神风貌方面的特殊象征功能，呼唤未来的建筑发展之路应重新出现新的建筑类型，能够承担社会精神中心的使命，展现建筑重要的公共功能。

---

* 本文最初以《建筑现代性的反思：卡斯腾·哈里斯的建筑伦理思想》为题发表于《华中建筑》2015年第9期，本书收录时进行了修订，并新配插图。

比利时建筑学者海蒂·海伦（Hilde Heynen）指出："我相信建筑有能力以其特殊的方式解决我们在现代生活中所感到的冲突与暧昧，而在这些解决方法中，它能够产生一种观点，出自现代性，但同时也产生对于现代性的批判。"[1]卡斯腾·哈里斯（Karsten Harries）的建筑伦理思想便是如此，它产生于对技术时代建筑现代性的伦理反思，同时又旨在以其特殊的哲学思考方式提出解决问题的启发性观点。

卡斯腾·哈里斯1937年生于德国耶拿（Jena），1962年获美国耶鲁大学哲学博士学位，目前是耶鲁大学霍华德·纽曼（Howard H. Newman）哲学教授。哈里斯著述甚丰，先后出版10部著作，发表200余篇论文。他在建筑伦理方面的论述，除一些论文外，最主要的代表作是《建筑的伦理功能》（*The Ethical Function of Architecture*, MIT Press, 1997），此书荣获美国建筑师学会第8届国际建筑图书批评类大奖，对当代建筑理论及建筑伦理有兴趣的学者几乎都不能忽视这本书。本文主要以此书为文本依据，以建筑的现代性反思为切入点，探析哈里斯的建筑伦理思想。

一、建筑的伦理本质是让人安居

哈里斯在《建筑的伦理功能》一书中开门见山地指出："一段时间以来建筑失去了明确的发展方向。同阿尔贝托·佩雷斯-戈麦斯（Alberto Perez-Gomez）一样，我们可以把这种不确定性同'由伽利略科学方法和牛顿自然哲学引发的变革的世界观'联系起来，

---

1 ［比利时］海蒂·海伦. 建筑与现代性[M]. 高政轩译. 台北：国立台湾博物馆，台湾现代建筑学会. 2012: 7.

这种世界观导致了建筑的理性化和功能化，使其不得不背弃曾经为所有真正有意义的建筑提供基本参考构架的'现实的富有诗意的内容'。"[1]由此可见，哈里斯讨论建筑的伦理功能，是从对建筑的现代性后果及其反思为出发点的。正如马克斯·韦伯（Max Weber）所认为的那样，西方自启蒙运动以来发展出的一套理性主义和科学技术现代化的理论，导致世界的"祛魅"（disenchantment），它表明人类不再受制于外在的或者超越的东西（如自然和上帝）的控制，世界从神圣化走向世俗化、从神秘主义走向理性主义。同样地，这种现代性的后果也让现代建筑失去了前现代社会中那些富有诗意的、确定性的神圣价值，并使现代建筑一定程度上失去了作为一种明确精神指标的方向感。

虽然哈里斯在《建筑的伦理功能》一书中是从建筑的现代性问题出发，阐述建筑的伦理功能，但他并没有首先讨论建筑的现代性特征及后果，而主要依据瑞士建筑评论家西格弗莱德·吉迪恩（Sigfried Giedion）的一个基本观点，即现代建筑所面对的主要任务是说明我们这一时代的生活方式，[2]在绪论中直接抛出了全书的核心观点：所谓建筑的伦理功能，主要指的是建筑应是对我们时代而言正确的生活方式的诠释，应帮助我们清晰地提出一种共同精神气质（common ethos）的任务。[3]

哈里斯认为，对建筑的本质及其主要任务的理解有不同方式，他主要区分了两种不同的方式。第一种方式是以英国建筑历史学家尼古拉斯·佩夫斯纳（Nikolas Pevsner）为代表的美学方式（aesthetic approach）。依照这种方法与态度，建筑与单纯房屋的区别体现在美学方面的要求，建筑不过是在功能满足的基础上附加装饰的"装饰化棚屋"（decorated sheds），而建筑史的发展不过是以一系列的重要美学事件为标志，后现代建筑实质上是对现代主义建筑的美学反应（图36）。哈里斯不同意将建筑降格为只具

1　[美]卡斯腾·哈里斯. 建筑的伦理功能[M]. 申嘉，陈朝晖译. 北京：华夏出版社，2001：1.

2　[瑞士]希格弗莱德·吉迪恩. 空间·时间·建筑[M]. 王锦堂，孙全文译。武汉：华中科技大学出版社，2014：1.

3　[美]卡斯腾·哈里斯. 建筑的伦理功能[M]. 申嘉，陈朝晖译. 北京：华夏出版社，2001：2-3.

图36　哈里斯认为，对装饰的重要性的重新揭示，是建筑后现代主义的一个重要贡献，这其中的代表人物是文丘里（Robert Venturi）。图为文丘里设计的宾夕法尼亚州费城公会大楼（Guild House）。哈里斯认为该楼的装饰方案不同寻常。（参见：［美］卡斯腾·哈里斯.建筑的伦理功能[M].申嘉，陈朝晖译.北京：华夏出版社，2001：70-73.）

有美学价值，或将建筑艺术首先当作一种审美对象，因为这有可能否认建筑的伦理功能，因此他要寻求一种认识建筑本质的伦理方式（ethical approach），更确切说是一种伦理的建筑反思（ethico-architectural reflection）。

哈里斯特别说明他所谓"伦理的"（ethical）含义不能理解为我们通常谈到"商业道德"或"医德"时的那种意思，而是与希腊语ethos更相关。[1]关于ethos的含义，一般而言指的是一个民族特有的生活惯例、风俗习惯或一种职业特有的精神气质。海德格尔对希腊文 ηθοξ（ethos）有精深的考证和独特的理解。他在《关于人道主义的书信》一文中借赫拉克利特的箴言"只要人是人的话，人就居住在神之近处"而提出，ethos这个词最初的意义不是现代世界所理解

1　［美］卡斯腾·哈里斯. 建筑的伦理功能[M]. 申嘉，陈朝晖译. 北京：华夏出版社，2001：前言.

的道德意义上的"伦理"，而是意味着人的"居留、居住之所"，"指示着人居住于其中的那个敞开的区域"。[1]海德格尔认为，深思人之居留问题，远比发展一种伦理学更为根本，它本身就是一种"源始的伦理学"，就如同思索建筑与安居的关系，远比仅仅建房更为根本一样。海德格尔对ethos的考证与理解，显然有其存在哲学理论建构的独特意蕴，这对哈里斯探讨建筑伦理的视角产生了深刻影响。其实，正如哈里斯在《建筑的伦理功能》一书的前言中所承认的那样，他有关建筑伦理的写作与哲学思路紧密围绕海德格尔等哲学家的思想而展开，他们的工作为他提供了有用的模式或视角。他甚至还直接说明"本书所理解的建筑的伦理功能——它在很大程度上归功于海德格尔。"[2]

　　具体而言，哈里斯所说的"建筑的伦理功能"中的"伦理的"概念，既包括不同地域、不同时代、不同功能的建筑所形成的共同的精神气质，也包括从作为人类一种存在方式的安居要求来探讨符合伦理的现代建筑，具有海德格尔存在之思的意蕴。在海德格尔的现代性批判思想中，他把现代称为"技术时代"，他对现代性的批判首先体现在对近现代技术的批判上，尤其是常常被表达为对技术时代人类居住状况与栖居之困境的反思，即现代性与真正的栖居之间存在几乎无法跨越的鸿沟，现代技术文明对人类安居造成巨大威胁，尤其是技术异化导致社会失根，破坏了人类安居需要的"天、地、人、神"四重要素有机统一的条件，让人与世界作为存在都找不到自己的家园。因此，海德格尔在1951年8月针对建筑师的一场题为《筑·居·思》（Building Dwelling Thinking）的演讲中指出："不论住房短缺多么艰难恶劣，多么棘手逼人，栖居的真正困境并不仅仅在于住房匮乏"，"真正的栖居困境乃在于：终有一死的人总是重新去寻求栖居的本质，他们首先必须学会栖居。"[3]

　　哈里斯其实并不完全认同海德格尔的观点，并指出了他理论立场的局限。他认为，海德格尔以栖居为视角对现代性的批判，认为

1　[德]海德格尔. 路标[M]. 孙周兴译，北京：商务印书馆，2009：417.
2　[美]卡斯腾·哈里斯. 建筑的伦理功能[M]. 申嘉，陈朝晖译. 北京：华夏出版社，2001：348.
3　[德]海德格尔. 演讲与论文集[M]. 孙周兴译，北京：三联书店，2005：170页。

图37 海德格尔位于德国托特瑙山（Todtnauberg）的黑森林农舍

（图片来源：https://www.pinterest.com/guzhiwuming18/phenomenology/）

现代世界完全为技术所统治，却没有考虑到科技带给人的解放与自由，而且他外在于现代性自身，涉嫌把现代世界及其表象抛诸脑后，寄希望于为现代社会找回前苏格拉底时代古希腊古老的存在真理，这样的"归家之路"只能在想象的层面得以实现，注定很难成功。因此，哈里斯认为，"我们必须要认识到黑森林农庄已经成为往事，这才有助于我们解决目前的'安居困境'"，"我们只有在成功地用真正属于这个时代的安居生活取代黑森林农庄所提供的安居生活后，才有可能理解什么是永不落伍的建筑"。[1]（图37）虽然哈里斯并不完全认同海德格尔的观点，但海德格尔提出的真正的定居必须不断学会栖居、寻找家园的思想，却成为其建筑伦理思想的重要立足点。哈里斯说："难道建筑不会继续帮助我们在这一个越来越令人迷惑的世界中找到位置和方向吗？在这个意义上我将谈到建筑的伦理功能。"[2]

的确，现代性导致了人类社会具有传统社会所未曾有过的强烈的漂泊特征，不仅是都市化所带来的空间经验的流动性与地域限制

---

1 ［美］卡斯腾·哈里斯. 建筑的伦理功能[M]. 申嘉，陈朝晖译. 北京：华夏出版社，2001：162-163.

2 ［美］卡斯腾·哈里斯. 建筑的伦理功能[M]. 申嘉，陈朝晖译. 北京：华夏出版社，2001：3.

性的减弱所导致的"失去故乡",也是精神层面的无根状态与无所归属。正如哈里斯的感叹:"科技越使我们摆脱了地域的限制,我们就越感到自己不过是跋涉在路上的行进者,没有所属,也没有定居下来的可能。"[1]因此,对于漂泊不定的现代人来说,建筑本质意义上的伦理性与找到属于自己的家园、与真正的定居紧密相连。正如海德格尔建筑哲学的根本之点是认为建筑的意义如同诗一样为人提供了一个"存在的立足点"(Existential Foothold)一样,哈里斯也特别强调建筑的伦理本质是让人安居下来,找到我们在这个世界上的位置,找到自己的家园。而且,真正的家园必须让我们的身体和精神都能有所归属,既为人提供栖身之所,也使精神得到憩息。针对一些实用主义者认为建筑只要实用就行、精神功能是多余的看法,哈里斯反驳说:"确实很难在不属于自己的地方生活。没有自己的家园,生活是多么地艰难!"[2]

而且,哈里斯还通过阐述房子的起源,说明了建筑的产生不只是为了实用功能,它还与满足人类寻求家园的精神需求直接相关。由此我们可以这样说,在所有主要的艺术形式中,建筑能够给人提供一种在大地上真实的"存在之家",为人类的身体遮风避雨,使人类孤独无依的心灵有所安顿,满足人类的安居需要,这便是建筑最重要的、最深刻的伦理功能。建筑所体现出的这一深刻的伦理功能,在我们所处的科技文明时代尤为珍贵。正是科技发展对人类安居所造成的威胁,正是现代建筑缺乏让人有所归属的场所精神,使我们明白了"要恢复失去的东西是多么重要:那就是场所感(a sense of place)。我们仍然需要建筑,现代人尤其需要"。[3]

二、建筑通过特殊的象征手法体现伦理功能

如前所述,哈里斯极为认同吉迪恩的观点,即建筑的主要任务

---

1 [美]卡斯腾·哈里斯. 建筑的伦理功能[M]. 申嘉,陈朝晖译. 北京:华夏出版社,2001:169.
2 [美]卡斯腾·哈里斯. 建筑的伦理功能[M]. 申嘉,陈朝晖译. 北京:华夏出版社,2001:148.
3 [美]卡斯腾·哈里斯. 建筑的伦理功能[M]. 申嘉,陈朝晖译. 北京:华夏出版社,2001:172. 译文有改动。

应是对我们时代而言可取的生活方式的诠释。但是，"如果说建筑要帮助我们再现和诠释我们日常生活的意义，那么首先它就要用一定的象征物来展现自身"[1]，哈里斯还明确提出，建筑只有运用一些文化符号化的表征（representation）手法，才能发挥它所谓的伦理功能。[2]然而，呈现为"物"的建筑不是文本，它是如何发挥其诠释功能并体现其精神本质的呢？正是从这一问题出发，哈里斯阐述并分析了作为一种特殊语言的建筑所具有的精神象征功能。

哈里斯赞成西班牙建筑历史学家科洛米娜（Beatrize Colomina）的观点，即建筑与建筑物的主要区别是建筑具有诠释性（interpretive）与批判性（critical），甚至我们可以说建筑拥有与我们对话的能力。然而，能够简单地将建筑与语言进行类比吗？建筑语言是否也是一种表现性语言？建筑的诠释能力是在何种意义上说的？建筑师能够利用何种诠释工具？为了回答这些问题，哈里斯在《建筑的伦理功能》第二编用三章的篇幅进行了讨论。

哈里斯首先从反思现代建筑面临的语言危机为切入点，提出不能将建筑与语言，尤其是文学文本（literary text）进行简单的类比，他还对用符号学和结构主义的方法研究建筑语言持谨慎态度。哈里斯认为建筑的确有自己的"语言"，但应是从更宽泛意义上理解的语言，不是被限定在说或写的语言之内。哈里斯认为，建筑作为一种语言，不是因为它能直接做出判断，而是通过两种间接途径来表征其意义。一是通过它的风格和在这种风格里各元素的特殊组合，二是通过分割空间、划分区域来向我们传情达意。[3]由此可见，建筑如同一本"立体的书"，是以空间为对象的特定文化活动。通过风格化表征手段和以空间元素为媒介，建筑把诸多文化形象与精神观念表现在人们面前，创造有意义的环境，让建筑能表现某种精神价值。

上述特点极为突出地表现在神圣的宗教建筑，如中世纪的哥特

---

1 [美]卡斯腾·哈里斯. 建筑的伦理功能[M]. 申嘉，陈朝晖译. 北京：华夏出版社，2001：131. 译文有改动。

2 [美]卡斯腾·哈里斯. 建筑的伦理功能[M]. 申嘉，陈朝晖译. 北京：华夏出版社，2001：100.

3 [美]卡斯腾·哈里斯. 建筑的伦理功能[M]. 申嘉，陈朝晖译. 北京：华夏出版社，2001：95.

图38 哥特式建筑顶峰时期的代表作之一——法国亚眠大教堂（Notre Dame Cathedral in Amiens）内部空间（图片来源：http://brianbolihan.com/western-culture/）

式教堂上。作为一种典型的表征性建筑，哥特式教堂很好地体现了意大利符号学家翁贝托·艾柯（Umberto Eco）所说的两种层次的象征功能。艾柯所说的初始功能指的是建筑实用功能的符号指示意义；二次功能指的是象征性的内涵，表达的是建筑的暗示意义。他认为，两种功能同等重要，并没有价值意义上的区别，但从符号学的原理看，建筑的二次功能建立在初始功能的符号指示意义之上，"建筑师的工作就是要考虑多种多样的初始功能和开放的二次功能，并在此基础上进行设计"。[1]哥特式教堂的基本功能是为人们提供一个膜拜上帝的场所，因此它看起来也应该是教堂应有的样子（图38），这是它的初始象征功能。但除此之外，它还有突出的二次象征

1　Umberto Eco. *Function and Sign: the Semiotics of Architecture*. Neil Leach（edited）. *Rethinking Architecture: A Reader in Cultural Theory*. London and New Yoke: Routledge, 1997. p191.

功能，它还要以自身的建筑形式、空间元素的安排及各种表征性符号，象征天堂之城，象征宇宙秩序。不理解二次功能的意义，就无法理解哥特式教堂所传达的语言。

哈里斯还通过哥特式建筑的象征意义，表达了人类建筑象征体系的深层伦理功能，即"要在世界上建立自己的家，也就是说，要进行筑造。人类所需的不仅仅是物质控制，他们必须建立精神上的控制。要做到这一点，他们必须从那些起初看似偶然易逝、令人迷惑的现象中捕捉秩序，将混乱转变为和谐，即真正的建筑要像被认为是创造世界的上帝那样完成一些东西"。[1]有关建筑象征系统的意义，挪威建筑理论家诺伯格·舒尔兹（Christian Norberg-Scholz）阐述得更为清晰。他认为，建筑应以有意味的（或象征性的）形式来理解，描述性的及抽象化的建筑象征体系，使人体验到有意义的环境，帮助他找到存在的立足点，这便是建筑的真正意义所在。[2]

需要说明的是，哈里斯对宗教建筑象征功能的阐释是不全面的，从建筑伦理的视角而言，他尤其忽视了宗教建筑的教谕性象征功能。宗教建筑往往以其独特的外部造型、神圣的内部空间及情境氛围，将其自身转换成一种人们凭直觉便可以体验到的语言体系，让信徒在具有教导和训诫性的叙事空间中，或祈求祷告，或接受布道，或聚集交流，或共同完成某种宗教仪式，体验人与神的交流，其精神感召力与教化功能是其他建筑类型所无法比拟的。尤其是中世纪哥特式教堂，除了运用特定建筑技术所构成的垂直向上的建筑形态与光影、色彩、声音等环境因素的相互烘托外，更是辅之以描述圣经故事和圣人传说的各种雕塑、壁画、彩绘玻璃窗，从而使民众，尤其是那些目不识丁的民众更好地感受到宗教教义之含义，进而谨遵教谕。

现代建筑所面临的语言危机，实质上是艾柯所说的建筑所要表达的第二位的象征意义，随着启蒙运动所带来的现代性后果而出现

1　[美] 卡斯腾·哈里斯. 建筑的伦理功能[M]. 申嘉，陈朝晖译. 北京: 华夏出版社，2001:
　　107. 译文有改动。
2　[挪威] 诺伯格·舒尔兹. 论建筑的象征主义[J]. 常青译. 时代建筑，1992，3: 54.

了危机。主要表现在两个方面。

第一，作为现代社会"理性化"过程的结果，"祛魅"让世界从神圣化走向世俗化，消解了统一的宇宙秩序，前现代社会人们对建筑神性象征的信仰逐渐淡化，"今天我们不再遵从于任何权威，也不会轻易认为某种物质是玄妙的精神世界的反映"[1]，在此意义上，可以说从19世纪开始建筑已失去了表征作用。

第二，启蒙运动之后，旧的价值体系分崩离析，古代建筑所拥有的一整套建筑模式和象征系统逐渐解体，尤其是基于圣经权威的基督教建筑的特殊象征体系崩溃了。与此同时，现代建筑因社会意识形态和价值观的不确定性，并没有建立起像中世纪教堂那样具有权威性、规制性的建筑象征语言，反而在以"国际风格"（International Style）和"后现代主义运动"为主轴所界定的建筑文化背景下，陷入一种建筑语言贫困化与混乱化的泥沼之中。对此，哈里斯感叹道："当代建筑缺乏的是19世纪以前建筑的那种伟大的风格，即发达的象征系统，它使建筑师能够按预先规制而设计，无需发明，但这并不是说他们就不促进这一象征系统的发展。"[2]虽然哈里斯对拥有这样一个象征系统的积极意义持不确定的态度，然而从表现建筑精神价值的视角看，显然缺乏主导性的建筑象征系统正是现代建筑伦理功能弱化的重要因素。正如英国学者约翰·萨莫森（John Summerson）的观点，建筑的意义只有放在如古典建筑那样完整的惯例体系中才是可以理解的，而历史积淀的建筑规制正是现代建筑所缺乏的[3]。

三、建筑的伦理功能也是一种公共功能

如前所述，哈里斯虽然对现代社会是否需要一套如古代建筑那样的象征系统持谨慎态度，但他在《建筑的伦理功能》第三部分详

1 ［美］卡斯腾·哈里斯. 建筑的伦理功能[M]. 申嘉，陈朝晖译. 北京：华夏出版社，2001：132.
2 ［美］卡斯腾·哈里斯. 建筑的伦理功能[M]. 申嘉，陈朝晖译. 北京：华夏出版社，2001：132. 译文有改动.
3 ［英］萨莫森. 建筑的古典语言[M]. 张欣玮译. 杭州：中国美术学院出版社，1994：91.

细考察了建筑与定居的本质与需求之间的关系后，以下面一段话作为承前启后的结论："对建筑历史的保护，与任何建立与保留一个真正的公共空间的努力是不可分割的，这种公共空间让个人可以有条不紊地找到他们各自的位置。如果我们要继续展现真正居住的可能性，我们所处的环境的历史遗迹就必须得到保存和体现，而且，仅仅通过历史片断，我们是不能保存或重现历史的。"[1]这段话蕴含的信息颇为丰富，不仅阐明了建筑、安居与公共空间的关联，而且也从一个特殊的视角道出了保存历史建筑及其环境的重要人文价值，同时还引出了他关于建筑伦理的另一种看法，即建筑的伦理功能必然也是一种公共功能。

哈里斯认为，房屋的历史是"以两个极点为中心的椭圆"。第一个是以私人房屋为标志，比较私密与世俗，主要解决人类的物质需要；第二个极点更重要，它通过公共建筑提供了一种明显与伦理有关的公共功能，主要解决人类的精神需要。[2]对于西方尤其是欧洲的建筑历史而言，作为最主要公共建筑的神殿、教堂等宗教建筑，承担了比宫殿、市政厅更为重要的公共功能。从古希腊时期一直到欧洲中世纪，宗教建筑既是宗教和信仰的物质依托，也是市民的礼仪中心与理想的公共场所。在古希腊，城邦公共生活的发达促使雅典城市建设对公共建筑高度重视。虽然雅典直至公元前4世纪，甚至更晚时期依旧保留着原始的住房形式和落后的卫生设施，也没有什么规模宏大的王宫建筑，然而与此形成鲜明对比的却是大规模修建的辉煌壮丽的公共建筑，尤其是伯里克利当政时期（公元前443年～前429年），兴建了雅典卫城、帕提农神庙、赫维斯托斯神庙、苏尼昂海神庙等一大批公共建筑，由此带来的共同敬畏与共同崇拜，将城邦中不同的人紧密地联系到了一起，产生了一种强烈的团体认同感与凝聚力，同时也形成了市民与城市间那种水乳交融般的互动、共鸣的依恋关系。在欧洲中世纪，由于教会力量的强大，城市公共生活以宗教活动为主，所以以教堂为主的宗教建筑既是城市的保护

---

1 ［美］卡斯腾·哈里斯. 建筑的伦理功能[M]. 申嘉，陈朝晖译. 北京：华夏出版社，2001：259. 译文有改动.
2 ［美］卡斯腾·哈里斯. 建筑的伦理功能[M]. 申嘉，陈朝晖译. 北京：华夏出版社，2001：279—280.

神，又是社会生活的中心，是市民的精神中心与情感寄托之地。哈里斯说："人们要求教堂建筑能用来举行弥撒，那就是说，人们需要参与（教堂）建筑提供的公共节日，这种参与能再次确认个人在一个社会中的成员资格，以及他或她对统辖该社会的价值观的忠诚。"[1]

启蒙运动之前宗教建筑承担了主要的公共职能，这种公共职能在哈里斯看来也是建筑所拥有的一种伦理功能，他说："宗教的和公共的建筑给社会提供了一个或多个中心。每个人通过把他们的住处与那个中心相联系，获得他们在历史及社会中的位置感。"[2]公共建筑尤其是宗教性公共建筑作为社会的精神中心，它所提供的由人的共同存在而产生的公共交往行为，作为私人领域的平衡机制，有利于强化人们的地方归属感，让他们在社会中找到自己的位置，这乃是人性的需求，其特殊的社会文化价值、心理价值与精神价值，是私人房屋、私人空间无法提供的。然而，自18世纪启蒙运动之后，宗教建筑的公共功能开始减弱，它不再具有建立我们所属的整个社会精神风貌的力量，也不再具有主宰的力量，能将分散的个体凝聚为一个共同体。甚至在一个由经济需要和经济利益支配的世界中，宗教建筑在城市建筑中已然处于次要地位（图39）。由此，哈里斯不止一次地提出了一个问题，在现代社会，当神殿和大教堂已成往事，我们是否还有或将会有一种建筑类型，能像海德格尔阐明的希腊神殿那样建立或重建一个公共的世界？[3]

对此，哈里斯首先讨论了坟墓（grave）和纪念碑（monument）的公共性问题。坟墓和纪念碑作为一种建筑艺术有着悠久的历史，甚至可以说人类早期的建筑史几乎变成了坟墓史。从本质上说，坟墓也是一种特殊的死亡纪念碑，它有重要的伦理功能。哈里斯借德国建筑理论家阿道夫·路斯（Adolf Loos）的观点，将其表述为"它使我们注重本质的东西：我们只有一次的被死亡束缚的生命"[4]，坟

1　［美］卡斯腾·哈里斯. 建筑的伦理功能[M]. 申嘉，陈朝晖译. 北京：华夏出版社，2001：358.
2　［美］卡斯腾·哈里斯. 建筑的伦理功能[M]. 申嘉，陈朝晖译. 北京：华夏出版社，2001：279.
3　［美］卡斯腾·哈里斯. 建筑的伦理功能[M]. 申嘉，陈朝晖译. 北京：华夏出版社，2001：280.
4　［美］卡斯腾·哈里斯. 建筑的伦理功能[M]. 申嘉，陈朝晖译. 北京：华夏出版社，2001：286.

图39　哈里斯认为在20世纪虽然也有一些著名教堂，如朗香教堂，但它所承担的公共生活中心的伦理功能已荡然无存。图为柯布西耶设计的朗香教堂（Notre dame du Haut）。（图片来源：http://archidialog.com/tag/notre-dame-du-haut/）

墓昭示了人的必死性并成为生命归宿的见证。除了这一深刻的精神功能之外，坟墓和纪念碑的公共性主要体现在它还如同神殿、教堂一样，通过一些重要的仪式性行为，使人们聚集在一起，建立了传统，成为某一社会共同体世代相传的精神纽带，构筑了一种共同的精神空间，同时"对死者的纪念巩固了某种精神风貌——它让我们获得我们在进行中的生活领域里的位置"。[1]

　　启蒙运动之后，服务于时代精神、表达政治秩序和民主精神的纪念碑建筑成了新的范例，例如美国的华盛顿纪念碑、杰斐逊和林肯纪念堂、南北战争纪念碑及越战纪念碑。它们在一种程度上弥补了教堂缺位后空缺的公共性精神角色，有助于巩固某些已经建立的共有的精神价值。正是在这个意义上，哈里斯才强调海德格尔在谈到让神得以显现的希腊神殿时所表达的，与在教堂里上帝面前或在公民纪念碑里共享的价值面前所表达的东西是相似的，它们是我们寄予美好希望之所在，"建筑有一种伦理功能，它把我们从每天的生活中唤醒，唤起我们作为一个社会的成员应有的价值；它驱使我们寻求更好的生活，更接近我们的理想"。[2]

　　哈里斯在全书的结语中再次提出，在宗教建筑失去权威的公共

1　［美］卡斯腾·哈里斯. 建筑的伦理功能[M]. 申嘉，陈朝晖译. 北京：华夏出版社，2001：292.

2　［美］卡斯腾·哈里斯. 建筑的伦理功能[M]. 申嘉，陈朝晖译. 北京：华夏出版社，2001：284. 译文有改动。

性功能之后，我们怎样重新占据曾被宗教建筑占据的地位呢？是纪念性建筑吗？是剧院或博物馆吗？甚至是购物中心吗？他无法给出肯定的回答，"如果这些建筑任务中的每一个都有某些前途，那么能取代神殿和教堂的，既非其中之一，亦非它们全体"。[1]

启蒙运动之后，建筑现代性的基本特征可以理解为一系列传统与现代的"断裂"，这种断裂的影响是多方面的。这其中，宗教建筑公共性功能的衰败，可以看作是这种断裂的重要方面。其实，不仅仅是宗教建筑公共性的失落，整个物质性的公共空间也处于衰落之中。因此，在对建筑现代性进行反思的背景下，如何在建筑的精神风貌上将建筑与过去联系起来，吸引人们在公共建筑与公共空间中参加使我们的存在具有意义的公共活动与公共仪式，提升建筑的伦理功能，将是现代建筑发展面临的一个挑战性问题。

总之，哈里斯的建筑伦理思想依循海德格尔所开辟的存在论的建筑哲学之路，围绕建筑现代性的一些重要问题，主要探讨了在"祛魅"的世界里建筑与安居的关系，阐释了建筑在社会价值与精神风貌方面的特殊象征功能，呼唤未来的建筑发展之路应重新出现新的建筑类型，能够承担社会精神中心的使命，展现建筑重要的公共功能。虽然哈里斯的研究以典型的基督教传统和西方哲学为基础，并没有为现代建筑开出具有现实操作性的"药方"，但其建筑的伦理之思对提升现代建筑的精神功能，仍有着不可忽视的启示意义。

---

1 ［美］卡斯腾·哈里斯. 建筑的伦理功能[M]. 申嘉，陈朝晖译. 北京：华夏出版社，2001：361.

09

建筑从奉献开始：约翰·罗斯金的建筑伦理思想*

罗斯金认为，所有的高级艺术都拥有并且只有三个功能，即强化人类的宗教信仰；完善人类的精神状态，或者说道德水平；为人类提供物质服务。显然，他心目中严格意义上作为艺术的建筑，突出体现了这三方面的功能。

* 本文最初以《论约翰·罗斯金的建筑伦理思想》为题发表于《华中建筑》2014年第11期，本书收录时进行了修订，并新配插图。

约翰·罗斯金（John Ruskin，1819～1900）是英国19世纪著名的文学家、思想家和艺术批评家，同时也是西方近代建筑伦理的最早探索者之一。罗斯金博学广识，著述浩繁，在文学、绘画、雕塑、建筑、宗教、艺术教育、社会批评等诸人文领域多有建树。在建筑方面的论述，除大量散见的演讲稿之外，最主要的代表作是《建筑的七盏明灯》（*The Seven Lamps of Architecture*，1849）和《威尼斯之石》（*The Stones of Venice*，1851～1853），这两本书都有浓重的道德说教成分。本文对罗斯金建筑伦理思想的阐述，主要以《建筑的七盏明灯》为依据，辅之以《威尼斯之石》以及其他相关讲演或文章。

需要说明的是，由于罗斯金的文本风格偏散文式，具有艺术家般洞察细微之物的敏锐感受力，不注重严格而系统的逻辑论述，因而他的建筑伦理思想较为分散，没有形成一个完整连贯的思想体系。本文试图从三个维度阐释其建筑伦理思想，并简要分析它对当代社会建筑发展的价值启示意义。

一、"献出珍贵的事物"：建筑的宗教伦理功能

罗斯金在《建筑的七盏明灯》中，以哥特式建筑为例，提出了建筑的七盏明灯：即奉献明灯（The lamp of sacrifice）、真实明灯（the lamp of truth）、力量明灯（the lamp of power）、美之明灯（the lamp of beauty）、生命明灯（the lamp of life）、记忆明灯（the lamp of memory）和遵从明灯（the lamp of obedience）。在这里，"明灯"是个修辞语，如同《旧约·出埃及记》中犹太教会幕圣所里的七盏金灯台一样，发出耀眼的光芒，指引人类走向光

明，建筑作为"明灯"，意味着建筑的精神性功能，意味着指引建筑美好价值的法则及美德。罗斯金想表达的不是建筑的实用功能，而是建筑所具有的精神功能与价值功能。综观这七盏明灯，罗斯金说："七灯的排列及名称，皆是基于方便，不是根据某种规则而定；顺序是恣意的，所采之命名也无关逻辑。"[1]虽然从表面上看，罗斯金并没有清楚地阐明"七盏明灯"的由来，而且其顺序与命名也无严格的逻辑关系，但实际上他对建筑本质以及建筑精神功能的认识有其一以贯之的基本立场与核心观点，正如荷兰学者科内利斯·J·巴尔金（Cornelis. J. Baljon）所说："建筑的七盏明灯是一个结构严谨的论述，无论其整体结构还是其基本宗旨都具有极大的新意和非传统性。"[2]"七盏明灯"作为建筑的七个精神要素，各自独立又相辅相成。这其中，被罗斯金排在首位的"奉献明灯"作为其余六盏明灯的前导，处于核心地位。英国学者戴维·史密斯·卡彭（D. S. Capon）曾以一个简单的图示解读了"七盏明灯"的关系（图40）。

由图40可知，卡彭将"奉献明灯"置于"建筑七灯"的中心地

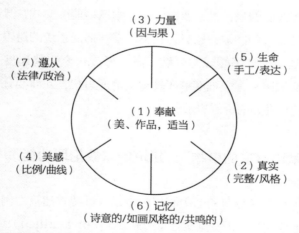

图40　卡彭对罗斯金"建筑的七盏明灯"的图示说明
（资料来源：D. S. Capon. *Architectural Theory：The Vitruvian Fallacy-A History of the Categories in Architecture and Philosophy*. Vol.2.John Wiley & Sons, 1999. p165.）

1　[英] 约翰·罗斯金. 建筑的七盏明灯[M]. 谷意译. 济南：山东画报出版社，2012, 导言.
2　Cornelis. J. Baljon. *The structure of architectural theory：a study of some writings by Gottfried Semper, John Ruskin, and Christopher Alexander.* Leiden：C.J.Baljon, 1993. p197.

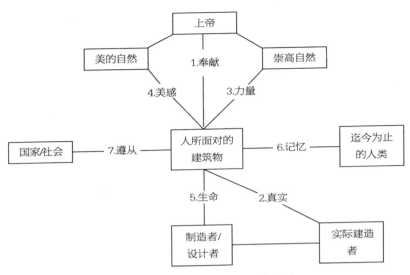

图41　巴尔金对罗斯金"建筑的七盏明灯"所作的结构分析图示

（资料来源：Cornelis. J. Baljon. *The structure of architectural theory : a study of some writings by Gottfried Semper, John Ruskin, and Christopher Alexander*. Leiden : C.J. Baljon，1993.p199.）

位，认为建筑不仅要从奉献（sacrifice）开始，而且奉献还具有核心价值，它是建筑艺术应遵循的最基本准则。巴尔金认为，罗斯金的"奉献明灯"表达了建筑所体现出来的人与上帝的关系，所谓"奉献"之意，他解读为"上帝赋予了我们以生命，关怀我们，要求我们顺从，值得我们的赞颂"。[1]巴尔金同样运用了一个图表来解读"七盏明灯"的关系（图41）。

图41清晰地显示了巴尔金对"建筑七灯"之间关系的解读与分析。图中上半部近似菱形区域纵向轴线的中心是奉献明灯，它联结了作为制造者与设计者的人与上帝的关系，也反映了人与自然和宇宙法则的关系。上帝创造了优美和崇高的自然，人类应借美感明灯和力量明灯，尽最大能力将上帝赋予的美与崇高展现出来，如同献祭一般，将珍贵的建筑奉献给上帝作为回馈。

实际上，将奉献明灯作为"建筑七灯"的核心，或者说作为评

1　Cornelis. J. Baljon. *The structure of architectural theory: a study of some writings by Gottfried Semper, John Ruskin, and Christopher Alexander*. Leiden : C.J. Baljon, 1993.　p198.

判建筑之善的主要依据，也是罗斯金思想方法的必然结果。他在《建筑的七盏明灯》一书的导言中曾提出，倡导任何一种行为准则不外有两种方法："其一，是去呈现行动的利弊计算或者其本身既有的价值——但那通常是些小利小弊，而且永远没有定论；另一，则是去证明它与人类德性之更高秩序所具有的关系，以及证明它至目前为止之实践，可被身为德性之源的上帝所接受。"[1]显然，第一种方法是活跃于19世纪早期的英国功利主义伦理学的方法，基本主张是按照利弊计算的后果来决定行动之对错，以强调功利最大化为行为准则。罗斯金并不赞成功利主义原则，正如他自己所说，若要界定他最重视的奉献明灯所指为何，"最清楚的方式是从反面定义：它，与盛行于现代的观感——渴望用最少的成本，产出最多的结果——正好相反"。[2]因此，对于罗斯金而言，第二种方法是获得真理的最佳模式，即行为准则旨在荣耀上帝、符合作为德性之源的上帝的要求。即便当时他所处的时代对基督教价值的质疑甚嚣尘上，但他仍旧坚持从宗教信仰和宗教伦理的角度审视建筑的意义，强调服从上帝法则、对上帝怀有献祭情感的重要性。

毫无疑问，罗斯金的思想方法，包括其整个建筑伦理思想建立在根深蒂固的宗教信仰基础之上。罗斯金出生在一个极为重视道德观念的福音派基督教家庭中。他的母亲是一位虔诚的苏格兰清教徒，从小便以一种严苛的圣公会福音派信仰管教罗斯金。福音派基督教不仅是教义性的信仰体系，也是一个伦理道德的规范体系。福音派认为，福音乃是神的启示，最高的权威不在教会而是具有至高无上地位的《圣经》，神凭借自然界和良心为他自己作见证，每个人都能通过自身努力，持守真诚、稳定、毅力、谦卑等美德，与上帝达到交融。虽然在撰写《建筑的七盏明灯》与《威尼斯之石》时，罗斯金已对福音派信仰产生了怀疑与动摇，但他深入骨髓的宗教观念始终都在其建筑伦理与美学思想中发挥着重要作用。

罗斯金在对建筑艺术作品本质的思考与认识中，始终关注宗教性上帝之存在，强调作为一种最高精神存在的神性之光在建筑中的

---

1 ［英］约翰·罗斯金. 建筑的七盏明灯[M]. 谷意译. 济南：山东画报出版社，2012，导言.
2 ［英］约翰·罗斯金. 建筑的七盏明灯[M]. 谷意译. 济南：山东画报出版社，2012：7.

作用，认为正是这种在世俗眼光看来无用的特质造就了建筑作品的伟大价值。正如台湾学者陈德如在解读罗斯金的"奉献明灯"时所言："奉献的概念为建筑赋予新意，建筑不再只是人们所认识或维特鲁威（Vitruvius）所说的那件合用之物，建筑从奉献开始，是不问目的、不计较实利、是永远的'不只如此而已'、是爱与神性。"[1]

表面上看，建筑起源于人类庇护的基本需要，是所有艺术形式中最计较实利、最讲求实用功能的艺术。这一点罗斯金并不否认。他说："在一座建筑中最基本的东西——它的首要特质——就是建造得很坚固，并且适合于它的用途。"[2]然而，仅有实用功能的建筑在罗斯金看来，只是"建筑物"（building），而非他心目中的"建筑"（architecture）。换句话说，只有具有精神功能的建筑才是真正的建筑，才体现了建筑的高贵本质。因此，作为一种艺术的建筑，其高贵性和重要性并非体现在其遮风挡雨的实用功能上，而在于它能够在精神与道德层面给人带来愉悦，促进心灵圆满。他将严格意义上的建筑区分为五种：即信仰建筑（devotional architecture）、纪念建筑（memorial architecture）、公共建筑（civil architecture）、军事建筑（military architecture）和住宅建筑（domestic architecture）。在这五种建筑类型中，具有非功能性的精神象征意义的建筑是前三种，其中信仰建筑是他最重视的建筑类型，也是精神功能最显著的建筑，它"包括所有为了服侍、礼拜或荣耀上帝而兴建的建筑物"。[3]信仰建筑在神与人之间架起了一座桥梁，拉近了人类与上帝的距离，能够强化人类的宗教信仰，完善人类的精神状态，展现道德之纯净。

我们只有理解"神性"因素在建筑艺术中的作用，才能真正理解罗斯金心目中的伟大建筑。写作《建筑的七盏明灯》一书时，罗斯金正处于宗教信仰上的怀疑与矛盾期，相对于早期思想，他更重视人的主观能动性，认为艺术之美是由人的心灵创造的，而非依靠上帝的指引与庇佑。因此，他所谓的"神性"，并非直接指称基督

1　陈德如. 建筑的七盏明灯：浅谈罗斯金的建筑思维[M]. 台北：台湾商务印书馆，2006：23.
2　[英]约翰·罗斯金. 艺术与道德[M]. 北京：金城出版社，2012：38.
3　[英]约翰·罗斯金. 建筑的七盏明灯[M]. 谷意译. 济南：山东画报出版社，2012：5.

教上帝的神圣性、超越性，而是指建造者付出最大努力和全部心力从而增添于建筑中的审美价值与伦理价值，是建筑艺术所显现出来的沐浴神恩般的崇高精神意蕴，其核心就是超脱于功利心之外，单纯奉献出珍贵之物的道德精神。实际上，黑格尔在论艺术美时的一段话有助于我们理解罗斯金对建筑神性的看法："人类心胸中一般所谓高贵、卓越、完善的品质都不过是心灵的实体——即道德性和神性——在主体（人心）中显现为有威力的东西，而人因此把他的生命活动、意志力、旨趣、情欲等等都只浸润在这有实体性的东西里面，从而在这里面使他的真实的内在需要得到满足。"[1]建筑的神性与道德性，须借助人的精神力量才能够在建筑艺术中表现出来，与此同时，人类用尽全力将自己的精神投注于实体性存在的建筑之中时，不仅增添了建筑的美与高贵，也满足了自身的精神需要。回顾西方建筑史，几乎所有伟大的建筑都充满神性，尤其是古希腊神庙建筑的静穆与中世纪哥特式教堂的力量，更是与这种神性的彰显有密切关系。

罗斯金所处的英国维多利亚时代，工业革命使物质文明取得长足进步，英国的农业文明迅速向工业文明转型，科技的进步和机械化的崛起改变了人们的生活方式。但与此同时，这也引发了一系列社会问题和精神、文化方面的危机，人们变得锱铢必较，倾心于赚钱敛财，宗教信仰与传统道德价值的作用受到了质疑与挑战，神圣向度在文化艺术价值观中也开始消解。罗斯金的建筑本质观，强调人、建筑与神圣者之间的特殊关联，便从一个侧面表达了他对机械化、实用主义和信仰危机的焦虑，并想通过宣扬建筑的神性与道德性，致力于抑制工业社会所带来的建筑上的工具理性主义的负面影响。

二、"唯有欺骗不可原谅"：建筑的基本美德

建筑的美德指的是一种让建筑表现得恰当与出色的特征或状态，是建筑值得追求的好的品质。在西方建筑思想史上，古罗马时

---

1 ［德］黑格尔. 美学（第一卷）[M]. 朱光潜译. 北京：商务印书馆，1984：226.

期维特鲁威在《建筑十书》中提出的好建筑所应具备的三个经典原则——即"所有建筑都应根据坚固（soundness）、实用（utility）和美观（attractiveness）的原则来建造"，是对建筑美德的最早探索。19世纪中叶，欧洲许多国家对建筑的伦理诉求日益明显，这其中又集中在对建筑功能、结构或风格的真实或诚实美德的强调上。例如，英国著名建筑师和建筑理论家奥古斯塔斯·普金（Augustus W.N. Pugin）通过揭露当时建筑设计在材料使用与装饰上的虚假伪装之风，反对新古典主义潮流和哥特复古风格用无意义的装饰取代实际功能的形式主义。他所提倡的建筑伦理观念，核心便是赞美真实材料之美，将建筑结构和材料的真实性上升为道德高度，认为不论是在结构或是材料等方面，好的建筑都要"真实""诚实"或不"伪装"。普金认为，尖拱建筑（Pointed Architecture）和基督教建筑（Christian Architecture）便是拥有真实美德的典范性建筑，它们的形式来自结构的法则，每个结构都有其存在的意义，装饰也成为结构的一部分，所有的装饰只用于基本建造的丰富与提升。普金排斥机器生产的复古倾向与强调材料真实的理性主义主张，对日后英国的设计思想有重要影响。普金在他的《尖拱或基督教建筑的真实原则》（*True Principles of Pointed or Christian Architecture*，1841）一书中定义了两条"最伟大的设计原则"：第一，建筑外观上不应有任何部分无助于方便、无助于构造和恰如其分；第二，所有的装饰都应具有对构造本质的加强作用。这种真实性的原则可以说是现代主义结构理性的先声。

虽然罗斯金始终不承认普金对他的影响，甚至对普金表现出轻蔑的态度，然而后人却在罗斯金的速记本里发现了大量有关普金著作的笔记。至少我们从罗斯金对建筑结构、材料与建造真实性的强调中，能清晰地发现他与普金思想的一脉相承关系，他们都认为只有中世纪的哥特建筑才能真正反映建筑的真实性和丰富性，而且两人浓厚的宗教信仰与宗教伦理立场都对各自的建筑思想产生了深刻影响。

罗斯金认为，有美德的建筑应符合良心标准，最主要的表现就是在结构、材料和装饰上的真实与诚实无欺。罗斯金说："优秀、美丽或者富有创意的建筑，我们或许没有能力想要就可以做得出来，然而只要我们想要，就能做出信实无欺的建筑。资源上的贫乏能够被原谅，效用上的严格要求值得被尊重，然而除了轻蔑之外，卑贱的欺骗还配得到什么？[1]关于建筑上的诚实美德，他提出的一个基本原则是："任何造型或任何材料，都不能本于欺骗之目的来加以呈现。"[2]

罗斯金具体将建筑欺骗行为划分为三大类，分别是结构上的欺骗（structural deceits）、外观上的欺骗（surface deceits）和工艺操作上的欺骗（operative deceits）。[3]所谓结构上的欺骗，首先是指刻意暗示有别于自身真正风格的构造或支撑形式，"不管是依据品味还是良心来判断，都没有比那些刻意矫揉造作，结果反而显得不适合的支撑，还要更糟糕的东西了。"[4]其次，结构上的欺骗更为恶劣的表现是，本是装饰构件却企图"冒充"支撑结构的建筑构件。例如，哥特建筑中的飞扶壁（flying buttress）作为一种起支撑作用的建筑结构部件，主要用于平衡肋架拱顶对墙面的侧向推力，但在晚期哥特式建筑中，它却被发展为极度夸张的装饰性构件，有的还在扶拱垛上加装尖塔，目的并非为了改善平衡结构的支撑功能，而仅仅是因为美观。所谓外观上的欺骗，主要指建筑材料上的欺骗，即企图诱导人们相信使用的是某种材料，但实际上却不是。这种欺骗造假行为，在罗斯金看来，如结构上的欺骗一样皆属卑劣而不能容许。例如，把木材表面漆成大理石质地，滥用镀金装饰手法，或者将装饰表面上的彩绘假装成浮雕效果，达到以假乱真的不真实效果。相反，有些有格调和尊荣的建筑，例如梵蒂冈西斯廷小堂（Sistine Chapel）的屋顶装饰，是由米开朗琪罗精心绘制的穹顶画。米开朗琪罗在设计构图时不会误导人们，让屋顶产生以假乱真的效果，因而并无欺骗可言（图42）。罗斯金认为，外观上的欺骗不仅浪费资源，也无法真正提升建筑的美感，反而使建筑的品位降

1 ［英］约翰·罗斯金. 建筑的七盏明灯[M]. 谷意译. 济南：山东画报出版社，2012：44.
2 ［英］约翰·罗斯金. 建筑的七盏明灯[M]. 谷意译. 济南：山东画报出版社，2012：61.
3 关于罗斯金提出的三种建筑欺骗行为，有不同译法。谷意译本将其分别译为结构方面的欺骗、在表面进行欺骗、在作用上欺骗。张璘译本将其分别译为结构欺骗、表面欺骗、操作欺骗。本文作者认为将其译为结构上的欺骗、外观上的欺骗和工艺技术上的欺骗更为妥当。
4 ［英］约翰·罗斯金. 建筑的七盏明灯[M]. 谷意译. 济南：山东画报出版社，2012：48.

图42　梵蒂冈西斯廷小堂的屋顶装饰
（图片来源：http://www.romandream.info/site/tours/christian-rome/vatican-museums-sistine-chapel）

低。相反，"就算是一栋简朴至极、笨拙无工的乡间教堂，它石材、木材的运用手法粗劣而缺乏修饰，窗子只有白玻璃格子装饰；但我依然想不起来，有哪一个这类的教堂会失却其神圣气息"。[1]罗斯金所谓工艺操作上的欺骗，实际上指的是一种较为特殊的装饰上的欺骗，它突出体现出罗斯金对传统手工技艺的偏好和对现代机器制造的反感。他认为凡是由预制铸铁或任何由机器代替手工制作的装饰材料，非但不是优秀珍贵之作，还是一种不诚实的行为，因为从中我们感受不到如手工制作一般投注于建筑之上的劳力、心力与大量时间，即我们难以寻觅建造者为这幢建筑奉献、付出的痕迹与过程（图43）。这一思想极具罗斯金个人的感情色彩，其思想的局限性也相当明显。但从这里我们可以看出，罗斯金对建筑的效率与经济要素并不关心，他珍视的是人投注在建筑中的心力，珍视的是经由工匠的双手赋予建筑的精神与灵魂，这实际上体现出我们对待建筑过程的道德态度。

罗斯金在《威尼斯之石》一书中提出了三项"建筑的美德"（The Virtues of Architecture）：第一，用起来好（to act well），即以最好的方式建造；第二，表达得好（to speak well），即以最好的语言表达事物；第三，看起来好（to look well），即建筑的外观要赏心悦目。[2]罗斯金认为，上述建筑的三项美德中，第二项美德没

1　[英]约翰·罗斯金. 建筑的七盏明灯[M]. 谷意译. 济南：山东画报出版社，2012：66.
2　John Ruskin. *The Stones of Venice*. Da Capo Press, 2nd, 2003. p.29.

图43 鲁昂圣母大教堂（Rouen Cathedral）

鲁昂圣母大教堂中间的塔楼在19世纪被装饰以一个高151米的铸铁尖顶。对此，罗斯金批评说，这类的建筑物完全不能名列真正建筑之林（参见：[英]约翰·罗斯金.建筑的七盏明灯[M].谷意译.济南：山东画报出版社，2012″:52.）。

有普遍的法则要求，因为建筑的表达形式是多种多样的。因而建筑的美德主要体现在第一项与第三项上，即"我们所称作的力量，或者好的结构；以及美，或者好的装饰"。[1]而关于究竟什么是好的结构与好的装饰，罗斯金表现出了对真实品格的重视。他认为，好的结构要求建筑须恰如其分地达到其基本的实用功能，没必要添加式样来增加成本。而好的装饰则需要满足两个基本要求："第一，生动而诚实地反映人的情感；第二，这些情感通过正确的事物表达出来。"[2]罗斯金尤其强调，对建筑装饰的第一个要求就是诚实地表达自己的强烈喜好，因为"建筑方面的错误几乎不曾发生在诚实的选择

1 John Ruskin. *The Stones of Venice*. Da Capo Press, 2nd, 2003. p.32.
2 John Ruskin. *The Stones of Venice*. Da Capo Press, 2nd, 2003. p.35.

上，它们通常是由于虚伪造成的。"[1]

　　此外，强调真实性的建筑美德观还体现在罗斯金对历史建筑修复与保存的基本态度上。在建筑的第六盏明灯"记忆明灯"中，他讴歌了建筑岁月价值的无比魅力，以及承载过去记忆的重要功能。在此基础上，他明确提出了反干预的历史性修复观，强调必须绝对保持历史建筑的真实性。他认为，"所谓'复原'，自始至终、从头到尾，都是一则谎言"，"一栋建筑所能遭遇的破坏毁灭，其中最彻底、最为绝对者，就叫做'复原'；人们无法从这种破坏里，寻得任何属于过往的痕迹；非但如此，还有种种对'受害者'虚伪不实的陈述，会伴随这种破坏一并而来。"[2]因而，罗斯金主张，对历史建筑只能给予经常性的维护与适当照顾，而不可以去修复，因为经历时间洗礼的原始风貌难以再现，任何修复都不可能完全忠实于原物，都可能破坏建筑物的真实美德。即便历史建筑最终会消逝，也应该坦然面对，与其自我欺骗地以虚假赝品替代，不如诚实地面对建筑的生老病死。罗斯金的历史建筑修复观虽然有偏激和绝对化的一面，但他对历史建筑绝对真实性的尊敬为欧洲后来的建筑保护哲学奠定了重要的价值基础。

三、"将情感贯注在手中之事"：建造中的劳动伦理

　　纵观罗斯金的建筑的七盏明灯，并非所有的明灯都与伦理法则有直接而紧密的联系。例如，他的"力量明灯"与"美之明灯"讨论的是建筑的美学议题，主要阐述的是建筑的审美法则。然而，贯穿罗斯金整个建筑观念的一条思想主线却几乎在七盏明灯中都体现出来，这便是他提出的以工匠为主体的劳动伦理观，这种独特的劳动伦理观既是一种特殊的职业伦理，又是一种社会伦理。正是从这种独特的劳动伦理出发，罗斯金以一个富有文化使命感的批评家身份，反思并批判了工业文明下机器生产的

1　John Ruskin. *The Stones of Venice*. Da Capo Press, 2nd, 2003. p.36.
2　［英］约翰·罗斯金. 建筑的七盏明灯[M]. 谷意译. 济南：山东画报出版社，2012：313-315.

功利性与非人性，赞美了中世纪哥特式建筑的优越性与工匠精神（craftsmanship）的道德性。

罗斯金提出的建造中的劳动伦理主要有两层涵义。

第一，建筑师和工匠应对建筑作品诚心而认真，贯注自己的全部心力与创造力。建筑的第一盏明灯"奉献明灯"除了强调建筑的宗教伦理价值之外，其所说的奉献精神实际上指的是一种崇高的劳动伦理，即必须对任何事物尽自己之全力。罗斯金认为，现代建筑作品之所以难以达到古代作品的美丽与高贵，主要原因是欠缺献身精神，"不论是建筑师还是工匠都尚未付出他们的最大努力"，"问题甚至不在于我们还需要再做到多少，而是要怎么去完成，无关乎做得更多，而是关乎做得更好。"[1]罗斯金谈到哥特式建筑的精神力量时，还强调了一种类似德国社会学家马克斯·韦伯（Max Weber）说的新教（Protestantism）将工作当作荣耀上帝的天职（Calling）的劳动伦理观，中世纪哥特建筑的工匠们便有一种为了神圣的建筑而无私奉献的使命感，"在他的任务完成之前，岁月渐渐流逝，但是一代又一代人秉承孜孜不倦的热情，最终，教堂的立面布满了丰富多彩的窗花格图案，如同春天灌木和草本植物丛中的石头一般。"[2]

在建筑的"真实明灯"中，罗斯金提倡的"真实"同样蕴含一种劳动伦理，即倡导应当认真诚实地发挥自己的手艺，单是这一点本身便蕴藏巨大的力量，就获得了建筑一半的价值与格调，而他之所以认为使用预制铸铁或机器制品是一种操作上的不诚实行为，也正是因为从中我们无从体会到投注于建筑之上的劳动伦理。在建筑的"生命明灯"中，罗斯金更加明确地提出了劳动伦理与建筑作品高贵与富有生命力之间的有机关联，建筑师与工匠在劳动过程中投入了多少感情与多少心智，都将直接对艺术实践产生影响，并最终反映在建筑作品当中。他指出："建筑作品之可贵与尊严，带给观赏者之愉悦与享受，最是依赖那些由知性力量赋予其生气，并且在建造之时就已经考虑进去的表现效果。"[3]他还进一步通过分析手工制作

1　[英]约翰·罗斯金. 建筑的七盏明灯[M]. 谷意译. 济南：山东画报出版社，2012：20.
2　John Ruskin. *The Stones of Venice*. Da Capo Press, 2nd, 2003. p.177.
3　[英]约翰·罗斯金. 建筑的七盏明灯[M]. 谷意译. 济南：山东画报出版社，2012：240.

与机器制作的区别，强调了工匠的劳动伦理所赋予建筑的尊贵生命力，"当然，只要人们依然以'人'的格调从事工作，将他们的情感贯注在手中之事，尽自己最大的努力去做，此时，即便他们身为工匠的技艺再怎么差劲，也不会是重点所在，因为在他们的亲手制作当中，将有某种东西足可超越一切价值。"[1]这种在罗斯金看来超越一切价值的东西便是工匠将情感与生命力传达给建筑，使其具有如自然生物一般焕发勃勃生机的生命能量，它们虽不具有"完满"的性质，但却是"活的建筑"，胜过工业化、批量化生产中没有生命力的"完美"产品。

第二，建造者应在建造过程中有良好的心绪与乐在其中的劳动体验。罗斯金认为，如果建筑师和工匠虽付出汗水与辛劳于工作之中，但在劳动过程中并未乐在其中，没有感到劳动的乐趣与快乐，那么这不仅将使建筑作品本身的典雅风格和生命力大打折扣，从对劳动者人性关怀的角度看也不符合劳动伦理。他说："我的《建筑的七盏明灯》那部书就是为了说明良好的心绪和正确的道德感是一种魔力，毫无例外，一切典雅的建筑风格都是在这种魔力下产生的。"[2]他还说："关于装饰，真正该问的问题只有这个：它是带着愉快完成的吗——雕刻者在制作的时候开心吗？""它总必须要令人做起来乐在其中，否则就不会有活的装饰了。"[3]从劳动伦理的视角看，强调愉悦劳动的价值，体现出罗斯金对工业化生产造成劳动者没有感情的机械生产这一现象的忧虑。他之所以批判自己那个时代的建筑，除了因为那些建筑过于追求经济效益的功利主义之外，他还反对工业化生产将人视为工具、使人蜕变成"碎片"。禁锢劳动者创造力的劳动过程显然难以让人获得乐趣，这样的劳动不仅无法表现出工匠劳动的自由与愉悦，而且把人变成了机器的奴隶。英国哲学家罗素曾说："站在人道的立场看，工业主义的早期是一个令人毛骨悚然的时期。"[4]有大量文献记载，19世纪中后期英国及欧洲很多知识分子本着人文主

1　[英]约翰·罗斯金. 建筑的七盏明灯[M]. 谷意译. 济南：山东画报出版社，2012：273.
2　[英]拉斯金. 拉斯金读书随笔[M]. 王青松，匡咏梅，于志新译. 上海：上海三联书店，1999：136.
3　[英]约翰·罗斯金. 建筑的七盏明灯[M]. 谷意译. 济南：山东画报出版社，2012：279.
4　[英]波特兰·罗素. 西方的智慧[M]. 瞿铁鹏译. 上海：上海人民出版社，1992：354.

义精神，从不同视角对工业大生产都表现了不满与厌恶，其中一个重要方面就是劳动者非人道的工作状态与恶劣的劳动环境。罗斯金则一方面试图通过复兴手工艺生产，改变丑陋的工业产品质量，另一方面则认为，工业生产既不是诚实的又不是让人愉悦的生产方式，建造者乐在其中的理想在工业化的劳动中根本不可能实现，同时工业化生产使劳动环境恶化，给英国工人阶级带来了物质和精神的双重贫困。他的这些观点，既是伦理批判又是一种社会批判，矛头针对的是早期工业资本主义所带来的社会问题，以及给人们生活方式带来的巨大影响。

四、重新唤起道德的力量

罗斯金认为，所有的高级艺术都拥有并且只有三个功能，即强化人类的宗教信仰；完善人类的精神状态，或者说道德水平；为人类提供物质服务。[1]显然，他心目中严格意义上作为艺术的建筑，突出体现了上述三方面的功能。其中，前两个功能突显的是建筑的精神功能。由于罗斯金所谓的建筑的宗教功能，主要是指建筑是有信仰、有道德的人们的产物，本质上是超脱于功利心之外，单纯向上帝奉献出珍贵之物的道德精神，而罗斯金倡导的建筑的真实美德与劳动伦理，又蕴含着一种以献身精神为核心的宗教伦理情怀，强调建造者在建筑艺术中应该投入全部的心智与精神，实现作为上帝造物的珍贵价值。因而可以说，罗斯金思想中建筑的宗教功能、精神功能与伦理功能本质上是同一的，它们都统一于他的一个思想立足点——"伟大"（Greatness），建筑艺术最本质、最高贵的价值也正体现于此。正如巴尔金所说：过滤掉罗斯金价值系统中那些修辞性的和武断的意见，或那些明显的矛盾之处，仔细理解他更基本和一以贯之的观点，罗斯金最显著的贡献是阐述了建筑与非建筑上的价值（non-architectural values）的相关性，正是建筑的这些非建筑上的、非实体性存在的无用特质，造就了建筑的伟大。[2]

---

1 ［英］约翰·罗斯金. 艺术与道德[M]. 张凤译. 北京：金城出版社，2012：33.
2 Cornelis. J. Baljon. *The structure of architectural theory : a study of some writings by Gottfried Semper, John Ruskin, and Christopher Alexander*. Leiden : C.J. Baljon, 1993. p260.

除此之外，罗斯金的建筑伦理思想中还蕴含着可贵的环境忧患意识、生态批评意识与生态伦理理念。在建筑的"力量明灯"和"美之明灯"中，他赞美自然界的崇高（Sublime）与优美，对自然表现出无限的热爱，他对建筑的伦理批评、伦理主张，与他反对伴随技术产生的自然环境的破坏、强调人与自然和谐共存的生态理念是高度融合的。

　　虽然罗斯金的建筑伦理思想有浓厚的宗教信仰情结，而且他以中世纪哥特式建筑为标杆，过于强调和赞美手工业时代建筑的伦理价值也有失偏颇。例如，当他认为没有任何价值能够超越真实，并将诚实作为建筑的首要美德及是非善恶的基本标准时，他有可能犯了一种英国学者杰弗里·斯科特（Geoffrey Scott）所说的"伦理性的谬误"，即"道德裁决，由于虚假地与行为类比，往往倾向于在美学目的被公正地考察之前就作出干预。"[1]实际上一些建筑作品中有意的"欺骗"主要基于美学的考虑（如巴洛克建筑中的假透视及漆出来的阴影），它们体现出一种特殊的审美价值。显然，在建筑艺术评论中，我们不能简单地进行道德性批评，断定一切将审美价值放在优先地位的设计手法都是不道德的。

　　罗斯金的建筑伦理思想虽然有其思想与时代的局限性，然而，不能忽视的是，他的建筑伦理思想对19世纪后期的艺术与工艺美术运动（Art and Crafts Movement）以及现代主义建筑运动产生了深远影响。正如德国学者汉诺-沃尔特·克鲁夫特（Hanna-Walter Kruft）所言："在建筑理论方面，尽管是不系统的，他以其语言上的诱惑力，以及他的一系列概念，诸如：健康社会的建筑、材料的真实性、结构的诚实性、装饰的有机性、工匠个人的手工工艺（相对于机械的产品而言），以及对于纪念性建筑的保护——不做任何的修复与重建——使其影响力一直穿透到了20世纪。"[2]而且，罗斯金的思想对当代世界与中国建筑的和谐健康发展也有深刻的启迪作用。从20世纪70年代中后期以来，西方建筑界出现了价值标准混乱、城

1　[英]杰弗里·斯科特. 人文主义建筑学——情趣史的研究[M]. 张钦楠译. 北京：中国建筑工业出版社，2012：67.

2　[德]汉诺-沃尔特·克鲁夫特. 建筑理论史——从维特鲁威到现在[M]. 王贵祥译. 北京：中国建筑工业出版社，2005：248.

市居住环境恶化、建筑职业伦理缺失等多重危机，促使人们重新思考建筑中的社会及伦理问题，罗斯金的建筑伦理思想重新焕发出新的思想价值。当今中国社会及建筑业的发展状况，呈现出与罗斯金那个时代相似的一些社会问题。科技飞速发展与物质生活日益丰裕的同时，生态环境遭到严重破坏，功利主义、拜金主义与技术乐观主义日益盛行，人文精神与道德理想却日渐失落。罗斯金思想所表现出的浓厚的道德说教色彩，他提出的那些建筑伦理准则，他将伦理作为建筑批判的武器，实际上是想重新唤起那些正在失去的珍贵价值，"对艺术进行道德批评比起罗斯金所给予的特殊表达要更为古老，更为深刻，并且可能更为令人信服。它不全是基督教的。……罗斯金的任务不过是重新唤起，而不是重新创造"。[1]

---

1 ［英］杰弗里·斯科特. 人文主义建筑学——情趣史的研究[M]. 张钦楠译. 北京：中国建筑工业出版社，2012：57.

10

环境伦理学视野中的生态建筑技术（外一篇）[*]

环境伦理视角关注的焦点是现实的经济利益制约机制和法律机制所难以规范或调整的生态利益。伦理的反思和分析，使人们正视生态建筑中某些『伪生态』的现象，提出尽可能使生态建筑技术服务于造福人类及生存环境的前瞻性建议、反思性教训和可行性举措。

* 本文最初发表于《自然辩证法研究》2004年第4期，本书收录时进行了修订，并新配插图。

德国学者马克斯·韦伯（Max Weber）曾经揭示，现代社会的基本弊端之一就是技术理性遮蔽价值理性，由此导致现代化过程中某种科学精神与人文精神、技术与道德分离的局限：自以为技术无所不能，认为依靠技术可以解决一切社会问题。从环境伦理学的视角出发，在有关生态建筑的种种研究与实践之中，同样存在着建筑技术与道德分离的误区，显露出乐观主义的技术决定论论调，这是值得警惕和反思的。

一、技术决定论与环境伦理

在有关技术的哲学思考中，流行一时的观点是技术决定论。技术决定论是指从文艺复兴以来盛行于科学界、哲学界乃至社会领域的一种以技术理性统辖一切的思想倾向。它认为，技术是一种自律的力量，即技术按自身的逻辑前进，"技术命令"支配着社会和文化的发展，技术是社会变迁的主要力量。技术决定论主要分为两种，一种是乐观主义的技术决定论，它认为，科学技术可以解决一切问题，因为科学技术具有无限发展的可能性；技术进步应该是人性进化的标准，而一切由科技进步所导致的负面影响将为新的科技进步所弥补，科技发展最终将促成伦理体系的新陈代谢。另一种是悲观主义的技术决定论，它认为，现代技术视野中的自然失去了诗意和神灵的庇护，成为随时供人进行无限制技术掠夺和剥削的"持存物"，同时人自身也遭到危险，成为物质化、功能化的对象。因而现代技术在本质上有一种非人道的价值取向，呼吁人们反思技术的本质，认清技术对人和事物的绝对控制，以寻找对现代技术的超越。悲观主义技术决定论描述和揭示了自然与人逐渐沦为技术意志所控制和支配的手段这一现实，实质上是对现代技术决定论的一种反叛。因而，在生态建筑研究中值得警惕的并非这种悲观主义的技术决定论。

环境伦理学认为，乐观主义的技术决定论流行造成的直接和间接的后果，其一是科学技术无节制的发展和应用造成的严重环境问题，是地球全面爆发生态危机的主要根源。如建筑活动是人类作用于自然生态环境最重要的生产活动之一，也是消耗自然资源最大的生产活动之一，加之现代建筑运动主要遵循着功利化的技术指导模式发展，导致人、建筑、自然之间的矛盾日益尖锐。据联合国统计，与建筑有关的能源消耗占全球能耗的50%，其中建筑采暖、降温和采光能耗占全球能耗的45%，建筑施工的能耗占5%。其二是陷入了单纯依靠这一"始作俑者"为手段来解决环境问题的怪圈，即技术决定论一方面给环境带来了毁灭性的灾难，另一方面人类却试图依靠技术之进步消解这种灾难。显然，在这种甲是导致乙的前提下，却用甲解决乙的循环逻辑，是颇令人质疑的。

20世纪70年代后人们对环境危机根源的反思，从经济、技术层面逐渐深入到了文化、价值层面，环境运动也呈现两种不同的发展方向。一种观点认为，环境危机是人类科技和社会发展过程中难以避免的现象，它恰恰表明人类科技发展不充分，只要我们不断发展科学技术，这类问题最终都能得到解决。因此，它主张在现有经济、社会、技术框架下通过具体的科技治理方案来解决环境问题。另一种观点则认为，若要从根本上解决环境问题，必须对人与自然的关系做出批判性的考察，并对人类生活的各个方面尤其是价值观念、生活态度等精神领域进行根本性的变革。

很明显，前一种解决环境危机的"药方"是典型的乐观主义技术决定论的方法，包含着关于人类理性进步的极端乐观信息，它把注意力集中在环境破坏的具体症状上而不是深层原因上，认为科技的灾难只能靠科技本身来解决，人类凭借科技进步即可摆脱环境危机的阴影。这种把治理环境的希望交付给科技的做法，如同把希望交付给英明的君主一样，不仅不能从根本上解决环境问题，到头来风险还得由全人类承担。后一种观点则包含着关于人类理性的局限性体认，认为在走出解决环境危机的根本出路上，人类应从"浅层"的经济和技术层面走向"深层"的制度和价值层面。这种观点的主要代表是深层生态学（deep ecology）的理念。深层生态学的概念由挪威哲学家阿伦·奈斯（Arne Naess）1972年首次提出，其宗旨是反思和批判现代工业社会在人与自然关系上的种种失误及其背后的深层根源。奈斯认为，浅层生态学"无疑是一种基于技术乐观主义和经济效率的'浅层'方案"，不仅不能从根本上解决环境问题，而且本身潜伏着危机。浅层生态运动之所以如此，关键在于它在人与自然关系的问题上提出的人类中心主义立场"[1]，这种方案试图在不触动人类社会政治经济结构、生产与消费模式、伦理价值观念的前提下，单纯依靠技术的方式解决环境问题。而深层生态学则把生态危机的根源归结为制度危机和文化危机，因而认为技术不可能从根本上解决问题，只有对价值观念和社会体制进行根本性变革，如确立人与自然和谐相处的价值观念、抑制不断扩张的物质贪欲、告别工业文明的发展模式，等等，才能全面解决环境问题。

二、建筑技术至上与生态建筑的特性

生态建筑（或曰绿色建筑、可持续发展建筑，其含义基本相同）是当今建筑界的热门课题。关于生态建筑的概念，建筑界较为一致的理解是：根据当地的自然生态环境，运用生态学、建筑技术科学的基本原理，采用现代科学手段，合理地安排并组织建筑与其他领域相关因素的关系，使其与环境成为一个有机结合体。[2]从上述定义不难发现，目前建筑界对生态建筑特性的理解、对生态建筑的研究与实践受到技术决定论的影响，大多重视技术这一维度，或者说研究主要集中在如何设计和创新各种技术手段以达到尽量减少对自然的伤害，取得节能降耗的环境效益的目的。由于现实中通过各种技术手段进行"可持续性"的研究与实践主要体现在建筑物理和材料技术方面，所以不少生态建筑简化为仅仅是使用了生态材料的建筑

1 雷毅. 深层生态学：一种激进的环境主义[J]. 自然辩证法研究, 1999, 2: 51.
2 陈喆. 当代生态建筑特性评析[J]. 新建筑, 2002, 4: 47.

而已。

以环境伦理学的整体视角来看，倘若对生态建筑特性的理解仅仅停留在技术层面上，那将是片面的，而且容易产生误导，从而违背生态建筑的根本宗旨。对生态建筑的理解应注入以环境伦理为核心的人文内涵，即便强调生态建筑中的技术因素，也至少要使伦理制约成为技术的内在维度之一。

首先，应当明确的是，生态建筑并不仅仅指某一流行的建筑类型，它本质上是一种基本的设计思路及价值取向，这种思路与价值取向可以引入任何一种类型的建筑中。

生态建筑的价值取向主要来自生态学和环境伦理学的基本理念。因此，生态建筑可以说是科学的技术观、整体的生态观和普遍的伦理观在建筑上的集中体现。

"生态学"（ecology）这个概念，最早由德国生物学家恩斯特·海克尔（Ernst Haeckel）于1866年使用，他说："我们可以把生态学理解为关于有机体与周围外部世界的关系的一般科学。"[1]20世纪60年代后，生态学逐渐发展成为"探讨自然、技术和社会之间关系的科学知识体系"。[2]生态学的基本理念是揭示了生态系统的整体性、平衡性和有机性，因而生态学本身就孕育着平等、均衡和互补的价值观意义，尤其是生态学在一定意义上揭示了自然界或生态系统的整体主义倾向。人类与整个自然界处于共生共存的相互依赖关系之中，不可能超脱自然之外，因而人类的生存与发展都取决于是否同自然环境保持一种和谐关系。

环境伦理学（environmental ethics）又叫生态伦理学（ecological ethics），是对人与自然环境之间道德关系的系统研究。虽然人类有关环境伦理的思想滥觞可追溯到18世纪，但环境伦理学是随着20世纪六七十年代环境问题的凸显而备受关注的一门学科。时至今日，关于环境问题的伦理讨论仍未停止，但人们已达成一些基本共识，可称之为环境问题上的普遍伦理。主要体现在以下

1　转引自：[德] 温弗里德·诺特. 生态符号学：理论、历史与方法[J]. 周劲松译. 鄱阳湖学刊，2014：3. 原文见：Ernst Haeckel. *Generelle Morphologie des Organismus*. Reprint, Berlin：de Gruyter, 1988, p286.

2　[德] 汉斯·萨克塞. 生态哲学[M]. 北京：东方出版社，1991：3.

几点：

第一，全球性的环境保护并不仅仅是科技问题，人类不能单凭技术手段去保护环境，环境伦理学要求人们从哲学高度重新反省人类与自然之间的关系，认识人类对自然环境的责任；第二，走出环境危机，需要人类在思维方式上由人类中心主义转向非人类中心主义，并在道德意识和观念上彻底转型，形成新的道德规范。这种新的道德规范的核心是：判断人类行为对与错的标准是看我们的行为是否有利于生态共同体的完整、稳定与美丽，凡是有利于生态共同体之完整、稳定与美丽的，便是对的，反之，是错的。[1]第三，现代人类所面临的环境危机与人类贪欲的过度膨胀相关，所以，抑制贪欲，在生活方式上摒弃消费主义，提倡物质生活的简朴，更多追求道德进步与精神充实，是人类解决环境问题的治本之道。如在住房消费上，从建房的基本材料混凝土的使用量看，发达国家平均每人消费量为451公斤，欧洲为477公斤；现在流行的某些别墅、庭院式的住房四面均装有大玻璃窗，室内有空调、电动窗帘、电动百叶窗以及各种照明用具，这远远超出了人们正常生活的需要，消耗了大量自然资源；从城市交通上看，私人拥有小汽车的数量增长得很快，有些城市已经造成破坏性的过度消费，在完全可以步行或者骑自行车的距离，有些人却偏偏开汽车，这不仅浪费能源，而且也增加了城市的交通负荷。很明显，如果不抑制消费欲望，提倡过简朴生活，生态建筑技术再发展、城市道路再扩展，也赶不上过度消费对自然环境的破坏速度。

第二，为了使建筑技术服务于造福人类及生存环境这一环境伦理原则，生态建筑对技术的强调必须从技术的设计和创新阶段开始，便将伦理因素作为一种直接的重要影响因子加以考虑。

一般说来，技术的核心理念是"设计"和"创新"。因此，在设计与创新一种新的建筑技术之时，应以谨慎的态度，采取技术选择的多标准权衡的综合评估方法，研究它对环境的影响以及与环境相协调的状况。这种方法要求确立多维度的衡量指标，通过对某项技

---

1 ［美］奥尔多·利奥波德. 沙乡年鉴[M]. 侯文蕙译. 长春：吉林人民出版社，1997：213.

术可能带来的各种正负面环境效应进行权衡，尽可能将其中的负面影响变为正面的，或将高代价的负面影响变为低代价的。考虑因素或衡量指标包括如下环境伦理意识：是否有利于生态系统的稳定与美丽；是否增进生态安全、减少环境污染；是否节约利用非再生性自然资源；是否使生产废弃物尽可能做到无害化排放与最小量化排放等。同时，这个问题也十分复杂，往往需要进行多次判断和多学科与多层面的广泛而深入的探讨，特别应该充分考虑建筑活动的长远后果，要将未来世代的利益与风险承担作为一个重要方面加以考虑。

然而，在现实的设计和创新活动中，人们所关注的主要是市场需求、经济策略和组织形式等产业和经济因素，而包括环境伦理在内的社会伦理价值和社会文化倾向或受到忽视，或仅被当作一种不甚重要的外部因素，或被当作一件漂亮的标签。因为，从经济学上讲，由于环境成本在市场价格体系中不能被市场这个"无形的手"通过合理的行为得到公正的分配，因而一般被认为是资源配置的无效或低效率状态。李大夏曾提出关于生态建筑的疑问："建筑师面对社会高能耗的需求而做出高能耗的设计，又推出最先进（先进一般也意味着高能耗）的'生态'系统来向大家示范，其最终的结果会是什么？能引导全球的业主和建筑界真正重视'生态''可持续发展'，还是更恶劣的隐性的，然而是实质上的'挥霍'资源？在我有限的理解能力中，看不到这些实例达成了对'可持续发展'的良知与这种纪念碑式行为之间的会合点。"[1]他的疑问揭示了当今建筑界某些所谓生态建筑不过是打着"生态"的旗号，实为背离生态价值和环境伦理的现象。

毕竟，远期的生态价值不能带来立竿见影的经济效益，所以现实中某些貌似生态性建筑的技术设计和创新并没有真正基于建筑师的生态良知，实质还是围绕社会需求和经济效益的指挥棒转。现实的问题是，我们既需要一个健康的自然环境作为我们生活的环境，也需要经济持续发展，以及每一具体的经济行为带来的最高效益。但正是因为我们两者都需要，因而当我们专注某一方面而忽视另一

---

1 李大夏. "可持续发展"的纪念碑？——关于生态建筑的疑问[J]. 新建筑，2003：1：6.

方面的时候，便可能会有某种灾难。实际上，虽然环境保护的呼声越来越高，但至少到目前为止，人们的注意力仍主要集中在经济效益上。建筑界或者从更广意义上说，在整个经济领域，甚至社会生活领域，人们对待环境保护问题的态度用一个较为形象的比喻来描绘，就是大多数吸烟者的态度：吸烟者明知吸烟有害于健康，他们还要吸烟，因为他们更看重眼前需要的满足。由此，当经济效益与环境保护没有冲突时，人们或许能够将环境伦理因素作为一种重要的考虑因子体现在建筑技术的设计与创新之中，但是，当经济效益与环境保护之间面临冲突时，人们往往喜欢打着后者的旗号选择前者，或者干脆直接牺牲后者选择前者。

三、生态建筑的适宜技术与环境伦理

在上文中，我多次提到人类不能单凭技术手段去解决日益严重的环境问题，但这并不是否定技术在环境保护中扮演的重要角色。正如深层生态学虽然不相信技术能够从根本上解决环境问题，但他们仍然认为，采用对人和环境有益的适宜（appropriate）技术道路和非支配科学是解决生态危机的一个重要方案。

21世纪是多种技术模式并存的时代，"地域性""民族性""国际性"建筑文化将互融共生，高技术、适宜技术与传统技术将各显其能。其中，适宜技术尤其在发展中国家起着重要作用。这里所谓适宜技术，主要体现在它强调技术选择上的经济性、本土性、技术水平的简单合适性等特征。适宜技术反对现代技术发展的两个趋势：西方现代技术文化的全球扩张和对技术的顶礼膜拜。从这个意义上说，适宜技术是批判性地利用现代技术，强调技术文化应具有的多样性、继承性和人道性。适宜技术类似于英籍德国经济学家舒马赫（E.F.Schumacher）提出的"中间技术"模式。具体讲，这种技术是较少资金投入的（比落后国家的简单技术多，比工业国家的先进技术少）技术；是适于发展人的创造性的，帮助人而不是替代人的技术；是与环境有良好相互作用的低消耗的技术；是适合地域或社区情况的，由本地人利用本地材料为本地人生产的技术。

生态建筑需要借助一定的技术手段才能达到其生态目标，而生态建筑所涵盖的技术手段应是多层次的，既有高技生态技术，又有适宜技术、低技术、传统技术等生态技术。现代的许多高技生态技术，其价格往往十分昂贵，如太阳能光伏电池系统，目前6600元/m²的模块电池，每年节约能量仅为330元/m²，回收期长达20年。一些高性能材料如透明热阻材料（TIM），价格为3200～4400元/m²，大面积使用会显著提高建筑造价。因此，在生态建筑的诸多技术路线中，"适宜技术"以其造价低廉、经济效益较好、注重本土文脉、就地取材、针对当地气候条件多采用被动式能源策略而得到发展中国家的广泛重视。有较多学者提出，基于中国当前的经济与科技发展水平不高、区域经济发展不平衡、自然资源相对紧缺等国情，适宜技术将在一定时期内成为中国建筑师进行创作时必须面对的现实。建筑师刘家琨曾指出："相对于高技，低技的理念面对现实，选择技术上的相对简易性，注重经济上的廉价可行，充分强调对古老的历史文明优势的发掘利用，扬长避短，力图通过令人信服的设计哲学和充足的智慧含量，以低造价和低技术手段营造高度的艺术品质。在经济条件、技术水准和建筑艺术之间寻找一个平衡点，由此探寻一条适于经济落后但文明深厚的国家或地区的建筑策略。"[1]刘家琨的建筑实践便很好地诠释了如何将适宜技术与建筑艺术有机结合，并试图将生态环保、地域文化、社区价值重建等理念融入建筑实践。汶川"5.12"大地震后，刘家琨提出用最便宜的价格、最常用的技术，建造最实用、未来可持续的"再生砖"和"再升屋"（图44）。2010年由《外滩画报》主办的首届"中国生态英雄"评选中，刘家琨入选十大生态英雄。总之，在发展中国家，生态建筑的设计理念尤其应当注重适宜技术与环境保护相结合，由此才能探寻一条适合本国或本地区经济水平的生态建筑技术策略。

在生态建筑领域将适宜技术与环境保护相结合，有一个较成熟的设计指南，这就是1993年由美国国家公园出版社出版的《可持续发展设计指导原则》中列出的"可持续的建筑设计细则"。1993年

---

1 刘家琨. 叙事话语与低技策略[J]. 建筑师，第78期.

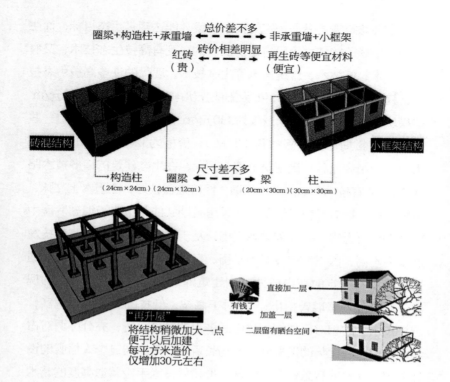

图44 刘家琨建筑设计事务所「再生砖」和「再升屋」生态建筑技术示意图

（图片来源：《城市环境设计》2009年第2期，第150～151页）

6月，国际建协在美国芝加哥举行的主题为"为了可持续未来的设计"的大会上采纳了这些设计原则。这一细则中同生态设计相关的内容主要是：（1）重视对设计地段的地方性、地域性理解，延续地方场所的文化脉络；（2）增强适用技术的公众意识，结合建筑功能要求，采用简单合适的技术；（3）树立建筑材料蕴能量和循环使用的意识，在最大范围内使用可再生的地方性建筑材料，避免使用高蕴能量、破坏环境、产生废物以及带有放射性的建筑材料，争取重新利用旧的建筑材料、构件；（4）针对当地的气候条件，采用被动式能源策略，尽量应用可再生能源；（5）完善建筑空间使用的灵活性，以便减小建筑体量，将建设所需的资源降至最少；（6）减少建造过程中对环境的损害，避免破坏环境、资源浪费以及建材浪费。[1]仔细分析以上"可持续的建筑设计细则"的有关内容，可以看出，

---

1 转引自：宋晔皓. 欧美生态建筑理论发展概述[J]. 世界建筑，1998，1：71.

其大力倡导的可持续建筑设计原则与适宜技术理念是不谋而合的。

此外，采用适宜技术的生态建筑策略在我国传统民居中有很好的体现。从环境伦理、建筑技术角度了解、认识传统民居的这一优秀特征和经验，将对生态建筑的研究有着重要的借鉴意义。传统民居所采用的生态策略，其主旨是一种所谓被动式生态技术，它注重利用朝向、风向、日照、材料、建筑布局、绿化、能源循环等手法达到与环境相协调，以及实现较高的能源使用效率的目的，这是一种简单而高效的技术方式。例如，北方民居（如陕西、东北、内蒙古）多设火炕、火墙，墙内设回环盘绕的烟道。炊烟的烟道首先流经火炕，然后通过空心火墙流至排烟口，把炊事余热作为采暖热源加以充分利用。而且，北方民居墙体一般很厚，且大量采用厚实的土坯墙。以内蒙古西部民居为例，房屋三面以土坯墙围护，南面则全部安装门窗，称为"满装修"。通常，其土坯墙呈一点收分，以保持结构稳定，下部厚度达2尺（650~700mm）。据测算，不计其粉刷层，热阻达到0.92。这一历时几百年而演绎成的民居形态，成为当地农民最适宜的民居。[1]

总之，传统的生态技术在21世纪的今天同样具有广泛的应用前景，为此我们应该利用现代建筑技术对传统技术的不适之处加以改进，从而赋予其新的生命力，而不能由于急欲表现经济发展成就而往往在城市与建筑设计上过分强调形式的炫耀，一味重视高技生态技术而忽略创新和发展生态建筑的适宜技术、传统技术。

综上所述，伦理因素的作用虽然是有限的，但却是重要的。生态伦理视角关注的焦点是，现实的经济利益制约机制和法律机制所难以规范或调整的生态利益，通过伦理的反思和分析，使人们正视生态建筑中某些"伪生态"的现象，以提出尽可能使生态建筑技术服务于造福人类及生存环境的前瞻性建议、反思性教训和可行性举措。

1　参见：李大夏. "可持续发展"的纪念碑？——关于生态建筑的疑问[J]. 新建筑，2003，1：8.

百姓安居呼唤建筑工程伦理*

建筑工程质量问题决不仅仅是经济、技术和管理方面的问题，它同时也是一个道德问题。在许多情况下，工程责任人，包括工程技术人员的职业道德素养和对公众安全的道德责任感，将能促进一种负责任的工程活动。

* 本文发表于《瞭望》周刊2014年第21期，新配插图。

2014年4月，浙江奉化一幢只有20年历史的居民楼轰然倒塌（图45）。"倒楼"事件，再次让中国建筑业存在的"建筑短命"与质量安全问题暴露无遗。建筑质量尤其是住宅质量是关乎百姓安居的大问题，容不得半点轻怠与疏漏。虽然建筑质量安全问题涉及勘察、设计、施工、监理、检测、装修、使用、维护等各个环节，但在建筑工程实施过程中，工程技术人员是否尽职尽责，是否有基本的职业伦理，是否用心将公众的安全、健康和福利放在首要位置，则是决定建筑工程质量优劣的核心要素之一。

　　作为一种职业伦理的建筑工程伦理，视责任原则为其核心与精髓。对工程师来说，由于其工作和技术的应用后果与公众的切身利益极为密切，因而他们的责任显得公开、直接而重大。建筑工程技

图45　2014年4月5日浙江奉化市一幢五层居民楼半边楼发生坍塌，该楼仅建成20年

术人员的职业伦理应当紧紧围绕责任意识来确立其层次性要求。例如，美国土木工程师协会提出的土木工程师的伦理准则，特别强调工程师对社会公众和环境的责任。其基本准则第一条指出："工程师应该把公众的安全、健康和福利放在首要位置，并在履行他们的职责时，努力遵守可持续发展原则。"

建筑工程技术人员应把公众的安全、健康和利益放在首位。明确了这一职业责任，便为其职业行为提供了一种基本的价值立场。然而，建筑工程伦理强调责任原则存在诸多困难，尤其是如何将它有效地运用于职业实践而不流于道德说教，并非易事。这其中最大的困难在于无法确定工程运行过程及其实践后果的具体责任主体。英国著名思想家哈耶克在解决现代社会责任感削弱的问题上曾说："欲使责任有效，责任必须是明确且有限度的。"因此，建筑工程技术人员职业伦理建设的重点就在于使职业责任明确化、具体化、层次化，须避免工程实践中质量责任界定和履行出现责任交叉和责任空白，建立完整的从业人员质量责任规范体系，使工程技术人员能够有效遵守法律、技术规范和职业伦理准则。

安全规范要求工程师尊重、维护或者至少不伤害公众的生命和健康，在进行工程项目论证、设计、施工、管理和维护中关心人本身，要充分考虑产品的安全可靠性、是否对公众无害，以及保证工程可以造福于人类。一般而言，建筑行业内进行安全管理的主要手段有四种，即法律手段、经济手段、科技手段和文化手段。工程伦理主要探讨如何运用文化手段促进安全规范的实现，它涉及企业层面和员工层面的价值观和责任感，是促进安全规范得以履行的内在动力。与工程法规不同，工程伦理的视角更关注工程活动对人的身体、精神与生活质量可能造成的影响与危害，因而安全规范还要求工程师具有一种以专业知识为基础的道德敏感性，尤其能够对工程活动中隐含的危及公共安全、给社会和公众带来生命与健康威胁的伦理问题提出警示。也就是说，工程师不仅要考虑技术上是否可行、经济上是否合理等问题，更要考虑施工场所是否安全、工程产品是否存在安全缺陷、是否会给用户和公众造成伤害等问题。某项工程技术在具体应用中到底会产生怎样的作用，以及它对公众会造成哪些现实和潜在的影响，应当说工程技术人员最为清楚。如果工程技术人员为了本系统、本单位或个人利益而草率设计，在施工中允许偷工减料或不规范施工，在监督、检验和验收中不按质量标准严格、公正地把关，那么他们就是在用公众的生命财产作赌注。

我国建筑业有一个响亮的口号，即"百年大计、质量第一"，它充分体现了建筑工程使用价值长久、质量重于泰山的特点。质量符合标准的建筑工程是工程安全的前提和保障。如果设计不合理、工程质量低劣，其结果必然是事故频出，给国家、社会和公众的生命和财产造成巨大损失，这方面的惨痛教训数不胜数。虽然建筑工程质量问题和工程腐败现象是由许多复杂的社会因素和人为因素造成的，甚至可以说对那些在相当大程度上受政府干预或业主控制的建筑工程，工程师的责任有时是非常有限的。但是，这些客观因素并不能证明工程师的道德水平、专业精神与工程质量问题关系不大。因为，在工程实践活动的每一个步骤，如立项、设计、施工、监理和验收等各个环节，工程技术人员对质量问题都有发言权，可以说没有工程技术人员的设计，工程就无法上马；没有工程技术人员的指挥和监督，工程就无法施工；没有工程技术人员的检验和监理，工程就无法通过竣工验收。近年来，我国发生的不少建筑质量问题和建筑物垮塌事件中，权力机构人员的腐败和开发商的利欲熏心固然是重要因素，但相关工程技术人员也难辞其咎。

建筑工程质量问题决不仅仅是经济、技术和管理方面的问题，它同时也是一个道德问题。在许多情况下，工程责任人包括工程技术人员的职业道德素养和对公众安全的道德责任感，将能促进一种负责任的工程活动。媒体曾报道过发生在武汉市鄱阳街53号景明大楼的一件事，说的是由英国一家建筑设计事务所于1917设计的6层景明大楼（图46），在漫漫岁月中安全度过了80多个春秋后，1999年初，它的设计者远隔万里给该楼业主寄来了一封信件，信中写道："景明大楼为本建筑设计事务所承建，设计年限为80年，现已超期服役，敬请业主注意。"这件事像一面镜子，给我国的建筑从业人员以深刻的启迪与教育。显然，英国那家建筑设计事务所高度的职业伦理和健全的安全保障制度特别值得国内同行学习。

图46 1921年建成的武汉景明大楼，现为武汉省级文物保护单位

11

建筑文化遗产保护的价值要素[*]

现代建筑遗产保护中的主要问题是价值问题。虽然每个时代对建筑文化遗产价值要素的强调各有侧重，但总的说来建筑文化遗产呈现出多重性、多元化的价值要素，主要分为两大类别，即文化价值与经济价值。建筑文化遗产的价值并非文化价值要素与经济价值要素的简单加和。在建筑遗产保护工作中，对各种价值要素既要共同考虑，又要区别对待。

* 本文最初以《论建筑文化遗产的价值要素》为题发表于《中国名城》2013年第7期，本书收录时进行了修订，并新配插图。

我暑期到川西某个传统民居与街区保存相对较好的乡镇调研，遭到一位当地人的诘问："这些破旧的老房子住起来既不方便，又没什么旅游开发价值，还保护它干什么？"其实，与此类似的诘问在我国建筑遗产保护工作中以不同程度、不同立场一次又一次被提及，它从一个侧面揭示了快速城镇化进程与传统建筑文化遗产保护之间的种种矛盾，以及与建筑遗产保护价值理念方面的冲突。因此，如果我们有理由更加重视与加强建筑文化遗产的保护工作，并扩展建筑遗产保护的范围至更广泛的建成环境，那么我们必须追问：这些理由也即建筑遗产保护的价值要素究竟是什么？它们为何重要？

一、建筑文化遗产的内涵及对其价值认识的变迁

　　按照1972年联合国教科文组织颁布的《世界文化与自然遗产公约》的界定，"文化遗产"是指从历史、艺术或科学角度看，具有突出的普遍价值的文物、建筑群和遗址。1989年联合国教科文组织中期规划则指出："文化遗产"可以被定义为全人类过去由各种文化传承下来的所有物质符号的集合——不管是艺术性或者是象征性的。[1]由此可见，联合国教科文组织对"文化遗产"的界定并没有涵盖非物质文化遗产，实际上与广义的建筑文化遗产内涵相近。

　　建筑文化遗产是指具有一定价值要素的有形的、不可移动的文化遗产，不仅包括历史建筑物和建筑群，也包括历史街区和历史文化风貌区等能够集中体现特定文化或历史事件的城市或乡村环境。英国城市规划学者纳撒尼尔·利奇菲尔德（Nathaniel Lichfield）

1　[芬兰]尤嘎·尤基莱托. 建筑保护史[M]. 郭旃译. 北京：中华书局，2011：1.

提出的文化建成遗产（Cultural Built Heritage）概念，则更为宽泛地界定了建筑文化遗产的内涵。他认为："CBH涵盖了一系列相互独立的对象，诸如考古学上的遗址、古老的纪念性建筑、单个的建筑物或建筑群、街道以及联系一个群体的方式、建筑物周围的场所、单独耸立的塔或雕像等等，甚至还能扩展至本身具有遗产价值的整个地区，或者说，它们本身没有遗产价值，但因靠近具有遗产价值的地方而使其成为有重要意义的区域。"[1]

对建筑文化遗产内涵的界定本身便突出了它所具有的价值属性。由于联合国教科文组织是站在全球高度理解文化遗产，因而极为强调遗产的"突出的普遍价值"（outstanding universal value）。而对于世界各国而言，在本国范围内，也只有那些具有一定价值要素的建筑遗产才值得保护，才具有保护的理由与合法性。

"一部人类文化遗产的保护史，其实也是对遗产价值的认识史"。[2]对于建筑文化遗产价值的认识，是长期以来人类建筑保护历史进程演变的结果，是各种价值观念不断变迁与相互较量的结果。

在神学性思维支配的古代社会以及中世纪，建筑遗产的价值主要与特定的宗教象征意义、崇拜和教谕功能、传递宗教记忆相关联，受到保护与修缮的建筑遗产往往是那些被视作神圣的遗物或神的居所之类的建筑遗产。而且，由于人们重视的是建筑遗产的精神膜拜价值而非完整的物质实体形态，因而建筑遗产即便成为废墟，仍"形散而神不散"，具有不可替代的价值。

在对建筑遗产价值的认识方面，作为揭开现代欧洲历史序幕的文艺复兴时期，标志着一种重要的转变。这一时期除了给予建筑遗产的艺术价值以前所未有的重视外，尤为重要的是，开始形成一种新的历史观，即视历史的演变为一个有始有终的过程，认为"现代"是过去各个时代进步累积的结果，于是人们重新开始欣赏古代的优秀遗产，这为遗产保护奠定了强有力的思想基础。16世纪至19世纪的欧洲，经历了启蒙时代与法国大革命的洗礼，由传统社会的神学

1　Nathaniel Lichfield. *Economics in Urban Conservation*. London: Cambridge University Press. 2009. pp.66-67.
2　刘敏，潘怡辉. 城市文化遗产的价值评估[J]. 城市问题，2011，8：23.

性思维发展到现代社会的理性思维，开始用多种价值观来衡量前人留下来的建筑遗产，并逐步确立了现代意义上的历史观与文化遗产的概念。在此背景下，许多相关的建筑遗产的价值观念都要受到理性逻辑的考察，不再纯粹基于一种美学上的价值，获取相关的详尽的历史事实变成了价值追寻的目标，历史性建筑的修复开始被视为一种科学活动。从此，"对建筑遗产文献价值、史料价值的推崇从19世纪末开始占据了建筑遗产保护的舞台，而且至今仍有着强大的影响力。这种观点的直接后果就是，人们认为只有那些具有历史证言性质的建筑遗产才是值得保护的，而且保护的首要任务就是保护历史证言的真实性，故此，最好的保护方式就是将建筑遗产'木乃伊化'、'标本化'"。[1]

强调遗产历史真实性、客观性和完整性的价值观，经过不断的细化与完善，1964年通过的作为建筑遗产保护公认的纲领性文件——《威尼斯宪章》得以贯彻，它强调传递原真性的全部信息为建筑遗产保护的基本职责。1979年，澳大利亚国际古迹遗址理事会在巴拉会议上通过的《保护具有文化意义地方的宪章》（简称《巴拉宪章》），则突出强调遗产的文化价值，引领世界建筑遗产保护的基本价值观转向对文化价值的高度重视。近几十年，建筑遗产保护工作呈现出良好的发展态势，随着遗产价值观念的变化，建筑遗产保护对象的范围不断扩展，对建筑遗产保护的价值观与哲学基础的讨论也颇为活跃。

二、多重价值呈现：建筑文化遗产的价值要素

国际建筑遗产保护界专家尤嘎·尤基莱托（Jukka Jokilehto）说："现代遗产保护中的主要问题是价值问题，价值的概念本身就经历了一系列的变化。"[2]虽然每个时代对建筑文化遗产价值要素、价值类型的强调各有侧重，但总的说来建筑文化遗产呈现出多重性、多元化的价值要素，尤其是当代国际遗产界对遗产价值认识已有了多

1　陆地. 建筑遗产保护史稿（5）. http: www.douban.com/note/164066049/.
2　[芬兰]尤嘎·尤基莱托. 建筑保护史[M]. 郭旃译. 北京: 中华书局，2011: 24-25.

方面扩展，是不争的事实。具体而言，建筑文化遗产的价值要素表现在以下几个方面。

1. 历史价值要素

遗产的本义是指已经过世的前人留给后人的东西，或者更宽泛地说是人类历史上遗留下来的物质财富与精神财富。从这一基本意义上看，以时间性要素为前提的历史价值是遗产固有的"存在价值"，时间属性对于建筑遗产价值的高低是至关重要的，是构成建筑文化遗产衍生价值的重要变量。"只有历经几个世纪沧桑之变，熏黑的横梁上留下了历史的印记之后，这个古迹才会令人肃然起敬"，[1]法国作家夏多布里昂（Francois-René de Chateaubriand）说的这句话不无道理。

建筑遗产的历史价值相比于其他非物质文化遗产而言，其独特性在于它可以通过实体形态直观地呈现和展示曾经流逝的岁月印记，以延续我们对历史的记忆，并有助于我们理解过去与当代生活之间的联系。没有物质性表征的记忆往往是抽象的，建筑遗产作为存储和见证历史的具象符号，借由时间向度的历史叙述，突显了建筑所具有的不可替代的集体记忆功能。对此，《威尼斯宪章》开篇即说："世世代代人民的历史古迹，饱含着过去岁月的信息留存至今，成为人们古老的历史活的见证。"[2]

在建筑遗产保护理论中，与历史价值紧密相关的一个价值要素，是所谓"年代价值"或"岁月价值"（age value）。明确提出"年代价值"概念的是19世纪末20世纪初奥地利著名艺术史家李格尔（Alois Riegl）。他在《对文物的现代崇拜：其特点与起源》（The Modern Cult of Monuments: Its Character and Its Origin）一文中，详细阐述了文物的多重价值要素。他首先将文物的价值要素划分为两大类型：即纪念性价值与现今的价值（present-day values）。其中，纪念性价值包括历史价值、年代价值和有意义的纪念价值。李格尔认为，研究纪念性价值，必须从年代价值着手，而"一件文物的年代外观立即就透露出了它的

---

1 ［芬兰］尤嘎·尤基莱托. 建筑保护史[M]. 郭旃译. 北京：中华书局，2011：175.
2 张松编. 城市文化遗产保护国际宪章与国内法规选编[G]. 上海：同济大学出版社，2007：42.

年代价值"，"年代价值要求对大众具有吸引力，它不完整，残缺不全，它的形状与色彩已分化，这些确立了年代价值和现代新的人造物的特性之间的对立"。[1] 关于文物的历史价值（historical value），李格尔认为，它"产生于某一领域中文物所代表的人类活动发展中的一个特殊阶段"，"一件文物原先的状态越是真实可信地保存下来，它的历史价值就越大：解体与衰败损害着它的历史价值"。[2] 由此可见，年代价值主要来自建筑遗产上的岁月痕迹，是时间流逝所衍生的一种价值，本质上是审美性的情感价值，"年代的痕迹，作为必然支配着所有人工制品之自由规律的证明，深深打动着我们"，[3] 不需要联系建筑遗产本身的历史重要性、真实性来衡量。但是，对历史价值的判断，则要求其能够真实可信地代表过去某个特定的历史事件、历史瞬间或历史阶段，尤其是强调其所体现的历史真实性。

2. 艺术价值要素

几乎在所有的建筑遗产保护的国际宪章、法规和相关文件中，除了遗产的历史价值，被反复强调的一个价值要素便是艺术价值。1890年意大利罗马成立了文物古迹艺术委员会，该协会将文物古迹定义为："任何建筑物，无论是公共财产或私有财产，无论始建于任何时代；或者任何遗址，只要它具有明显的重要艺术特征，或存储了重要的历史信息，就属于古迹范畴。"[4] 1931年《关于历史性纪念物修复的雅典宪章》第三条强调提升文物古迹的美学意义，《威尼斯宪章》第三条则指出："保护与修复古迹的目的旨在把它们既作为历史见证，又作为艺术品予以保护。"[5]

艺术价值如同历史价值一样，是遗产的核心价值，它对于判定建筑遗产价值的高低至关重要。无论从艺术起源的角度，还是是艺术

---

1 ［奥地利］阿洛伊斯·李格尔. 对文物的现代崇拜：其特点与起源[C]//陈平. 李格尔与艺术科学. 杭州：中国美术学院出版社，2002：328-329.
2 ［奥地利］阿洛伊斯·李格尔. 对文物的现代崇拜：其特点与起源[C]//陈平. 李格尔与艺术科学. 杭州：中国美术学院出版社，2002：333.
3 ［奥地利］阿洛伊斯·李格尔. 对文物的现代崇拜：其特点与起源[C]//陈平. 李格尔与艺术科学. 杭州：中国美术学院出版社，2002：328.
4 ［芬兰］尤嘎·尤基莱托. 建筑保护史[M]. 郭旃译. 北京：中华书局，2011：290.
5 张松. 城市文化遗产保护国际宪章与国内法规选编[G]. 上海：同济大学出版社，2007：35，42.

功能的角度，建筑确凿无疑地是一种艺术的类型，而且它在"艺术大家庭"中还扮演着不同凡响的角色。按照黑格尔的观点："所以我们在这里在各门艺术的体系之中首先挑选建筑来讨论，这就不仅因为建筑按照它的概念（本质）就理应首先讨论，而且也因为就存在或出现的次第来说，建筑也是一门最早的艺术。"[1]作为一种艺术的建筑，具有艺术价值，似乎是很自然的事情。实际上，建筑遗产保护中所指的艺术价值，主要是指遗产本身的品质特性是否呈现一种明显的、重要的艺术特征，即能够充分利用一定时期的艺术规律，较为典型地反映一定时期的建筑艺术风格，并且在艺术效果上具有一定的审美感染力。奥地利学者B·弗拉德列教授认为，建筑遗产的艺术价值包括三个方面：即艺术历史的价值（最初形态的概念、最初形态的复原等）、艺术质量的价值和艺术作品本身的价值（包括古迹自身建筑形态的直接作用与古迹相关的艺术作品的间接作用）。[2]

从宽泛的意义上说，与艺术价值要素相关联的一个概念，是所谓的美学价值或审美价值（aesthetic value）。作为一种造型艺术的建筑，往往会通过点、线、色、形等形式元素以及对称与均衡、比例与尺度、节奏与韵律等结构法则，使人产生美感，并使建筑达到或崇高、或壮美、或庄严、或宁静、或优雅的审美质量，这便是建筑所体现出的美学价值。

尤其要强调的是，理解建筑遗产的美学价值不能将建筑遗产从其现实环境中孤立出来，还应考虑其周围的环境与氛围，只有两者和谐时，才能共同呈现出更大的美学价值。艾伦·卡尔松（Allen Carlson）说："对每座建筑、每种城市风景或景观，我们都必须根据存在于建筑物内部以及该建筑物与其更大环境之间的功能适应关系欣赏，不能做到这一点，便会失去许多审美趣味与价值。"[3]实际上，建筑遗产的艺术价值在当代已经不再是单纯的艺术特征和审美问题。从广义上看，建筑艺术的功能和社会作用也在一定程度上属

---

1 [德] 黑格尔. 美学（第三卷上册）[M]. 朱光潜译. 北京：商务印书馆，1997：27.
2 [俄] 普鲁金. 建筑与历史环境[M]. 韩林飞译. 北京：社会科学文献出版社，2011：43.
3 [加] 艾伦·卡尔松. 从自然到人文——艾伦·卡尔松环境美学文选[M]. 薛富兴译. 桂林：广西师范大学出版社，2012：139.

于建筑艺术价值的范畴。

3. 科学价值要素

科学价值如同历史价值、艺术价值一样，是有关建筑遗产保护的宪章、准则和相关文件中普遍强调的重要价值要素。1931的《关于历史性纪念物修复的雅典宪章》不仅重视提升文物的美学意义，也强调了保护历史性纪念物的历史和科学价值。我国的建筑遗产保护工作也一向重视遗产的科学价值。2000年通过的《中国文物古迹保护准则》第三条明确指出："文物古迹的价值包括历史价值、艺术价值和科学价值。"

所谓科学价值，主要指建筑遗产中所蕴含的科学技术信息。不同时代的建筑遗产一定程度上代表并体现着当时那个时代的技术理念、建造方式、结构技术、建筑材料和施工工艺，进而反映当时的生产力水平，成为人们了解与认识建筑科学与技术史的物质见证，对科学研究具有重要的意义。例如，被誉为我国国宝建筑的山西晋祠圣母殿（图47），不仅具有很高的历史价值与艺术价值，更为重要的是，它的建筑构造方法是宋代建筑的典型范例，保存了宋代建筑技术中"柱升起""柱侧脚"和"减柱法"等建筑技法，增强了大殿的曲线美和稳固性，它为研究我国宋代建筑技术提供了宝贵的

图47　山西太原晋祠的圣母殿，前檐副阶柱身施蟠龙，柱有显著侧脚和升起

实物依据。

其实，从更广的视角看，建筑遗产所蕴含的科学技术信息，不过是建筑遗产所携带的历史信息的一部分，对遗产科学价值的理解必须联系其历史价值，因而科学价值实质上是历史价值的一种具体表现。

4. 文化教育价值要素

文化价值本身是一个极为综合的概念，我们以上所阐述的三种价值，即历史价值、艺术价值和科学价值都是文化价值的不同体现。1987年颁布的《〈世界文化遗产公约〉的实施守则》中，提出了文化遗产价值的四要点，即原真性、情感价值、文化价值与使用价值。其中"文化价值"包括文献的、历史的、考古的、古老和珍稀的、古人类学和文化人类学的、审美的、建筑艺术的、城市景观的、地景的和生态学的、科学的等九个方面。[1]

我这里所指的"文化教育价值"，区别于一般意义上的文化价值概念，主要指的是建筑遗产提供给人们在文化方面的自豪感、社会教化价值、文化象征与文化叙事等方面的价值要素，它在本质上是一种精神价值。建筑遗产从某种程度上说是一种"无言的教化者"，尤其是在营造独特的教育环境方面具有重要作用。相对于其他建筑类型，文化景观类建筑遗产所储存的文化信息量更为丰富，政治的、历史的、思想的、伦理的、美学的无所不包。而在形形色色的文化景观类建筑中，纪念性建筑遗产具有形式与内容的双重纪念性，并以其深刻的教育内涵和突出的教育功能而自成一体，它尤其为爱国主义教育提供了直观的物质环境。因此，《关于建筑遗产的欧洲宪章》中说"建筑遗产在教育方面扮演着重要的角色"并非言过其实。同时，建筑遗产还如同一本"立体的书"，是以空间为对象的特定文化活动，叙事在建筑艺术中发挥着独特的作用。通过象征手段和空间元素的媒介，建筑叙事把诸多文化形象与精神观念表现在人们面前，从而让建筑遗产能发挥"载道"和"言志"的文化教育价值。

1　陈志华. 文物建筑保护文集[M]. 南昌：江西教育出版社，2008：205.

5. 经济价值要素

以上所述的建筑遗产价值，即历史价值、艺术价值、科学价值和文化教育价值，若按照戴维·思罗斯比（David Throsby）等西方学者的观点，可统称为遗产的绝对价值或内在价值（intrinsic value），即它们独立于任何买卖交换关系，是建筑遗产本身所具有的自然的或可以重现的价值要素。[1]将遗产的文化价值要素看成一种内在价值，显示了文化价值自身固有的重要性，或者更简单说它自身就是价值，不需要与其他价值的联系或促进其他价值的生成而显示其重要性。

现代建筑遗产保护运动的发展，有一个非常重要的价值拓展，便是对建筑遗产的价值认识从内在价值走向内在价值与外在价值（或者绝对价值与相对价值）相结合的综合价值观，即将建筑遗产不仅仅视为一种珍贵的文物，同时还视为一种文化资源和文化资本（cultural capital），从而将建筑遗产的文化价值与经济价值（economic value）紧密联系在一起。

关于建筑遗产的经济价值要素，荷兰学者瑞基格洛克（E.C.M. Ruijgrok）将文化遗产的经济价值分为三个方面，即居住舒适价值（housing comfort value）、娱乐休闲价值（recreation value）和遗赠价值（bequest value）。[2]而埃及文化遗产保护专家、亚历山大图书馆馆长伊斯迈尔·萨瓦格丁（Ismail Serageldin）则进行了更为细致的界定。他将遗产总的经济价值划分为使用价值与非使用价值，而在使用价值与非使用价值之间还存在一个选择价值（option value）[3]。萨瓦格丁对文化遗产经济价值要素的理解颇为宽泛，不仅包括由遗产之使用而直接产生或间接产生的收益，如居住、商业、旅游、休闲、娱乐等直接收益和社区形象、环境质量、美学质量等间接效益，以及未来的直接或间接收益，还涵盖了存在价值、遗赠价值等非使用价值。其实，严格说来，萨瓦格丁所说的使用价值中

1 [澳]戴维·思罗斯比. 经济学与文化[M]. 王志标，张峥嵘译. 北京：中国人民大学出版社，2011：22，29.
2 Ruijgrok E C M . *The three economic values of cultural heritage: A case study in the Netherlands*. Journal of Cultural Heritage, 2006, 7（3）：206-213.
3 Georges S. Zouain. *Cultural Heritage and Economic Theory*. http://www.gaiaheritage.com/Admin%5CDownload%5CCH.pdf.

的间接价值和非使用价值实际上属于遗产的文化价值，而建筑遗产的经济价值主要应指其直接的使用价值。

建筑遗产的经济价值本质上是一种衍生性价值，换句话说，它本身并不是自身所固有的非依赖性价值，只有当遗产存在文化价值时，才能衍生其经济价值，例如旅游经济价值。

三、结语：价值要素的共同考虑与区别对待

建筑文化遗产具有多层次的综合价值，主要分为两大类别，即文化价值与经济价值。其中，文化价值具有丰富的含义，它包括历史价值、艺术价值、科学价值、文化教育价值。厘清建筑文化遗产的价值要素，具有重要意义。正如陈志华所说："为什么要保护文物建筑，就因为它们有多方面的价值，保护文物建筑，当然就是要保护这些方面的综合价值。文物建筑保护的其他一切原则，都是从这里派生而来。"[1]

需要强调的是，建筑文化遗产的价值并非文化价值要素与经济价值要素简单加和。在建筑遗产保护工作中，对各种价值要素要共同考虑，但又要区别对待。所谓共同考虑，即综合分析建筑遗产保护中的各种价值要素，既不把某些价值要素事先排除在外，也不认为存在强制性的理由来保护某些价值要素。所谓区别对待，指的是在多层次的价值要素中，应确定建筑遗产价值要素的优先序列，给予特定的价值要素以特别的权重。一般而言，遗产的内在价值优先于其外在价值，文化价值优先于经济价值。因此，当地方政府与遗产经营者追求遗产所带来的经济价值与遗产本身的文化价值相冲突时，经济价值就应让位于文化价值的保护与提升。因为，从根本上说，建筑遗产的文化价值不仅是内在价值，而且也具有手段性作用，经济价值本质上是文化价值的衍生物，文化价值的保存与提升不仅是建筑遗产保护的首要目的，也是保护的重要手段。

总之，通过分析与阐述建筑文化遗产所具有的多重价值及其

1　［俄］普鲁金. 建筑与历史环境[M]. 韩林飞译. 北京：社会科学文献出版社，2011：陈志华一版中译本序.

构成要素，有利于阐明其多维本质，更透彻理解建筑遗产保护的重要意义，正如戴维·思罗斯比所说："如果这种方法（厘清文化价值概念的方法，引者注）至少提供了对文化价值构成要素的更加清楚的认识，那么它就为实际运用文化价值概念带来了前进的希望，通过这种方法，其相对于经济价值的重要性可以得到更加有力的支撑。"[1]

1 [澳]戴维·思罗斯比. 经济学与文化[M]. 王志标，张峥嵘译. 北京：中国人民大学出版社，
   2011：33.

古城重建的是与非 *

破解城市发展中新与旧的难题，必须首先尊重古城的文化价值，把它当成一种不可再生的城市财富来珍惜。推倒旧城而重建的古城，是主题公园式的新城，与昔日古城毫无关系。

*　这篇小文为第十七届中国民族建筑研究会学术年会交流发言而作。

一段时间以来，我国多个城市已经、正在或准备耗巨资重建古城的新闻不绝于耳，由此引发了相关专家与媒体的诘问：古城重建不过是经济利益下的"保护"，"古城热"丢了文化魂。其实，与此类似的诘问在我国城市遗产保护工作中以不同程度、不同立场一次又一次被提及，它从一个侧面揭示了快速城市化进程与城市文化遗产保护之间的矛盾，以及在古城保护价值理念方面存在的冲突。因此，如果我们要破解城市发展中"保"与"拆"、新与旧的难题，致力于使城市的历史文化遗产与现代城市发展能够良好衔接，那么，我们必须追问：如何处理好古城重建中文化价值与经济价值的关系？古城重建是拯救传统的行动还是丧失文化之魂的场所化展示？

　　古城一般具有较丰富的建筑文化遗产，这些文化遗产不仅包括历史建筑物和建筑群，也包括历史街区和历史文化风貌区等能够集中体现特定文化或历史事件的城市环境。认清建筑文化遗产的价值要素，具有重要意义。建筑学者陈志华说过："为什么要保护文物建筑，就因为它们有多方面的价值，保护文物建筑，当然就是要保护这些方面的综合价值。文物建筑保护的其他一切原则，都是从这里派生而来。"[1]

　　建筑文化遗产所具有的多方面价值，可以区分为两大类别，即文化价值与经济价值。文化价值作为建筑遗产的内在价值，具有丰富的内涵，它包括历史价值、艺术价值、科学价值、教育价值等，其中以时间性要素为前提的历史价值是核心价值。建筑遗产的经济价值本质上是一种外在价值和衍生性价值，也就是说，只有当遗产存在文化价值时，才能更好地衍生其经济价值，例如旅游经济价

1　［俄］普鲁金：《建筑与历史环境》[M]，韩林飞译，北京：社会科学文献出版社，2011年，陈志华一版中译本序。

值。现代建筑遗产保护运动的发展，有一个非常重要的价值拓展，这种价值拓展便是对建筑遗产的价值认识从内在价值走向内在价值与外在价值相结合的综合价值观，即将建筑遗产不仅仅视为一种珍贵的文物，同时还视为一种文化资源和文化资本，从而将建筑遗产的文化价值与经济价值紧密联系在一起。

在古城的建筑遗产保护工作中，对文化价值与经济价值要素既要共同考虑，但又要区别对待。所谓共同考虑，即综合分析建筑遗产保护中的价值要素，既不把某些价值要素事先排除在外，也不认为存在强制性的理由来保护某些价值要素。所谓区别对待，指的是在多层次的价值要素中，应确定建筑遗产价值要素的优先序列，给予特定的价值要素以特别的权重。一般而言，遗产的内在价值优先于其外在价值，文化价值优先于经济价值。因此，当地方政府与文化遗产经营者追求遗产所带来的经济价值与遗产的文化价值相冲突时，经济价值就应让位于文化价值的保护与提升。因为从根本上说，文化价值的保存与提升不仅是建筑遗产保护的首要目的，也是保护的重要手段。因此，古城保护理念所要优先考虑的基本原则，便是在有效维护古城珍贵的文化价值的基础上，提升古城在文化上与经济上的增值效应。

重建古城本质上是一种形式复古，它旨在将传统的建筑空间转换成一种展示空间或可参观的空间，从"现代"穿越到"古代"，把"别处"转移到"此地"，这种做法是典型的用传统建筑文化装饰出来的"想象之城"。这种"想象之城"如果不是在"拆旧"基础上的"仿古"，而是为了突显当地文化的独特性，将古城景观作为本地文化身份的独特标识来展示，致力于为游客和居民营造一种可参观的传统建筑空间，本身无可厚非。这种以文化消费为中心的重建策略，着眼于吸引旅游消费，业已成为一种全球化的城市文化产业发展模式。而且，如果重建的古城能够做到尊古存真、与古为新，也是延续传统建筑文化生命与提升城市文化资本的一种有效途径。

然而，如果摒弃传统城市肌理，将古城原本的历史文化街区推倒重来，重新打造所谓古城，则不啻为"拆真古董造假古董"，虽然其营造的传统建筑场景短期内有可能带来较大的经济价值，但它所付出的文化代价将使其背离遗产保护的基本理念，带来的是街区包容性魅力与传统空间秩序的丧失，呈现出的只是一种没有日常生活与历史根基的布景化的乏味景观。

城市是时间的艺术。一个城市的文化品位和传统气质绝非一朝一夕之功，它是城市在历史变迁中慢慢积淀起来的，是建筑在矗立百年之后呈现的岁月之美，是凝聚着生活点滴、浸透着记忆的东西，不可能短期速成。"残山梦最真，旧境丢难掉"。城市的各种建筑与街道，倘若没有"朱雀桥边野草花，乌衣巷口夕阳斜。旧时王谢堂前燕，飞入寻常百姓家"这样沧海桑田般的故事与景象，是无法完整体现出一座城市深厚的历史文化意蕴的。同样，城市居民对自己城市的依恋感和归属感，往往源自能够唤起他们记忆的熟悉感——一条熟悉的街道，发生过许多故事的老房子和房子上斑驳的光影。没有物质性表征的记忆往往是抽象的，建筑遗产作为存储和见证历史的具象符号，突显了建筑所具有的不可替代的集体记忆功能。然而，在产业化开发中新建的古城，虽可营造表面的传统气氛或展示性的地域风格，但褪去了历史的光晕，甚至从根本上颠覆了建筑遗产的历史价值，其本身只是无生命力的复制品。

12

全球化语境下建筑地域性特征的再解读（外一篇）*

面对全球化的强劲走势，地域性建筑的理性发展必须体现时代精神，在积极汲取和融汇世界优秀建筑文化的过程中不断地强化地域文化的特点和个性，做到文化自觉与认同并存。

* 本文最初发表于《华中建筑》2017年第1期，本书收录时进行了修订，并新配插图。

一、全球化与地域性并非二元对立

全球化的思想似乎早已深入人心。不过，对于全球化这一非常复杂又颇具魅力的历史过程，探寻十分明晰和统一的定义是不可能的。有许多学者将"全球化"的概念简化为"经济全球化"或"全球经济一体化"，在此意义上的"全球化"概念简单说就是以全球市场体系为基础的世界经济的普遍联系和整合过程。也有学者指出，全球化不仅仅是经济的全球化，作为一种客观的整体运动过程，还有其全球政治、文化（意识形态）的一体化意义。更有较极端的观点干脆把全球化理解为西方化或美国式的西方化，因为全球化的坐标来自西方的主导范式。概言之，以上观点实际上都不同程度地把全球化理解为某种一体化、同质化的过程。

然而，研究文化学、人类学、伦理学、历史学等人文学科的学者们对全球化的理解却有着不同的观点和视角，他们在以理性的、反省的方式阐释着全球化已经或可能带来的负效应（如破坏文化多样性、弱势族群的边缘化）的同时，尤其强调和重视的是，伴随及回应全球化挑战而凸显的地域化、本土化和异质化复兴与重构的过程。英国文化研究学者斯图亚特·霍尔（Stuart Hall）把全球化定义为"地球上相对分离的诸地域在单一的想象上的'空间'中，相互进行交流的过程"，[1] 也即全球化是以不断进行的相互交流为基础的，交流使每一种地域文化转变成混合（hybrid）形态。霍尔还指出了全球化的两个发展趋势，其一是全球化会激发"被全球化"（to be globalized）对象的抗拒性、防御性反应，以免自我文化惨遭同

---

1 麻国庆. 全球化：文化的生产与文化认同[J]. 北京大学学报（哲学社会科学版），2000，4：152.

化或瓦解；其二是全球化会朝一种更开放的后现代方向发展，它拥抱差异，并与之共存。持文化相对论的美国人类学家马歇尔·萨林斯（Marshall Sahlins）认为，全球化背景下，我们正在目睹一种大规模的结构转型：形成各种文化的世界文化体系，一种多元文化的文化，因为从亚马逊河热带雨林到马来西亚诸岛的人们，在加强与外部世界的接触的同时，都在自觉地认真地展示着各自的文化特征，也即他们不断地强化自身的文化认同和地域性特征。[1]美国历史学家阿里夫·德里克（Arif Dirlik）则从历史文化的视角研究全球化与地域化的关系，他认为，地域性只有在全球化的历史之中才能获得普遍的意义，在这个意义上，"全球化既包括地域又把它边缘化"，地域可以"提供一个有利于发现全球化矛盾的批评角度"，所以地域对于全球化的抵制包括："它们涉及遍及世界的土著运动、生态运动及社会运动（主要是关于广泛的妇女问题的）——这些运动通过为对抗发展主义而重申精神、自然及地域的意义来表达基本的生存关注，还有致力于保护周遭环境的城市运动……。"[2]

以上几位人文学者的观点有力地说明，全球化是以经济全球化为主的社会、政治、精神文化等多元化的全球化，全球化并不意味着全球趋同，全球化与地域化也并非截然的二元对立。全球化虽然在一定层面上威胁和压制了文化的地域性和民族性，导致了全球文化的一体化、同质化趋向，但全球化的另一面或另一个方向却是地域文化、本土文化与全球的所谓主流文化的互动与抗争，并重新焕发了人们对地域文化复兴和重构的热情与信心。

建筑文化作为庞杂的人类文化要素之一，同样一方面面临着建筑的"国际化""同质化"或"单一性"问题，正如吴良镛先生在国际建筑师协会20届大会的主旨报告中所言："技术和生产方式的全球化带来了人与传统地域空间的分离，地域文化的特色渐趋衰微；标准化的商品生产致使建筑环境趋同，设计平庸，建筑文化的多样性

1 Marshall Sahlins. "*Goodbye to tristes tropes: ethnography in the context of modern world history*". Journal of Modern History 65, 1988. p1–25.
2 [美] 阿里夫·德里克. 后革命氛围[M]. 王宁, 等译. 北京: 中国社会科学出版社, 1999: 47–53.

遭到扼杀。"[1]的确,借助于科技进步和工业化生产的文化产业内含着抑制差异的标准化特性,加之在当前中国建筑界,本土建筑文化存在着历史断裂和临阵失语现象,放眼全国到处可见品位不高的西方建筑仿制品,至少在城市建筑的外观和立面上导致了"千城一面",地域特征正在逐渐弱化甚至消失,这已成为中国城市建筑的一个突出问题。另一方面,建筑文化(尤指发展中国家和地区的建筑文化)的发展还有另一种趋向,这就是《北京宪章》所指出的:"全球化和多元化是一体之两面,随着全球各文化——包括物质的层面与精神的层面——之间的同质性的增加,对差异的坚持可能也会相对地增加。"面对全球化的汹涌潮流,人们往往会产生强烈的精神寻根的需求,或者被称为"对个性(identity)的寻求"[2],虽然这多多少少带有一点文化生存挣扎的意味,但它却使人们深刻意识到了不断强化自身文化认同和建筑地域性特征的必要性和紧迫性。其实,对个性或独特性的追求,并不仅仅是个体的一个本质性特点,同时也是不同民族文化的一个本质性特点。充分表达自身的文化价值观念,要求自己的独特性得到尊重和认可,这不论对于个体还是不同地域或民族文化,都是一种最基本、最强烈的心理需求,而且是每一种文化传统的基本权利与合法要求,也是其能够进入多元文化对话与交流的主体性必要条件。

二、对建筑地域性特征的再解读

纵览建筑史书,地域性常常是一以贯之的一个突出特征,甚至可以说"一切建筑都是地域性建筑",或者说"一切建筑文化都是地域主义的",因为世界上没有抽象的建筑,只有与地域不可分离的具体的建筑。从人类早期的聚落选址及原始建筑形式的演变历程,可以发现地域性决定了不同建筑文化的发展倾向。"一方水土养一方人"。为适应某一地区的气候、地形、地貌、建筑材料等人居自然环

---

1 吴良镛. 世纪之交展望建筑学的未来[J]. 建筑学报, 1999, 8: 6.

2 [美]克里斯·亚伯. 建筑与个性——对文化和技术变化的回应[M]. 张磊, 等译. 北京: 中国建筑工业出版社, 2003: 182.

境的不同和社会环境因素、人文传统的不同，世界建筑文化呈现出的多姿多彩的地域性特征。而在当代建筑领域，地域主义思想也已深入人心，并成为一种得到广泛尊重的建筑创作准则。

关于建筑的地域性或者地域性建筑的内涵，在我国建筑界，大多从自然（环境）特征、技术经济特征和文化特征三个方面加以阐述。如邹德侬等学者认为，"我们倾向于设定地域建筑的含意为：以特定地方的特定自然因素为主，辅以特定人文因素为特色的建筑作品"，"地域性建筑有一些最基本的特征，大体列举如下：回应当地的地形、地貌和气候等自然条件；运用当地的地方性材料、能源和建造技术；吸收包括当地建筑形式在内的建筑文化成就；有其他地域没有的特异性并具明显的经济性"。[1]李百浩等学者认为，"建筑的地域性的首要内容是建筑场址的自然地理属性，它包括该地点或地区的自然条件，如气候、地形、地貌、资源等。强调地区环境的特殊性及客观性，是建筑地域性的显著标志，它使建筑因不同的环境而富有个性与特色"。"除自然地理因素外，地域特有的文化习俗，也是地域性不可缺少的组成部分。即使在最严苛的物质条件下，人们仍建造出形态各异的建筑来，这只能归于人们信奉的社会文化价值观念。因此，要使建筑设计真正做到因地制宜，除考虑地区的自然元素外，还须研究社会文化要素"。[2]

在全球化语境下，或者说在"全球思考，地方行动"的时代，有必要对建筑的地域性内涵进行重新认识与拓展。现在较为主流的观点就是要改变对地域性内涵的狭隘理解。一个民族、一个地域并没有某种恒定不变的本质特征，没有抽象而脱离特定历史的"地域性"或"本土性"，"地域和民族文化在今天比往常更必须最终成为'世界文化'的地方性折射"。[3]这就是说，强调建筑的地域性特征与对世界建筑文化的整体性、趋同性的某种认同与结合并不矛盾，拒绝敞开地域的文化边界，拒绝同世界文化的交流与融合，或者说在孤立、封闭的环境中强调地域性，有可能落入狭隘的民族主义和

1 邹德侬，刘丛红，赵建波. 中国地域性建筑的成就、局限和前瞻[J]. 建筑学报，2002，5：4.
2 李百浩，刘炜. 当代高技术建筑的地域性特征[J]. 华中建筑，2004，3：29-30.
3 ［美］肯尼斯·弗兰姆普敦：《现代建筑：一部批判的历史》[M]，张钦南 等译，北京：三联书店，2004：355.

国粹主义的陷阱，那么，这样的地域性建筑肯定无法成为立足于全球化之中的地域建筑。因为历史上曾经有过无数的事实证明，地域文化的生命力在于不同文化的相互借鉴，而不是相互隔绝、独立发展。美国的文化和政治批评家爱德华·萨义德（Edward W. Said）曾指出："每一种文化的发展和维护都需要一种与其相异质并且与其相竞争的另一个自我的存在。自我身份的建构——因为在我看来，身份，不管东方的还是西方的，法国的还是英国的，不仅显然是独特的集体经验之汇集，最终都是一种建构——牵涉到与自己相反的'他者'身份的建构，而且总是牵涉到对与'我们'不同的特质的不断阐释和再阐释。每一时代和社会都重新创造自己的'他者'。"[1]萨义德的观点说明，一种地域文化，尤其是非主流、非强势的地域文化必须积极地与全球化语境所形成的种种"他者"进行对话，这些对话正是一种地域文化自我定位和进行文化创新的重要参照。

在当代，诸种地域主义中的"批判的地域主义"（Critical Regionalism）之所以最有活力，并成为世界建筑设计领域中主流的建筑思想与实践，与其反对极端的地域主义，反对停留在怀乡恋旧的乡土符号和浅薄矫情的形式技巧上的浪漫的地域主义，注重地域文化与全球文化之间不断交流与沟通密切相关。沈克宁指出："批判的地域主义又是一种文化策略。其实践不可避免地要受到两种文化的影响：一种是本地区的当地文化，一种是大同化的世界文化。因此它是两种文化双向修正过程的产物。批判的地域主义首先必须将本地区特殊文化的总体特质'分解'，随后通过矛盾的综合获得对大同文化的一种批判。"[2]他还认为，美国城市规划学家刘易斯·芒福德（Lewis Mumford）的地域主义之所以被称为"批判的"，除了因为他对全球化、普遍化倾向的批判外，更重要的是他对那种绝对的、毫无通融地拒绝与反对大同和普遍的地域主义的决裂与批判。

因此，面对全球化的强劲走势，地域性建筑的理性发展必须体现时代精神，在积极汲取和融汇世界优秀建筑文化的过程中不断地强化地域文化的特点和个性，做到文化自觉与认同并存。文化自觉

1　[美]爱德华·萨义德. 东方学[M]. 王宇根译. 北京：三联书店，1999：426.
2　沈克宁. 批判的地域主义[J]. 建筑师，111：48.

应建立在对本民族文化的自信和对其他文化的欣赏和借鉴的态度上，而不是偏狭地排斥和拒绝其他文化。"今天，我们应当以开放的心态看待内容已经大大丰富了的全球化和地域性的关系，它们之间已不再是仇敌；应该全球化的建筑，就理直气壮地让它全球化；适合于地域性的，就毫不犹豫地归于地域性，'多元共存''和而不同'是当今世界的总体特征"。[1]

关于建筑的地域性内涵的重新认识，我思考的主要问题是，在全球化语境中，尤其是在西方文化中心主义的话语霸权之中；在一个经济技术上互相依赖越来越强的世界中，什么才是不断被边缘化的发展中国家（或第三世界）地域建筑的本质特征？

前面提到，在我国建筑界，大多从自然（环境）特征、技术经济特征和文化特征三个方面阐述地域建筑的特征。而在这三种特征中，我认为，文化特征——更准确说是涉及建筑文化深层结构的人文特征——最有可能成为地域建筑的本质特征。全球化时代的所谓"地域性"，虽然也常常会反映在建筑的技术特征与外在形式（如典型的乡土符号）上，但更多地并且首先地还应当表现在文化的价值取向上，表现在建筑的人文文化特征上。建筑地域性的人文文化特征，即建筑地域性的人文内涵，它包括传统、习俗、神话、语言、民族、宗教、信仰、价值观念、伦理道德、审美情趣、生活与行为方式等决定每个国家或地区民族文化身份和起源的东西。刘先觉等学者指出："历史的经验已经证明，建筑的科学技术永远是属于全人类的，它不受国界的阻挡，具有着全球化的性质。而建筑的精神文化则不可避免地要带上民族与地域的特征，否则各个国家的建筑将在国际式的沙漠中枯死。"[2]可见，精神或人文层面的地域文化特征是使不同民族、不同地域建筑文化打上自身烙印的东西，是使世界建筑文化呈现多元化、异质化、本土化的东西；而在全球化时代，建筑的技术特征则更多具有共享性、同质化趋势。概言之，作为全球体系之中的地域性，常常在文化上表现出双重的特点，即同质性与

---

1 邹德侬，刘丛红，赵建波. 中国地域性建筑的成就、局限和前瞻[J]. 建筑学报，2002，5：5-6.
2 刘先觉，葛明. 当代世界建筑文化之走向[J]. 华中建筑，1998，4：25.

异质性的二元特点，同质性特点更多表现在地域建筑的技术层面，异质性特点则主要受地域建筑的人文内涵所决定。因此，只有继承和创新这些异质性特点，才能使发展中国家的地域建筑文化不会在与主流或强势的建筑文化对抗与混合中消失。正如法国哲学家保罗·利科（Paul Ricoeur）所说："只有忠实于自己的起源，在艺术、文学、哲学和精神性方面有创造性的一种有生命力的文化，才能承受与其他文化的相遇，不仅能承受这种相遇，而且也能给这种相遇一种意义。"[1]

三、在正确继承传统中创新中国地域建筑文化

由于地域建筑在技术层面存在同质性的特点，因此如何继承并创新中国地域建筑文化的问题，不能仅仅通过建筑技术手段的改进、表达技巧的提高等建筑实践活动而得到解决，这其中不可避免牵涉到思维方式、价值观念等人文方面的因素，故而从一定意义上说只有站在哲学的高度思考现代建筑与传统地域文化的内在关联，才能在深层次上继承与创新传统，才能在"欧风美雨"的沐浴中创造华夏新风。

保罗·利科曾感叹："事实是：每一种文化都不可能支持和承受世界文明的冲击。这就是矛盾：如何在进行现代化的同时，保存自己的根基？如何在唤起沉睡的古老文化的同时，进入世界文明？"[2]不同的地域文化由于其自我更新与包容能力不同，对全球化的抵御和吸收程度是不同的。中国文化包括中国建筑文化受儒家"中和位育"精神的熏陶，具有较强的文化宽容和文化共享性。因此，中国的文化传统是一个活的生命体，一个发展的范畴，而不是死水一潭。传统文化的诸多方面都可以随时因势而变，但其原生文明中的基本精神却一以贯之。

因而，正确认识和继承中国地域建筑文化，不应是对前人的形式、风格和原型的简单模仿、拼贴与借用，这样就把"民族性""地

---

1 ［法］保罗·利科. 历史与真理[M]. 姜志辉译. 上海：上海译文出版社，2004，286.
2 ［法］保罗·利科. 历史与真理[M]. 姜志辉译. 上海：上海译文出版社，2004，280.

图48 北京西客站的复古式亭子，以「建筑戴帽」的方式简单化地拼贴传统建筑符号，颇受争议

域性"简单化、庸俗化了（图48），而应认知与体悟其内在的精神信仰、审美意境和对空间的特殊认知，应在哲学的视野中深刻把握地域建筑文化具有的超越性的内涵，也即抽去了具体的、特殊的历史内容与形式之后保持下来的某种精神特质，而这些精神特质有可能恰是现代建筑最缺乏的因素。对此，许多建筑大师早有精辟见解。

例如，印度著名建筑师查尔斯·柯里亚（Charles Correa）认为，对传统建筑的继承，实质在于找到创造出各种建筑形式的神圣信仰，"否则，在寻根的过程中，我们很可能会陷入一种浅薄的形式转换的危险之中"。[1]柯里亚的许多建筑作品就以古老而独特的印度文明作为创作背景，他基于自己对印度传统文化的深刻领悟，将宗教文化及其特殊的精神感染力融合到建筑设计的理念中，作为对历史文脉继承的一种方式。柯里亚还指出，法国建筑大师柯布西耶（Le Corbusier）是一个有地中海血统的人，他的每一个作品都充满了地中海风情，是我们这个世纪出类拔萃的地域性建筑。然而，他的建筑中却没有一座运用红瓦坡顶这样典型的地中海风格建筑符号，"相反，他采纳了充满神话色彩的建筑形象和地中海地区的价值观，并以20世纪的混凝土和玻璃技术将它们创造地表达出来。这是

---

1 汪芳. 查尔斯·柯里亚[M]. 北京：中国建筑工业出版社，2003：324.

图片来源：https://creativemindsnic.wordpress.com/tag/charles-correa/）

图49　查尔斯·柯里亚设计的贾瓦哈·卡拉·肯德拉博物馆

一种真正的转化，这也正是建筑应该表达的"。[1]例如，柯里亚设计的贾瓦哈·卡拉·肯德拉博物馆（Jawahar Kala Kendra）以印度文化的曼陀罗形制为创作原理，蕴含着印度传统文化的深层结构，建筑形式体现了对神话信仰的深刻理解（图49）。由此可见，有生命力的建筑地域性特征，既非表现在建筑的技术层面，也非表现在对某一地域建筑的形式元素的借用，而是体现在它们触及了作为建筑文化深层结构的人文特征，如某种精神特质、神圣信仰与思维方式。

中国古代建筑史上缺乏如《建筑十书》之类的建筑理论著作与文献，传统地域建筑的丰富内涵与精神特质并未获得明确而深入的阐述，只是"隐性"地渗透在大量的历史建筑、地域建筑经典之中，这就使得继承和发展传统的前提——解读传统、理解传统变得相对困难。而如果建筑师不能真正理解传统，只是简单模仿传统建筑"显性"的文化特征，却不能很好地将其"隐性"的观念与精神创造性地表达出来，就一定不是真正意义上的继承与创新传统，甚至还有可能变成在所谓发扬传统的口号下破坏传统。例如，有些地方在产业化开发中建设的若干低劣粗糙的仿古建筑，虽可在有限的范围内

1　汪芳. 查尔斯·柯里亚[M]. 北京：中国建筑工业出版社，2003：324.

营造一定的传统气氛或地域风格，但其本身只是无生命力的抄袭与复制品，实际游离于当代地域建筑文化之外。

因此，中国建筑师在如何正确继承并创新传统的问题上面临两大课题：第一，如何发掘、提炼并完整叙述传统（地域）建筑文化中那些具有现代价值的"看不见的东西"，或者说准确捕捉、理解中国传统（地域）建筑的人文特质和创造核心；第二，在此基础上如何将那些"看不见的东西"用抽象的方法加以表达，或者说应当用怎样的方法将传统（地域）建筑的精华创造性地转化为足以支持与指导中国当代建筑实践的文化资源。如果这些问题解决不好，中国建筑界谈继承与创新地域建筑文化就可能成为一句空话，中国建筑文化与西方建筑文化的相遇与交流就不可能发生在真正对话的层次上。

面对全球化的影响，我们可以肯定地说，体现时代潮流的主流建筑文化不应为西方所垄断，有着数千年历史的中国建筑文化是一种根植于本土地域的独特文化资源，它是和世界其他建筑文化优势互补，并张扬世界文化多样性的不可或缺的一环，在21世纪将以其特有的人文内涵和文化魅力在世界建筑文化的多元格局中扮演重要的角色。

中国建筑文化：扎根于本土 传统中面向未来[*]

我们更希望，通过一代中国建筑师的努力，体现时代潮流的主流建筑文化不为西方所垄断，有着数千年历史的中国建筑文化能够以其特有的文化魅力，在世界建筑文化的多元格局中扮演越来越重要的角色。

* 本文以《扎根本土 面向未来》为题发表于《瞭望》周刊2012年第14期，新配插图并修订。

2012年2月28日，49岁的中国建筑师王澍荣获"建筑学界诺贝尔奖"——2012年普利兹克建筑奖，之前没有中国本土建筑师获得如此殊荣。普利兹克建筑奖的评委辞，道出了王澍成功的真谛："讨论过去与现在之间的适当关系是一个当今关键的问题，因为中国当今的城市化进程正在引发一场关于建筑应当基于传统还是只应面向未来的讨论。正如所有伟大的建筑一样，王澍的作品能够超越争论，并演化成扎根于其历史背景、永不过时甚至具世界性的建筑。"在全球化背景下，做到扎根本土传统并面向未来，这便是王澍建筑作品最可贵的人文特质。

　　近几十年来，面对规模巨大的城市化浪潮和全球化冲击，中国建筑文化在融入世界潮流的同时，建筑界出现洋风盛行、洋设计大举进军、本土建筑文化历史断裂、地域特征逐渐弱化、甚至回避"传统与现代"的问题而进入一种无根漂浮状态。这些现象是颇令人忧虑的。显然，抛弃中国几千年来形成的优秀传统建筑文化，对西方建筑师那些主义、流派、风格采取不加区分和消化的"拿来主义"态度，或任意对其外在形式进行简单模仿和抄袭，是断然没有出路的。因而，如何以我们自己的眼光看世界，处理好国际化和本土化的矛盾，使民族传统与现代建筑有机结合？如何正确继承与创新传统，在"欧风美雨"的沐浴中创造华夏新风，便成了中国建筑界必须面对的重要使命。

　　一个自信的、不忘本的民族，应该尽可能维护自己的历史文化。而中国传统的建筑文化，是一种根植于本土地域的独特文化资源，作为本民族历史文化的集中表达，它是和世界其他建筑文化优势互补，并张扬世界文化多样性的不可或缺的一环，应该尽可能继承、发展与弘扬。

正确继承传统建筑文化，不能只注重它的物质性表象，也不是对前人的形式、风格和原型的简单模仿、拼贴与借用，这样就把"民族性""地域性"简单化、庸俗化了，而应认知与体悟其内在的精神信仰、审美意境和对空间的特殊认知，应在哲学的视野中深刻把握传统建筑文化具有的超越性的内涵，也即抽去了具体的、特殊的历史内容与形式之后保持下来的某种精神特质，而这些精神特质有可能恰恰是现代建筑最缺乏的因素。

　　对传统建筑的继承，实质在于找到创造出各种建筑形式的精神因素，否则，在寻根的过程中，很可能会陷入一种浅薄的形式转换的危险之中。印度建筑师柯里亚的许多建筑作品就以古老而独特的印度文明作为创作背景，将传统宗教文化及其特殊的精神感染力融合到建筑设计之中，作为对历史文脉继承的一种方式。

　　王澍的建筑作品同样如此。在他最具代表性的宁波博物馆（图50）和中国美术学院象山校区设计中，他并没有直接使用历史的形式元素，而是通过发展民间丰厚的"土木/营造"传统，独具匠心地表达传统建筑文化最具现代价值的精神智慧与难以言说的诗意，即传统建筑和空间营造极为重视人与自然融合的整体思维模式，以及师法自然的审美情趣，使新的建筑在人工与天然的有机结合中"重返自然之道"，并与可持续发展的理念保持高度一致。

图50　王澍主持设计宁波博物馆
（图片来源：http://mychinne.net/）

由此可见，对传统建筑文化的正确继承，并非表现在对某一地域建筑形式元素的生硬套用，而是体现在它们融通了作为建筑文化深层结构的人文特征，再现的是传统意境而不是传统表象。假如建筑师不能真正理解传统，只是简单模仿传统建筑显性的文化特征，不能很好地将其隐性的观念与精神创造性地表达出来，就一定不是真正意义上的继承与创新传统，甚至还有可能变成在所谓弘扬传统的口号下破坏传统。例如，有些地方在旅游开发中建设的若干低劣粗糙的商业化仿古建筑，胡拼乱贴传统建筑的表面样式，虽可在有限的范围内营造表层化的地域风格，但其本身只是无生命力的赝品，而传统建筑的精髓却往往被遗忘了。对此，王澍说得好，对传统建筑文化，不继承自然是一种摧毁，但以继承之名无学养地恣意兴造，破坏尤甚。

　　中国建筑师在如何继承并创新传统的问题上，一直面临三大难题：第一，如何识悟、提炼并准确叙述传统建筑文化中那些具有现代价值的"看不见的东西"，或者说准确捕捉、理解中国传统建筑的人文特质和创造核心；第二，在此基础上如何将那些"看不见的东西"用智慧的方法加以表达，或者说应当用怎样的方法将传统建筑的精华，创造性地转化为足以支持中国当代建筑实践的文化资源，并满足现代生活的需求；第三，如何使优秀的传统建筑不仅仅是停留在博物馆或特定展示场所，而是使之能够在大规模的现代建筑中得以传承，与当代建筑发生积极的关系，在现代社会生活中获得广泛应用，从而让历史文化在建筑中有安稳的滋养之地。

　　对于如何解决上述三大难题，创造性传承传统建筑文化，王澍进行了卓有成效的探索。而我们更希望，通过一代中国建筑师的努力，体现时代潮流的主流建筑文化不为西方所垄断，有着数千年历史的中国建筑文化能够以其特有的文化魅力，在世界建筑文化的多元格局中扮演越来越重要的角色。

下篇

追寻城市伦理

13

城市规划的普遍伦理*

城市规划所涉及和面临的大量社会性、伦理性，甚至政治性问题，其实质是基于一定价值取向得到利益调整与平衡，以解决空间和土地资源方面彼此存在的矛盾。城市规划的社会公平性，集中体现在遵循以维护公共利益为重、以保护弱势群体利益为先的伦理价值取向上，这可称之为规划问题上的普遍伦理。

* 本文最初以《试论城市规划应遵循的普遍伦理》为题发表于《城市规划》2005年第5期，本书收录时进行了修订。

城市规划所涉及和面临的诸多问题中不仅有大量的技术性、科学性问题，还有大量的社会性、伦理性、甚至政治性问题。正如吴良镛所言："城市规划的复杂性在于它面向多种多样的社会生活，诸多不确定性因素需要经过一定时间的实践才会暴露出来；各不相同的社会利益团体，常常使得看似简单的问题解决起来异常复杂。"[1]的确，城市规划的基本任务是为合理分配及重新配置城市空间和土地提出方案，而城市空间及其附着的土地，对于大多数人来讲，是最大的利益之所在。城市规划编制和实施过程，受到现实利益格局的深刻影响，所以城市规划的实质问题其实是基于一定价值取向的利益调整与平衡，以解决空间和土地资源方面彼此存在的矛盾。例如，如何正确处理公共利益（社会整体利益）与私人利益（包括局部利益）、强势群体利益与弱势群体利益、城市发展与城市保护（主要包括环境保护、历史文物建筑保护）等诸多关系之间的问题。这既是确保规划公正的关键问题，又是伦理学讨论的一些重要议题。限于篇幅，本文主要阐述应当基于何种伦理价值取向调整城市规划所面临的公共利益与私人利益、强势群体利益与弱势群体利益的关系问题。

一、"城市为谁而建"：以公共利益为重

公共利益是一个与私人利益相对应的概念，它们构成一个社会最基本的两种利益形式。由于在现实中，对公共利益的界定并不十分明确和具体，公共利益往往被当成一种价值取向或当成一个抽象

---

1 吴良镛. 人居环境科学导论[M]. 北京：中国建筑工业出版社，2001：100.

的、虚幻的概念，甚至是一个易生歧义和弊端的概念。在理论界，"公共利益"是被广泛运用于政治学、伦理学、经济学、法学等领域的复杂概念。虽然何谓公共利益不同的理论有不同的看法，但对公共利益的基本特征、判断公共利益的标准以及公共利益与私人利益的关系问题等方面却有一些基本共识。

首先，公共利益是一定范围内特定多数人的共同利益，它所代表的社会主体是一个社会绝大多数成员的共同利益，既不是个人利益的简单叠加，也不是特定的、部分人的利益，因而公共利益的受益主体具有普遍性和不特定性的显著特点。从伦理学上看，公共利益其实是集体主义原则所理解的集体利益的真实内涵，它相当于整体利益或社会利益的概念，是代表最大多数人根本利益的联合体，能够被社会中绝大多数成员同时分享、共同分享。第二，公共利益不是虚幻的、抽象的，公共物品和公共服务是公共利益主要的、现实的物质表现形式。按照世界银行的界定，"公共物品是指非竞争性和非排他性的货物。非竞争性是指一个使用者对该物品的消费并不减少它对其他使用者的供应。非排他性是使用者不能被排斥在对该物品的消费之外"。[1]由此判断，城市规划所涉及的基础设施和公共空间便是基础性的公共物品，它的基本特征是不与经济利益挂钩，城市市民能够公平、合理、非排他性地享用。第三，相对于私人利益而言，公共利益具有逻辑上和事实上的优先性，它是一个社会中最重要的利益。因为一般说来公共利益具有全局性、长远性，关注的是一个社会整体的稳定和发展，它为私人利益的满足和实现提供了前提、基础和保证。第四，尽管公共利益与私人利益有时相互排斥与冲突，但两者本质上具有一致性。实际上，没有私人利益就没有公共利益，没有公共利益就没有私人利益。每一个人的利益都存在于社会之中，脱离社会谈论任何一个特定个人的利益是没有意义的。

公共利益的公共性、普遍性和共享性，决定了维护公共利益的优先性和重要性，由此也决定了城市规划应遵循的基本价值取向是以维护公共利益为先、以维护公共利益为重。具体到"城市为谁而

1　世界银行. 变革世界中的政府——1997年世界发展报告[M]. 北京：中国财政经济出版社，1997：26.

建"，实际上就是确定城市规划主要服务的社会主体是谁的问题，那就是城市不是为权力阶层而建、不是为少数利益集团（如资本拥有者）而建，而应是为全体市民而建，尤其是为占城市绝大多数的普通市民而建，因为他们的利益便是公共利益的集中体现。

从理论上看，在城市规划中以公共利益为重的价值取向很容易成为共识，或可称之为是规划问题上的普遍伦理。然而，相对于私人利益来说，其实公共利益更容易受到侵害，实现起来也更加困难。亚里士多德很早就指出了这一点。他说："凡是属于多数人的公共事物常常是最少受人照顾的事物，人们关怀着自己的所有，而忽视公共的事物；对于公共的一切，他至多只留心到其中对他个人多少有些相关的事物。"[1]的确，在现实的城市规划编制和实施过程中，由于市场理性的过度膨胀，"政府失灵"现象的存在，以及规划制度方面的结构性缺陷如公众参与机制的不健全，致使公共利益往往容易被忽视和伤害。具体表现在以下几个方面。

第一，城市空间和土地本身是巨大的财富，在市场经济条件下作为一种特殊商品，成为不同利益集团争夺的目标。作为城市开发资本拥有者的开发商、投资商抱守的是"经济人"信条，其追求的基本目标和行为方式是城市空间及土地的经济价值最大化。然而，从另一个角度来看，包括土地在内的城市空间并不仅仅只具有经济价值方面的意义，城市是城市的构成者——广大普通市民共同生活的空间，他们所要表达的利益诉求是如何通过良好的规划，使城市这个共同的生活空间更加有利于市民普遍的生存和发展，更加符合人性、具有公共性。这可以说是一种有别于经济利益诉求的"生活环境利益"诉求。显然这两种不同的利益诉求在相当程度上是彼此矛盾的。例如，目前房地产开发商擅改小区规划，增加容积率，占用公共绿地等公共空间的现象在全国具有普遍性，因为从某种程度上说修改规划就意味着暴利，但由此却严重损害了广大业主的切身利益。

另外，作为基础性公共物品的城市福利性公共设施（也包括某

1　[古希腊] 亚里士多德. 政治学[M]. 吴寿彭译. 北京：商务印书馆，2008：48-49.

些外部公共空间），是公共利益的重要物质载体，但从经济学上讲，由于福利性公共物品的成本在市场价格体系中不能被市场这个"无形的手"通过合理的行为得到公正的分配，因而一般被认为是资源配置的无效或低效率状态。通俗地说，就是为普通市民服务的城市福利性公共设施从经济效益上看对开发商来说无利可图，因而开发商一般不会主动投资建设，如果政府力量不能够有效引导与介入，就可能引起城市公共设施和公共空间的匮乏或质量不高，引起公共设施配置结果的不公平，如城市弱势群体较为集中居住的区域不能获得应有的、充足的公共设施。

第二，城市规划是政府公共政策的一部分，政府在城市规划的制订和实施中起着相当重要的作用。在规划行为中，政府与开发商最大的不同是政府的行为目标是实现公共利益，但这并不能完全避免现实中出现"政府失灵"的状况而损害到公共利益。美国经济学家詹姆斯·M·布坎南（James M. Buchanan）和戈登·塔洛克（Gordon Tullock）曾经说过："经济学的探究方法假定，无论在市场活动中还是在政治活动中，人都是追求效用最大化的人。"[1]他们的观点说明，从某种程度上说，政府的行政行为不可避免会带有"经济人"的某些特征，政府机构和官员谋求内部私利而非公共利益的所谓"内在效应"（internalities）现象不可能被完全杜绝，因而出现"政府失灵"的状况而损害到公共利益的情况并非个别。城市规划中的"政府失灵"主要表现为政府的无效干预（包括干预行为的效率太低）和过度干预。无效干预主要指政府调控的范围和力度不足，不能够弥补和纠正"市场失灵"，比如对城市基础设施和公共物品投资不足；而过度干预主要表现为政府干预的方向不对路或形式选择失当，比如大型豪华城市广场、景观大道、星级酒店等形象工程超前过度，或过多地运用行政手段干预规划的编制，等等。城市规划界早就有这样的说法，"城市规划纸上画画、墙上挂挂，不如领导一句话"，其结果是造成一些制订得不错、有利于老百姓利益的规划因不符合领导的意志而成为废纸一张。更有甚者，某些领导为了

1　[美]詹姆斯·M.布坎南，塔洛克. 同意的计算——立宪民主的逻辑基础[M]. 北京：中国社会科学出版社，2000：20.

谋取私利，好大喜功，盲目干预开发过程以及城市布局，修建一些不能给老百姓带来实实在在利益的"政绩工程"，使得"长官意志"高于"公众意志"，"形象工程"先于"民心工程"，结果背离了维护和实现公共利益的价值目标。

第三，作为城市规划方案的直接制订者，规划师在维护公共利益方面也扮演着重要而特殊的角色。规划师所需具备的素质，除了专业知识和技能外，还必须树立正确的关于规划工作及规划道德的价值观念，其核心理念就是规划师应最终以公共利益而不是以客户的利益为重。从西方国家近50年规划思想的变化可以看出，由于自20世纪60年代中期开始，公众参与成为城市规划的法定程序或行政制度，规划师的角色就不仅仅只是开发商和政府官员的"代言人"，还应成为公众即公共利益的"代言人"。然而，正如杨帆所言："城市规划设计人员受市场冲击，放弃了一些设计原则和设计规范的要求，为甲方提供钻法律空子的技术支持，严重影响了城市规划维护城市根本利益、市民利益的公正角度。"[1]其实，规划师不仅仅受到市场经济的冲击，隐藏在规划背后干预或迫使规划师让步的"无形"力量是多方面、多层次的，这些都可能损害规划师全心全意为公众服务的职业道德。

虽然市场经济已被实践证明是一种有效率、且较为公平合理的经济模式，但它如同一把双刃剑，同时也内含着一定的社会风险和道德风险。市场经济条件下城市规划与开发的一个显著变化就是城市空间商品化趋势愈演愈烈，甚至在市场中占优势的利益集团能够左右规划，由此导致以追求商业利润为核心目标的开发商的利益与公共利益的冲突日益明显。在这种背景下，如果缺乏必要的法律规范和道德约束，寄希望于亚当·斯密所说的让市场这只"看不见的手"来实现对个人利益与公共利益的兼顾，只会导致日益扩大的贫富差距和社会不公，导致城市的发展无序和危机。因此，为了减少并有效制约上述城市规划中忽视、损害公共利益的现象，除了加强政府治理与道德建设（如规划行政机关的行政伦理建设、规划师的

1　杨帆. 市场、政府和道德制衡下的城市规划[J]. 规划师，2002，7：20.

职业伦理建设）外，最根本的途径是制度建设与政策创新。正如哈耶克（Friedrich August von Hayek）的观点，即真正的问题不在于人类是否由自私的动机所左右，而在于"要找到一套制度，从而使人们能够根据自己的选择和决定其普遍行为的动机，尽可能地为满足他人的需要贡献力量。"[1]从近期看，当务之急是从公共利益的考虑出发，建立和完善社会主义市场经济条件下的城市规划的法律制度，尤其是在借鉴美、德等国的成功经验基础上建立健全符合中国国情的、能够有效听取并处理各种利益群体意见和矛盾的法律法规，促进公众参与规划机制的形成与完善。因为，我们很难想象，如果没有公众的参与，城市规划如何能够最大限度地体现公共利益。

二、"城市优先关注谁"：以弱势群体利益为先

在社会学、经济学、政治学、法学和人权理论中，弱势群体是一个分析现代社会经济利益分配和社会权力分配的不平等，以及社会结构不协调、不合理的概念。从社会学上来说，弱势群体是相对于强势或优势群体而言的，一般将他们看成是在社会性资源分配上具有经济利益的贫困性、生活质量的低层次性和承受力的脆弱性的特殊社会群体。确保城市规划公正的关键，除了遵循以维护公共利益为重的基本价值取向外，还包括如何保护弱势群体利益的问题，因为对弱势群体的保护涉及基本的社会正义问题。

正义自古以来便是人类最古老且最基本的伦理观念，也是普遍伦理的基本理念和原则。人类的社会生活本质上蕴含着多种价值目标，公平乃是其中至关重要的一个。当代美国著名哲学家、伦理学家罗尔斯（John Rawls）在其经典之作《正义论》中，把正义当作是社会制度的首要价值，并提出了两个著名的正义原则。第一个原则是："每个人对与所有人所拥有的最广泛的基本自由体系相容的类似自由体系都应有一种平等的权利。"第二个原则是："社会的和经济的不平等应这样安排，使它们：①在与正义的储存原则一致的情

1　[奥] A·哈耶克. 个人主义与经济秩序[M]. 贾湛，文跃然等译. 北京：北京经济学院出版社，1989：13.

况下，适合于最少受惠者的最大利益；并且，②依系于在机会公平平等的条件下职务和地位向所有人开放。"[1]我关注的是罗尔斯提出的第二个正义原则。他认为，一个理想的社会资源分配方式应该是完全平等的，但这是不可能实现的理想。如果任何社会都无法做到完全平等，那么就应该争取达到相对而言最大的平等。什么是相对而言最大的平等呢？一般而言，社会中最需要帮助的是处于社会底层的人们，如弱势群体、低收入居民，他们拥有最少的权力、机会、收入和财富，社会的不平等最强烈地体现在他们身上。这些人被罗尔斯称为"最不利者"。正义的社会制度就应该通过各种制度性安排来改善这些"最不利者"的处境，增加他们的机会和希望，缩小他们与其他人群之间的差距。这样，如果一种社会安排或经济利益分配不得不产生某种不平等，那么，它只有最大程度地有助于最不利者群体的利益，或者说只有在合乎最不利者的最大利益的情况下，它才能是正义的。换言之，即社会在允许差别时，必须优先考虑弱势群体的利益，才能达成基本的社会正义。

　　罗尔斯的社会正义理论对作为政府公共政策一部分的城市规划有深刻的启示作用。公共政策作为政府调控利益主体、利益集团之间关系的基本工具，应当按照"公平逻辑"，优先关注、关心和救助社会弱势群体，以维持社会的总体和谐与公正。因为，相对于能够有效影响地方政府规划决策的强势群体，社会弱势群体的资源有限，利益表达的合法渠道不畅，因而他们的利益诉求往往不被重视。加拿大戚杨建筑与规划设计顾问有限公司总建筑师杨建觉曾在深圳市规划国土局做过一次"北美城市设计"讲座，他说，加拿大的规划是为穷人服务的，保护社会的弱势群体和边缘人群，因为如果规划不保护他们，他们无法保护自己；富人不需要你来保护，他们有钱，能买到、得到他们想要的东西。[2]20世纪60年代中期保罗·达维多夫（Paul Davidoff）等人提出的倡导规划（advocacy planning）理论，从多元主义视角出发，认为城市规划的内容、处

1　[美]约翰·罗尔斯. 正义论[M]. 何怀宏，何包钢，廖申白译. 北京：中国社会科学出版社，1988：292.
2　深圳人的一天（对话）：《我们为谁规划城市？》. 来源：中国公共艺术网专稿. http：//www. cpa-net. cn/news_detail101/newsId=1082. html.

理问题的方式都是特定时期内城市社会普遍性需求和愿望的反映，所以应通过吸取社会各阶层、各利益集团的意见进行平衡，即不仅要体现有能力参与竞争与交易的利益团体的利益，而且要体现被排斥在竞争与交易过程之外的弱势群体的利益。的确，由于弱势群体在经济资源、社会权力资源以及身心（如残障人）等诸多方面的弱势地位，仅仅靠自身的力量往往难以摆脱弱势地位。为了实现社会的规划公正，就需要政府倾听弱势群体的呼声，多为他们的切身利益和实际困难考虑，尤其是在规划引导上以公平为首要目标，通过社会资源和收入的再分配等手段，建立公正合理的社会秩序，这其实是城市规划的重要功能之一。

在城市中，最容易引发人们产生不公平感的是个体的居住空间占有方式。一方面是高收入阶层和权力阶层占有过量的、有良好区位性的居住资源，一方面是城市中的低收入和弱势群体数口之家居于斗室，甚至无容身之地。因此，为了防止出现过于严重的两极分化，缓和各群体之间的矛盾，达成住房资源占有的整体公平性，城市住房建设的"着力点"不是为强势群体"锦上添花"，而应首先为弱势群体"雪中送炭"，尤其是保证他们基本居住权的实现。正如联合国《人类住区温哥华宣言》（1976）所指出："拥有合适的住房及服务设施是一项基本人权，通过指导性的自助方案和社区行为为社会最下层的人提供直接帮助，使人人有屋可居，是政府的一项义务。"从伦理学的视角上看，"居者有其屋"的价值追求既深刻反映了城市的社会属性，又凸显了城市形象的伦理特质。当今，在世界范围内具有良好城市形象的城市，正逐步实现着人人有屋可居的梦想。

社会学者田毅鹏也指出，中国的城市社区建设应该从中国的具体国情出发，以"弱势群体"居住区为"着力点"，具体说就是选择那些城市内的"老棚户区"和下岗职工等城市弱势群体居住较密集的区域作为社区建设的"着力点"，来推进城市社区建设。[1]当前，我国许多地方处于旧城改造和社区建设的快速发展期，拆迁户与地

1　田毅鹏. 城市社区建设要选好"着力点"[N]. 光明日报，2001，1，15.

方政府、开发商的矛盾日益突出。相对于政府和开发商来说，拆迁户是弱势群体，他们中的贫困者更是弱中之弱。如果政府不及时调整公共政策、建立对话平台、让弱势群体的利益诉求得到制度保障，会极大地威胁到社会稳定。这就犹如经济学上的"水桶效应"，水的外流取决于水桶上最短的一块木板，社会风险最容易在承受力最低的社会群体中爆发。

此外，不仅城市空间和土地作为一种特殊商品，成为不同利益集团争夺的目标，而且城市规划涉及的市政建设、公共设施建设，同样是一些利益集团竞相角逐的重要领域。一般情况下，强势利益群体总是想方设法要求建设对自己有利的政府公共投资项目（公园、绿地、道路等城市基础设施），或是使这些项目的规划（如规模、选址等）更符合自己的利益。因此，规划及相关部门应通过市场的积极引导和政府力量的有效介入，保证作为公共物品的公共设施的公平分布，以维护弱势群体的正当利益。

总之，城市规划具有复杂性的特点，并面临诸多社会性和伦理性问题，涉及包括公共利益和私人利益的各种利益矛盾之间的协调与平衡。城市规划应全面体现社会公平，遵循以维护公共利益为重、以保护弱势群体利益为先的伦理价值取向，具体说就是做到在优先满足和不损害公众利益尤其是弱势群体利益的前提下，既满足不同利益团体的需求，又不损害其他利益团体或将其损害降至最低。

19世纪英国的建筑理论家罗斯金曾说："评论建筑物好坏，要听小老百姓的愿望。"[1]套用他的话，我们可以说：评论城市规划好坏，更要听小老百姓的愿望。永远将普通百姓的利益放在第一位，这既是城市规划理念的出发点，也是其最终归宿。

---

1 转引自：陈志华. 北窗杂记[M]. 郑州：河南科学技术出版社，1999：274.

14

环境伦理视野下低碳城市建设的路径*

低碳城市建设中，技术路径与制度路径固然重要，但若忽视以环境伦理为核心的人文路径，到头来只能是扬汤止沸，难以建构真正意义上的低碳城市。低碳城市的人文建构，尤其应关注符合低碳社会价值观的具有环境美德的理想人格的培育，强调以日常低碳生活实践、行为习惯为基础的对幸福和美好生活的追求，这是低碳城市建设的最终落脚点。

* 本文最初以《环境伦理视野下低碳城市建设的路径探析》为题发表于《伦理学研究》2011年第6期，本书收录时进行了修订，并新配插图。

在全球气候变暖对人类生存环境的影响日益加剧的趋势下，以降低能源消耗和二氧化碳排放为直接目标、以低碳经济为发展方向并最终实现经济、社会和环境可持续发展的低碳城市建设，已成为当代城市的一种新的发展模式与价值追求。

近年来，关于低碳城市的相关理论研究逐渐成为学术界的热点。有关学者就低碳城市的内涵、空间规划策略、环境政策工具、国际与地方实践、低碳生活模式等问题做了大量研究。仅以正式发表的学术文章为例，从CNKI系列数据库收录的研究文献来看，以主题"低碳城市"为条件检索，在"中国期刊全文数据库"2004～2010年间就有724篇。但从总体上看，学界许多人士对低碳城市内涵的理解、对低碳城市发展路径的探讨，往往囿于传统学科的研究范式，大量文章是在讨论技术性和空间策略性路径，局限于低碳能源技术、绿色建筑技术、低碳规划技术、环境政策工具、空间管理对策在城市中的应用，而对人文因素对碳排放的影响、对低碳城市建设人文路径的关注与研究则远远不够。而且，对低碳生活模式的研究，也仅仅停留在实践低碳生活的具体策略和技巧方面，对低碳生活方式背后的价值取向和美德伦理的学理研究很少。

显然，低碳城市发展中的一些问题与困惑，仅仅限于技术的维度是很难解释的。例如，为什么"看上去很美"的低碳城市理念，在实践中却举步维艰？为什么尽管有相对成熟的低碳技术，但是却没有被相关经济部门和企业尽可能地对其加以利用？为什么许多市民懂得如何节能减碳和绿色消费的知识，但在实际生活中却并没有采取行动？低碳城市建设绝不仅仅是一种技术创新和规划策略，而是一项系统的社会工程，更是一种新价值观的重塑和环境美德的形成与内化过程。正如工程院院士邹德慈所言："低碳是城市能否永续发展的重要条件，也是城市能否永续发展的精神支撑。因为低碳不仅仅是指物质上的降低排放，低碳更是城市居民的道德准则，如果我们全体城市居民没有低碳的道德概念，低碳也很难实现。"[1]基于此，本文主要从环境伦理的进路，探讨低碳城市的人文路径，旨在为低碳城市建设奠定价值基础，使低碳城市建设走向更加和谐公正的发展之路。

一、低碳城市建设路径：技术、制度与人文的"三位一体"

有学者指出："对于低碳实现这样具有经济性、环境性、社会性的大问题，应充分认识其中包含的技术、规划、政策、制度、习惯、意识形态等因素及因素间的关联，应全面考虑政府、企业、市民社会、非政府组织等利益相关者的不同目标与诉求，应避免'单打一'的思维和决策，努力寻求'多赢'的方案和决策以解决低碳实现中的'锁定'问题，通过低碳化实现'社会—经济—环境'的可持续发展。[2]低碳城市建设作为低碳实现、低碳发展的关键因素，同样是具有经济性、环境性、社会性的大问题，是社会、经济、环境和人文一体化的发展。基于此认识，低碳城市建设至少包含三个重要的路径选择，即技术路径、制度路径与人文路径。

技术路径通过提升能源使用效率并寻找替代性能源，能够直接降低碳排放量，这是建设低碳城市的重要工具和基础性手段。低碳城市的技术路径主要包括：通过调整能源结构，发展风能、太阳能、潮汐能、生物质能等清洁、可再生能源等手段达到能源低碳化目标；通过在钢铁、水泥、化工、电力等典型的高耗能行业发展节能技术等手段达到生产低碳化目标；以低排放、高能效、高效率为特征进行低碳城市的规划设计与建设；在设计与运行环节推行建筑节能和低耗能的绿色建筑技术；大力发展道路交通工具的节能技术和新能源汽车等。需要强调的是，技术路径虽然很重要，但只是一种工具性手段，不能寄希望于单纯依靠技术方式解决碳排放和环境

---

1 邹德慈. 低碳、生态、宜居——21世纪的理想城市[J]. 中国建设信息，2010，13：8.
2 解利剑，周素红，闫小培. 国内外"低碳发展"研究进展及展望[J]. 人文地理，2011，1：22.

问题。道理很简单，以小汽车的使用为例，技术创新与发展虽然能够减少小汽车的能耗水平与废气排放量，但如若以GDP高增长为目标的城市发展模式和人们生活水平提高后对小汽车的消费需求之间的锁定关系依然成立，技术创新的作用将很快被小汽车保有量的增加抵消。国外有学者也研究发现，若不考虑行为变化，即使最显著的技术进步也不能满足碳削减的目标。[1]

制度路径是政府实施低碳城市战略的重要政策与管理工具，是低碳城市目标与效果之间的重要桥梁，旨在保障低碳城市治理主体的行动与低碳城市的目标相一致。广义上说，"制度"实际上就是一种行为规则体系或行为模式。因此，为达成低碳城市目标，依一定的程序由社会性正式组织来颁布和实施的相关规则、运行机制和政策工具，都属于制度路径。从目前低碳城市建设的国内外实践来看，制度路径有以下四种：第一，主要通过市场机制、建立市场规则来解决碳排放问题的市场化制度路径。具体手段有：发展和完善碳排放交易市场；建立健全资源定价机制；建立旨在减少二氧化碳排放的各项税收调节制度；推行对清洁能源、绿色建筑等低碳技术的研发与实施给予财政补贴的激励性政策。第二，作为一种公共政策的城市规划路径。城市规划是城市未来发展的空间蓝图，是由政府（行政机构）为合理配置和利用城市土地与空间资源，保障和实现公共利益，对城市开发与建设中涉及的社会利益所进行的权威性分配，是低碳城市建设的源头。其政策导向性作用，主要体现在城市空间规划（如复合式土地利用、紧凑型城市布局、城市绿地规划）、城市交通规划（如高效的公共交通系统、控制私人小汽车出行量）和城市产业规划（如低碳经济产业链、低碳产业园区建设）三个层面，通过低碳目标体系和控制指标体系，来具体指导城市用地的开发建设。第三，通过社区治理、公众参与机制等手段来引导低碳生活方式的社会化制度路径，如以社区为依托，建立低碳社区示范项目，与居民共同寻求降低能源消耗的社区发展模式，以点带面推动创建低碳社会。第四，各国政府通过颁布相关法律和行政法

---

1 秦耀辰，张丽君，鲁丰先等. 国外低碳城市研究进展[J]. 地理科学进展，2010，12：1460.

规而实施的管制性路径，为低碳城市建设提供法制保障。如我国在2007年10月由第十届全国人大常委会通过了修订后的《节约能源法》；日本国会在2008年5月和6月分别通过了《能源合理利用法》修正案和《推进地球温暖化对策法》修正案；美国众议院在2009年6月通过了《清洁能源与安全法案》。瑞士学者克里斯托弗·司徒博（Chrisoph Stückelberge）认为，气候变化的速度显示，政府对减少二氧化碳措施的紧急立法是必要的，在伦理上是正当的，即使它限制了参与性正义。[1]

低碳城市建设的人文路径主要体现在新价值观重塑、环境美德培育、消费主义的生活态度和社会风尚变革等方面，这是最常被忽视的方面，因为它不像技术路径和制度路径那样，能够对城市中能源使用总量和结构产生直接影响，有立竿见影的短期效果。然而，正如20世纪70年代以来人们对环境危机根源的反思，业已从经济、技术层面逐渐深入到文化、价值层面，认为人类若要从根本上解决环境问题，必须对人与自然的关系做出批判性考察，并对人类生活的各个方面尤其是价值观念、生活态度等精神领域进行根本性变革一样，若要真正实现低碳社会、低碳城市的理想目标，同样也应当从经济、技术和制度层面逐渐深入到文化、价值层面。低碳城市绝不仅仅是一种应对全球变暖的应急之策，或一种新的城市建设模式，它意味着人类城市文化的一次深刻变革，它在价值观、伦理观、审美观和消费观上都与以全球性的消费主义文化为重要特征的现代城市文化有质的区别，甚至需要我们重新定义何谓优质的生活。因而，只有实现了思想观念、价值取向的相应变革，回归城市发展的本原，才能使低碳城市建设不仅低碳而且使人们的生活更美好。从更深层次上来说，低碳城市建设的路径甚至是人类城市文明的一次重建过程。恰如美国著名城市理论家刘易斯·芒福德（Lewis Mumford）所说："如今，我们开始看到，城市的改进绝非小小的单方面的改革。城市设计的任务当中包含着一项更重大的任务：重新建造人类文明。我们必须改变人类生活中的寄生性、掠夺性的内容，这些消极东西所占的地盘如今越来越大了；我们

---

1 ［瑞士］克里斯托弗·司徒博. 为何故、为了谁我们去看护?——环境伦理、责任和气候正义[J]. 牟春译. 复旦学报（社会科学版），2009，1：78.

必须创造一种有效的共生模式，一个地区、一个地区地，一个大陆、一个大陆地不断创造下去，最终让人们生活在一个相互合作的模式当中。如今的问题在于如何实现协调，如何在那些更重要、更基本的人类价值观念的基础上，而不是在'人为财死，鸟为食亡'的权力欲和利润欲的基础上进行协调。"[1]

二、低碳城市建设的环境伦理进路

低碳城市建设中，技术路径与制度路径固然重要，但若忽视以环境伦理为核心的人文路径，到头来只能是扬汤止沸，难以建构真正意义上的低碳城市。因此，"要想真正达到并实现人类与生存环境系统的和谐同在和永续利用，只有在人们的极端个人主义人生观、价值观等得到抑制，在高度自觉的环境伦理道德观念指引下，纠正已经被部分人严重扭曲的生产目的性和消费行为习惯，建立起一个'低熵'社会，善待环境，关爱万物，这样，对解决人类的环境灾难才能起到釜底抽薪的作用。除此将别无他途。因此，说到底，'低碳'问题就是一个环境伦理道德问题。"[2]

环境伦理是对人与自然环境之间道德关系的系统研究，它涉及人类在处理与自然之间关系时，应当采取怎样的行为以及人类对自然应负有什么样的责任和义务等问题。环境伦理主要包括三个层次的问题：伦理理念、伦理准则和伦理美德问题。伦理理念牵涉人类如何看待自然生态环境的一整套思维模式、思想方法和思想观念，它更多地指人类对待自然的根本态度；伦理准则是作为在社会发展和日常生活中面临生态环境问题时处理人与自然、人与人之间关系的行为准则；伦理美德则致力于回答人在与环境交往中存在何种美德以及如何培养具有环境美德的个体。依此，低碳城市的环境伦理进路便可从环境伦理理念引导、环境伦理规范制度化以及环境美德培育三个层面展开。

---

1 [美] 刘易斯·芒福德. 城市文化[M]. 宋俊岭，李翔宁，周鸣浩译. 北京：中国建筑工业出版社，2009：8.
2 邝福光. 低熵社会：低碳社会的环境伦理学解读[J]. 南京林业大学学报（人文社会科学版），2011，1：50.

（一）环境伦理理念引导

环境伦理所提倡的城市生态共同体共生和谐理念、城市环境正义理念和城市代际公平理念，为低碳城市建设提供了价值导向与道德支撑。

第一，城市生态共同体共生和谐理念。城市决非远离自然的纯粹人工构筑物，而是人与自然紧密联系的复合生态系统。城市生态共同体共生和谐理念是一种非人类中心主义的环境伦理观，它反对仅仅根据人类的需要和利益来评价和安排城市，它要求确立以维护城市生态平衡为取向的生态整体利益观，以人与自然共同体的视野和角度来设计城市，把伦理关怀的对象从人类扩展到整个城市生态系统。人只是城市生态共同体中具有最高主体性的成员，而不是城市共同体的唯一主人，人类的行为要符合包括人类自身在内的整个城市生态系统的整体利益，人类的发展不能威胁到自然的整体和谐和其他物种的生存。

这一理念对自然的内在价值的肯定，并不会导致否定城市生态系统对城市发展的工具性价值。相反，对城市自然内在价值的认识与承认，将警醒人们思考自己的发展行为，学会在社会发展、城市建设中摆正自己在自然界中的位置，并清醒地认识到人类自身发展中对城市生态系统应尽的管理者、维护者的责任和义务。景观生态规划的奠基人I. L.麦克哈格（Ian. Lennox. McHarg）在其著作《设计结合自然》中表达了类似价值观，他认为自然环境和人是一个整体，人类依赖于自然界而生存，城市空间的创造必须"自然地"利用自然环境，将对自然环境的不利影响减小到最低程度。他说："无论在城市或乡村，我们都十分需要自然环境。为使人类能延续下去，我们必须把人类继承下来的，犹如希腊神话里象征丰富的富饶羊角（cornucopia）一样，把大自然的恩赐保存下来。显然，我们必须对我们拥有的自然的价值要有深刻的理解。假如我们要从这种恩赐中受益，为勇士们的家园和自由人民的土地创造美好的面貌，我们必须改变价值观。"[1]

---

1 ［美］伊恩·伦诺克斯·麦克哈格. 设计结合自然[M]. 芮经纬译. 天津：天津大学出版社，2006：10.

第二，城市环境正义理念。人与自然的关系并不是抽象和孤立的，它只能在人与社会关系的展开过程中得以实现，并与各种社会问题密切相关。当今世界的环境问题，表面上反映出人与自然关系的失调，但从更深的意义上却越来越反映出人与人之间社会关系的失调，这已成为一些城市和地区环境利益冲突和环境问题日益加剧的重要原因之一。从专注自然生态问题走向通过社会调整来解决生态环境问题，是环境伦理运动具有重大现实意义的进步，其突出的表现便是环境正义观的兴起。

所谓"环境正义"，指的是人类社会在处理环境问题时，各群体、区域、民族国家之间所应承诺的权利与义务的公平对等。环境正义一般在三个维度上展开，即国际层次、地区层次和群体层次。国际层次的环境正义强调自然资源和温室气体的排放权在国家之间的公平分配。低碳发展的环境正义问题，是一个涉及全球气候正义的大问题，"今天，最基本的伦理问题是如何投入和分配有限的资源以执行防止、减轻和适应气候变化这三重任务，以便把受害者的数量减到最少。气候变化成了一个全球气候正义问题。"[1]地区层次的环境正义主要关注一国内部城乡之间、不同地区之间在获得环境利益与承担环保责任上的不协调现象，强调在环境问题上付出与所得应对称，即容纳废弃物的地方应从产生废弃物的地方得到合理补偿。群体层次的环境正义，则强调城市政府和城市规划政策在环境利益分配方面，应使全体城市居民都能够得到公平对待，即对于城市中的任何群体，不论是强势群体还是弱势群体，都不应当不合理地承担由工业、市政等活动以及地方政府低碳环境项目与政策实施所带来的不利后果，尤其是保障弱势群体拥有平等的享受基本资源的权益。

总之，城市环境正义理念促使低碳城市建设尊重资源的公平分配，致力于城市与区域低碳化过程中生存权、发展权的平等，致力于区域平衡、人际公平的低碳和谐社会建设。

第三，城市代际公平理念。代际公平指代与代之间的公平问题，实质是一种有关利益或负担在现在和未来世代之间的分配正义

---

1 ［瑞士］克里斯托弗·司徒博. 为何故、为了谁我们去看护？——环境伦理、责任和气候正义[J]. 牟春译. 复旦学报（社会科学版），2009，1：74.

问题。其中，代际的范围不仅指生活于同时代的不同辈分的人们，更多地涉及生活于不同时代的人们。代际公平理念强调当代人及当代人与未来各代人分享资源和环境利益的平等权利，要求当代人应以人类整体利益为目标，在满足自己的需要时，不损害和剥夺后代人满足其需要的权利。

具体而言，城市代际公平理念主要体现在三个准则之中。一是责任准则。这里的责任概念专指当代人对后代人的前瞻性、关护性伦理责任。环境伦理强调，环境权不仅适用于当代人类，而且适用于子孙后代。因此，如何确保子孙后代有一个适宜的生存环境，当代人责无旁贷。二是节约准则。总体上看地球可供人类利用和开发的资源是有限的，所以人类在自然资源的利用与开发上，应奉行节约原则，节制高效地使用现有的资源，节俭地进行生产和消费。三是慎行准则。主要指当我们采取一项旨在改变和改造自然的计划和工程时，不能仅仅关注经济效益和技术可行性等因素，还要在项目决策和规划设计阶段充分考虑其对后代人可能带来的生态负担和环境后果，尽量谨慎行事，预防和避免当代人的行为给后代人的生存与发展造成损害。

（二）环境伦理规范制度化

为切实体现城市环境伦理规范的制约效力，使环境伦理规范内在于低碳城市建设之中，成为低碳城市建设的结构性要素，就必须要使环境伦理规范走向制度化层面。

首先，应将环境伦理规范融入低碳城市建设相关从业者的职业道德与职业实践之中，制订出明确的、有针对性的职业伦理准则，并系统化甚至是法规化为伦理章程（或伦理法典）。美国学者迈克尔·戴维斯（Michael Davis）认为："伦理章程并不仅仅是一种好的建议或鼓励的陈述。它更是一种行为标准，这种标准把某种道德义务强加于每一个职业成员，并要求其在实践行为中遵守它们。"[1]低碳城市的重点领域是建筑、城市规划和交通。在这些领域，相

---

1 Davis M. *Thinking Like an Engineer*. New York: Oxford University Press, 1998. p111.

关专业协会和职业组织的伦理章程应制定适应低碳社会要求的环境伦理准则与实践指南，促使每个职业成员用一种对环境负责的方式行动。在一些国家，建筑与城市规划职业群体的伦理章程中早已增加了环境伦理准则，以此来规范和引导从业者的职业行为。例如，1983年美国土木工程师学会（ASCE）在其伦理准则中规定："工程师应当以这样的方式提供服务，即为了当代人和后代人的利益，节省世界的资源，珍惜天然的和人工的环境。"[1]1999年美国持证规划师学会（AICP）制定的《道德与职业操守守则》第一条是"规划师必须特别关注当前的行为可能带来的长期后果"，第六条是"规划师必须尽力保护自然环境的完整性"。[2]

其次，应将环境伦理评价贯穿于低碳城市建设的全过程之中，尤其是尝试设立相关专业的环境伦理审查委员会等规范执行机构。

设立专业的环境伦理审查委员会，能够使环境伦理评价成为一项贯穿低碳城市建设全过程的有组织的常规性工作。环境伦理审查委员会的主要职责是负责对能源、建筑、交通发展方面的技术活动，以及重大的城市规划与建设工程项目等，进行独立的环境伦理审查与评估，并且对环境伦理准则和相关环境保护法规的贯彻情况进行持续监督，以确保其符合环境伦理与可持续发展的基本要求。同时，环境伦理审查委员还可以创造一个公共空间和对话平台，对城市建设和发展中有争议的重大环境决策问题进行伦理听政，以使利益相关各方能够最终达成某种共识。作为环境伦理准则的解释机构和实际执行环境伦理规范的功能性组织，为了保证环境伦理审查委员会工作的客观性和公正性，其成员不仅要有行业专家和环境伦理学家，还应包括法律专家以及普通公众代表、利益相关者代表。

第三，有限度地使环境伦理规范法制化，使环境伦理的要求在法律上得到体现。

环境伦理规范法制化指在环境伦理建设中，将一定的环境伦理原则和道德规范转化或规定为法律制度。因为只有赋予某些为人们

---

1 李世新. 工程伦理学概论[M]. 北京：社会科学出版社，2008：221.
2 美国持证规划师学会道德与职业操守守则（美国持证规划师学会1999年10月版）. 陈燕译. 城市规划，2004，1：18.

所普遍接受的底线层次的环境道德以法律效力，环境道德由此而获得强制性的地位之后，才能切实减少城市建设中只顾眼前利益、局部利益而不顾远期生态利益的行为，使低碳城市建设获得可靠的法制保障。2009年8月17日，国务院颁布《规划环境影响评价条例》。根据该条例，国务院有关部门、设区的市级以上地方人民政府及有关部门，对其组织编制的土地利用的有关规划和区域、流域、海域的建设、开发利用规划，以及工业、农业、畜牧业、林业、能源、水利、交通、城市建设、旅游、自然资源开发的有关专项规划，应当进行环境影响评价。由此，我国低碳城市建设和环境保护又多了一个法律武器，有利于从规划源头预防环境污染和生态破坏，促进经济、社会和环境的全面协调可持续发展。

（三）环境美德培育

自20个世纪70年代环境伦理产生以来，绝大多数环境伦理学流派的理论建构都以规范伦理学为范式，旨在探求人与自然之间应遵循的环境伦理规范体系。然而，环境伦理规范的外在性与他律性、规范和人们行动之间的"知易行难"及"知行不合一"、环境伦理规范的普遍性与实践主体的差异性等问题，使人们对环境伦理规范的实践效能产生了巨大怀疑。由此，在环境伦理领域出现了从规范伦理到强调实践导向和关注人内在品质、实践智慧的美德伦理之转向。环境伦理视野中的低碳城市建设，尤其应适应环境伦理学发展的这一趋势，关注符合低碳社会价值观的具有环境美德的理想人格的培育，强调以日常低碳生活实践、行为习惯为基础的对幸福和美好生活的追求，这是低碳城市建设的最终落脚点。

如前所述，低碳的实现不仅取决于技术创新与经济发展模式的变革，更取决于人们生活态度和生活方式的改变，而生活方式的转变，从根本上说是由人们的价值观以及在此基础上形成的作为一种实践品质的环境美德所推动的。丹麦首都哥本哈根的低碳城市建设颇为成功，预计2025年将成为世界上第一座碳中性城市，即二氧化碳排放量降低到零。哥本哈根的经验，除了低碳经济模式和政府的政策支持外，更与哥本哈根人在日常生活中崇尚并实实在在地践行

图51 丹麦首都哥本哈根街道上众多的骑行者

（图片来源：澎湃新闻网）

"低碳生活"的环境美德息息相关。例如，该市1/3的市民选择骑自行车出行（据统计，36%的哥本哈根人骑自行车上班和上学，当地自行车道的长度超过300公里）（图51，图52）；坚持户外锻炼，尽量少用跑步机；洗涤衣服时让其自然晾干，少用洗衣机甩干；减少空调对室内温度的控制，等等。

关于环境美德的具体内容，有学者认为可总结为"面对对象自然时，人应当尊重、同情和关爱自然；面对环境自然时，人应当感恩、依恋和敬畏自然"。[1]也有学者将"敬""仁""俭"作为环境美德的核心德目。[2]针对低碳城市建设，最重要的环境美德就是"节俭"。与作为传统美德的节俭观有所不同，这里的"节俭"主要是从节约使用资源和减少物质生活对生态环境压力的角度来界定的，它倡导市民应当抑制贪欲，适度消费，物尽其用，摈弃对奢侈、浪费、炫耀的消费主义和物质主义生活态度的追求，改变以高碳消费偏好为特征的生活方式。

培育公民的环境美德，首先需要社会大力倡导并营造一种藐视

---

1 薛富兴. 铸造新德性：环境美德伦理学刍议[J]. 社会科学，2010，5：123.
2 姚晓娜. 追寻美德：环境伦理建构的新向度[J]. 华东师范大学学报（哲学社会科学版），2009，5：68~69.

奢华，以节俭为荣、以简朴为美、以简约为品味的社会风尚，提升人们的生态良知，从一点一滴改变人们的生活习惯入手，逐步实践低碳生活方式，并通过宣传低碳生活践行者或经典绿色人物的理想人格和生活事迹，对公众加以示范和影响。

15

城市居住形态：从空间分异走向空间融合*

虽然城市的居住分异与隔离是不可避免的，但是通过以公平价值为导向的城市规划政策引导，通过各阶层的相互交流，居住分异的趋势是可以缓解的。毕竟，居住空间有机融合的和谐之城才是我们追求的理想家园。

* 本文最初发表于《理论界》2010年第2期，本书收录时进行了修订，并新配插图。

作为居民日常生活展开的主要场所，作为城市空间主要的组成元素，居住空间在城市形态的发展与演变过程中起着非常重要的作用。比如，在我国大城市，30年来的快速城市化进程引发的居住空间郊区化的现象，便是城市形态形成"摊大饼"式的圈层扩展和蔓延的重要因素。又如，高低档次不一、类型不同的住宅区组成了城市形态"马赛克"式的镶嵌图，形成了城市居住空间分异和极化，以至出现城市的"富人区"和"贫民区"。[1]

居住空间形态的合理与否，不仅影响城市居民的生活质量，而且影响着整个城市形态的功能和城市效率的实现。尤其是社会转型期所出现的城市居住空间格局上的阶层分化趋势，涉及空间正义与社会和谐的大问题，更是成为备受关注的问题。

一

从世界范围内来看，居住空间分异与社会隔离是城市现代化过程中难以避免的普遍现象。早在20世纪二三十年代，美国著名的芝加哥学派针对当时美国城市出现的两极分化、居住隔离等社会现象，借用了生物界自然竞争的生态学规律来研究城市空间结构及其变化，提出人群居住的空间区位是分化与竞争的结果，强调经济因素、土地价值对城市居住形态的影响。其中最著名的是关于居住空间结构的三大模型，即欧内斯特·伯吉斯（E.W.Burgess）的"同心圆"模式（concentric zone model）（图53）、霍默·霍伊特（Homer Hoyt）的"扇形"模式（sector model）（图54）、哈里斯

---

1 鲍宗豪. 文明与可持续城市化. http：//www.wm.suzhou.gov.cn/news/wmw/2007/7/3/wmw-10-23-17-56. shtml

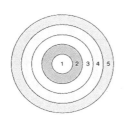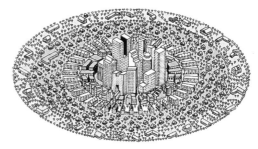

图53　伯吉斯的同心圆模式（concentric zone model）
（其中1代表商业中心区，2代表混合了商业及住宅土地利用的过渡地带，3代表工人住宅区，4代表中产阶级住宅区，5代表通勤带）
（资料来源：https://aphug.wikispaces.com/Models+To+Know，有改动）

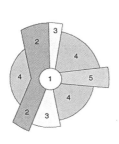

图54　霍伊特的"扇形"模式（sector model）
（其中1代表商业中心区，2代表交通与工业区，3代表低收入者住宅区，4代表中产阶级住宅区，5代表高收入者住宅区）
（资料来源：https://aphug.wikispaces.com/Models+To+Know，有改动）

（C.D.Harris）和乌尔曼（E.L.Ullman）的"多核心"模式（multiple nuclei model）。20世纪70年代在芝加哥学派和冲突理论基础上，一些城市社会学研究者提出了住房资源对社会分层的意义，指出不同地理（或空间）区域意味着不同的生存机会，居住的空间区位与个体其他社会资源的拥有具有密切的关系。近几十年来，全球化背景下西方后福特主义城市转型的主要特征是社会空间分异加剧。城市变得更加"分化""碎化"和"双城化"：一极是精英阶层在舒适豪华的典雅社区居住，这些社区通过围墙、保安杜绝外人与其自由接触，形成所谓防卫型社区（gated community）；另一极是城市下层、低收入人群或有色种族在衰败的城市中心区密集居住。[1]

我国改革开放以来，随着市场经济条件下土地和房地产市场的发展、住房分配制度的改革、住宅产业化步伐的推进、居民贫富差距的拉大以及社会分层的加剧，城市居住形态产生了较大影响，居住空间分异与隔离的趋势越来越明显，城市居民按收入和社会地位的不同居住在不同的地段和社区，同时分异人群逐渐转变为贫富差异，并由此导致了城市低收入和贫困人口聚居化的现象。如李志刚等学者对转型期上海社会空间分异进行的实证研究，通过计算分异指数，发现当前上海存在严重的住房分异，"城市从相对均质型的'簇状'单位大院向异质型的以社区为单位的新的居住空间转变"。[2]冯健对北京市区的城市空间结构进行了调查，指出北京社会空间分异的趋势日益明显，社会要素对城市发展的影响越来越大。[3]沈关宝、邱梦华以广州为例，指出20世纪90年代中期至今，城市居住空间分异加剧，局部已出现极化与隔离的现象，严加防护、外人不得入内的高级别墅区和治安混乱、外人轻易不敢入内的城中村就是证明。[4]刘玉亭则以南京市为例，具体着眼于城市贫困阶层的空间分布和居住空间状况并展开了调查分析，发现城市贫困阶层在空间分布上具有相对集中的趋势，且主要集中于城郊接合部。其中城市户籍贫困人群多分布在一些早期建设的居民小区内（主要是一些职工集中居住区），而农村户籍贫困人口则主要居住在一些"城中村"内。[5]北京零点研究咨询集团就城市"贫富分区"现象，于2006年4月对北京、上海、广州等20个城市的2553名常住居民进行了调查。调查表明，总体看来，41%的受访市民认为目前所在城市存在明显的"穷人区"与"富人区"的划分；39%的市民认为"区分界限不明显，但存在这样的趋势"。

所谓居住空间分异，一般是指不同职业背景、文化取向、收入

1 李志刚，吴缚龙，卢汉龙. 当代我国大都市的社会空间分异——对上海三个社区的实证研究 [J]. 城市规划，2004，6: 60~61.

2 李志刚，吴缚龙. 转型期上海社会空间分异研究[J]. 地理学报，2006，2: 199~211.

3 冯健，正视北京的社会空间分异[J]. 北京规划建设，2005，2: 176.

4 沈关宝，邱梦华. 转型期中国城市居住空间的分异与极化——以广州为例[J]. 上海大学学报 （社会科学版），2008，2: 152.

5 刘玉亭. 转型期中国城市贫困的社会空间[M]. 北京：科学出版社，2005: 96~98.

状况的居民在住房选择上趋于同类相聚，居住空间分布趋于相对集中、相对独立、相对分化的现象。[1]简言之，空间分异是社会分化、社会分层在城市居住空间布局上的反映和表征，表现为同质人群聚集居住、异质人群彼此隔离。需要指出的是，居住空间分异（differentiation）与居住空间隔离（segregation）是一对常用来分析城市空间极化的概念，本质上说，这两个概念的内涵相近。有学者认为，居住隔离和空间分异指的是同一种客观空间现象，是一个城市在空间上的划分状态，居住隔离是对这一状态的微观考察，空间分异是对同一状态的宏观考察，二者描述的都是不同人群在城市空间上的分布状况，这种分布间接地反映不同人群对城市空间资源的占有状况。[2]

其实，居住空间分异的现象古已有之，并不是新鲜事。甚至可以这样说，居住空间分异现象几乎是和城市的产生同时出现的。在中国古代，都城的方位布局及分区规划深受礼制思想和宗法等级制度的影响，形成了等级分明的居住空间格局。《管子·大匡》中所描述的"凡仕者近宫，不仕与耕者近门，工贾近市"，表明仕、商、工、耕者的居住区域已出现一定的分化。唐代里坊制作为一种功能相对纯粹的居住区概念，其聚居原则也体现为一种阶级分别。近代以来，北京城在居住格局上历来也有"东富西贵，南贫北贱"的民间说法，还有"东直门的宅子，西直门的府。北城根儿（西北套），穷人多，草房破屋赛狗窝"的民谣，形象地反映了达官贵人和老百姓的居住分区状态。上海南市区的四牌楼、虹口区的市民村因是下层人士聚居的棚户区而被称为"下只角"，而徐汇区的衡山路、高安路一带则因是上层人士聚集区域而被称为"上只角"。新中国成立后，由于计划经济条件下城市建设处于国家计划控制和管理之下，城市的空间生产和消费以公平导向为基本原则，因此城市的空间贫富分异程度比西方城市低得多，但在"单位大院形制"的影响下，城市各类单位大院功能齐全，院墙高筑，存在一定程度的城市居住形态的相互隔离现象，但对城市发展的影响较小。近些年来，伴随

---

1 侯敏，张延丽. 北京市居住空间分异研究[J]. 城市，2005，3：49.
2 吕露光. 从分异隔离走向和谐交往[J]. 学术界，2005，3：108.

图55 英国路透社摄影师Kim Kyung-Hoon 2013年拍摄的一组北京照片。上图为一名女子带着她的宠物狗走在一个富裕的住宅及商业综合区，下图为一名男子走在一个被半拆除的老居民区的小巷里

社会转型而来的城市人口贫富分化加剧的现实，城市居住形态发生了从单位大院儿到出现了所谓"富人区"和"贫民区"的变化，即计划经济条件下所形成的以单位布局的空间分异为基础的居住空间结构逐渐瓦解，但居住空间的贫富分异现象日渐明显（图55）。

二

客观地说，在以市场为主要调节机制的经济模式下，城市居住空间的分异在某种程度上是一种不可避免的现象，它是居民居住状况多样性与复杂性的鲜明体现。其实，城市居住空间适度的分异格局并不是一件坏事，相反却有其合理性和必然性。从经济学上看，其合理性主要表现在能够充分实现市场对有限的土地资源的有效配置，充分利用级差地租的作用规律，实现各个地块的价值最大化，同时有利于房地产开发的市场定位与客群定位，增强物业的保值和增值性。从社会学上看，它有助于适应和满足不同收入阶层居民的多元需求，维护同一阶层社会成员"物以类聚、人以群分"的合群性、共享性特征，而且有相近生活背景、生活习惯的人之间会增加认同感，邻里矛盾纠纷减少，形成和谐的社区关系。

适度的空间分异有一定的合理性，然而，过度分化与隔离的居住空间分异格局，尤其是富裕与贫困阶层之间社会距离急剧扩大，并引起居住空间形态上强烈反差的社会现象，却可能隐藏诸多负面的社会问题。

首先，造成社会不同阶层之间的因地域分割而导致的相互交流减少，隔膜加大。积极的群际交往对城市和谐、社会和谐有重要的作用，正如国际建协的《马丘比丘宪章》所强调的："在人的交往中，宽容和谅解的精神是城市生活的首要因素，这一点应用为不同社会阶层选择居住区位置和设计的指针，而不要进行强制分区，这是与人类的尊严不相容的。"基于空间分割而产生的不同人群之间的隔阂现象如果不能得到有效的抑制，会加剧城市社会矛盾，甚至引发社会冲突。

其次，使人们的不同身份、地位通过一种固化的空间特征得以强化，对弱势群体的社会心理、自我认同产生负面效应，从而诱发人们的不公平感和仇富心理。如北京某高档小区一夜之间多辆高级轿车被轧，作案人的动机竟是因自己下岗对社会不满。的确，在城市中，容易引发人们产生不公平感的是个体的居住空间资源占有方式。一方面是高收入阶层占有过量的、有良好区位性的、有完善的公共配套设施的居住资源，一方面是城市中的低收入者等弱势群体数口之家居于斗室，或居住在环境、公共设施、交通等方面相对较差的区域。从现实层面看，只要人们的收入存在差别，程度不同的分区居住就不可避免。但政府不能对不同收入阶层居住空间贫富分异的趋势和空间资源占有的不平等问题听之任之，让其自行发展。因为，不合理的空间贫富分异，其实质已超出经济实力地位的差异，更是社会不公平、社会不平等在居住空间上的表现。

因此，若不对其有效引导与控制，不仅有损公平、和谐的社会价值目标的实现，抑制城市的生机与活力，而且还可能增加社会不稳定因素，影响经济社会的长期稳定发展。"城市规划、住房建设，塑造的是一种凝固的社会架构。如果这种凝固的架构是以贫富分化为前提，那么就可能把已有的贫富差别固定下来。这对一个社会而言，是莫大的威胁。"[1]1994年美国洛杉矶黑人放火烧毁中产阶级居住区（韩国城）、2005年10月底发生的法国"巴黎骚乱"[2]以及2011年8月发生的英国"伦敦骚乱"[3]，一个重要原因就是居住分区和贫富分化所带来的日益滋生的社会对立和不满情绪。

在这方面，二战后美国针对城市中心贫民区的"城市更新"计划出现的种种问题也对我们有一定的警示和借鉴意义。1949年美国联邦政府颁布了住房法及一系列相关的政策法规，其所显示的主要社会目标是建设公共住房，帮助城市消除贫民窟和重建残破衰败的区域，实现每个美国家庭对体面住房的追求。然而，这一体现公平原则的社会目标在具体的住房政策实施过程中并未得到有效贯彻，反而是在市场机制的强大冲击和强势利益集团的主导下，联邦政府的住房政策不断偏离公平目标，低收入的城市居民没有从城市改造中获得好处，从而导致20世纪60年代公共住房项目的失败，并带来城市日益严重的分裂现象等社会问题。1961年，简·雅各布斯（Jane Jacobs）在《美国大城市的死与生》一书中，用大量篇幅批判了20世纪50年代美国城市中的大规模计划（主要指公共住房建设、城市更新、高速公路计划）所带来的问题："请看看我们用最初的几十亿建了些什么：低收入住宅区成了少年犯罪、蓄意破坏和普遍社会失望情绪的中心，这些住宅区原本是要取代贫民区，但现在的情况却比贫民区还要严重。中等收入住宅区则是死气沉沉、兵营一般封闭，毫无城市生活的生气和活力可言，真正让人感到不可

---

1 薛涌. 穷人凭什么给富人腾地方[N]. 新京报，2006，3，19.

2 2005年10月27日，距离巴黎市区九英里远的克利希苏尔瓦郊区，两名北非裔少年为躲避警察追捕，藏进变电站不幸触电身亡。这一意外事故引发了遍及法国数十个城镇的街头暴动，北至里尔，南至马赛，东至第戎，生活在各大城市郊区的移民后代，走上街头，焚烧汽车，砸抢店铺，袭击警察和居民。

3 2011年8月4日在伦敦北部的托特纳姆（Tottenham），一名29岁的黑人男性马克·达根（Mark Duggan）被伦敦警察厅的警务人员枪杀。之后民众上街抗议警察暴行，骚乱扩散至伯明翰、利物浦、利兹等英格兰的大城市。该骚乱的一个重要因素是当地是个多族裔混居区，区内非洲－加勒比裔与当地警察的关系长期处于紧张状态。此外，该地区作为伦敦的一个贫民区，富人与穷人之间居住隔阂造成很低的社会流动也是引发骚乱的重要因素。

思议。那些奢华的住宅区域试图用无处不在的庸俗来冲淡它们的乏味。"[1]所以，从20个世纪七十年代之后，美国住房政策的目标不是简单地消除贫民区而代之以公共住宅，而是调整为提倡贫富混合居住区的模式，这是美国花了数十年代价得来的经验教训。

　　虽然我国目前的居住空间分异状况与法国、美国等西方国家不同，还不存在大规模的郊区化问题和严重的种族冲突问题，空间分异程度还远未达到某些西方城市的严重程度，但绝不能忽视社会空间分异现象对社会公平、和谐社会所造成的不良影响。因此，为了防患于未然，避免出现过于严重的社会分层和两极分化，缓和各群体之间的矛盾，达成住房资源占有的整体公平性，抑制或减轻空间分异的趋势所带来的负面影响，城市设计、城市规划作为空间资源配置的调控工具和公共政策，应有意识、有计划地适度控制居住空间的隔离与分异，处理好公平与效率的关系，构建一种混合居住的空间发展模式，以减少不同阶层居住资源的差距，使不同阶层、不同群体能在合理的空间配置环境中和谐共存与有机融合，这是构建和谐城市与和谐社会的重要方面。

三

　　对城市居住空间分异的控制在美国、欧洲等外国城市早已受到广泛重视，政府作用于居住空间分异的调解主要采用两种方法：一是通过对房地产的介入，避免住房市场过度的市场化。典型的做法是在比较昂贵的、普通中低收入人群支付不起的社区建设适量的经济住房；二是通过有效的规划手段实现居住的混合，避免对弱势群体的排斥。主要体现在通过混合用地规划提升居住群体的异质性。[2]在我国，为了应对居住空间分异的负面作用，也有学者提出了不同阶层混合居住的模式与规划手段。如苏振民、林炳耀认为，混合居住是解决社会空间分异的重要途径，并提出了分类混合居住的两种

1　[加] 简·雅各布斯. 美国大城市的生与死[M]. 金衡山译. 南京：译林出版社，2005：2.
2　李志刚，张京祥. 调解社会空间分异，实现城市规划对"弱势群体"的关怀——对悉尼UPF报告的借鉴[J]. 国外城市规划，2004，6：33.

模式，一种是中间阶层和低收入阶层的混合居住，另一种是中间阶层和高收入阶层的混合居住；并从物业税、公共投资和社会住房保障三方面提出了居住空间资源的公共政策建议。[1]孙立平则提出了"大混居、小聚居"的阶层融合模式，认为这样既可以促进不同阶层间的接触和交往，防止教育、商业和环境等公共资源的过分不合理分布，又可以使不同阶层之间保持一定的距离。[2]其实，我国的一些大城市，如北京，已经开始尝试通过有效的规划手段和政策引导推行阶层混居的模式，使不同经济背景和收入水平的居民有可能住进同一个小区。2007年7月18日，北京市规划委发布的《北京市"十一五"保障性住房及"两限"商品住房用地布局规划》提出，今后三环外不在政府土地储备控制区域内的普通商品房项目，必须配套建设保障性住房和"两限"商品住房。是不是按照规定"配建"，将成为今后开发商们能不能拿地的关键。至2010年，全市居住用地供应规模约为90平方公里，除去轨道周边及其他已供应保障性住房及"两限"商品住房用地，若按15%的比例配建，可建约1200万平方米保障性住房及"两限"商品住房。而且，在用地布局原则方面，明确提出要以集中建设和开发配建作为主要手段，按照"大分散、小集中"的模式进行空间布局，促进社会公平和融合。

达成居住融合的方式，除了摸索一套适合我国国情的混合居住模式以外，还应当强调符合空间公平正义原则的住房建设政策，使城市的所有居民，无论男女老幼、贫富贵贱，都能够公平地获得居住空间资源，有适当的住房、清洁的环境和必要的公共设施。不合理的空间占有方式会损害社会公平。为此，基于"公平逻辑"，城市居住空间建设的"着力点"不是为富裕阶层等强势群体"锦上添花"，而应当首先为弱势群体"雪中送炭"，在保证他们基本居住权的实现前提下，通过改善中低收入社区的居住环境状况，缩小不同档次住宅区之间服务设施、环境景观等方面的差距。同时，规划及相关部门应通过市场的积极引导和政府力量的合理控制与公共干预，保

---

1 苏振民，林炳耀. 城市居住空间分异控制：居住模式与公共政策[J]. 城市规划，2007，2：45.
2 孙立平. "大混居、小聚居"与阶层融合[N]. 北京日报，2006，6，12：第18版.

证作为公共物品的公共设施、公共空间等非居住性公共资源的公平分布，改善和提高公共交通及公共设施配置的水平，特别是中低收入聚居区的卫生健康设施、商业文化设施、交通和教育配套设施水平，实现区域性布局的优化合理，避免住宅建设中出现某些谋少数人利益的"圈环境、圈资源"现象，不能让城市中具有较高生态质量和景观品质的地段都被高级住宅区所占据。上述这些措施不仅可以维护弱势群体在城市发展中的正当利益，而且能够有效地遏制社会分层，增加社会凝聚力，促进城市社会的整体和协调发展。

另外，如何在城市住宅建设、公共空间、公共设施的建设与管理方面抑制贫富分异，香港政府的经验特别值得借鉴。在香港，住宅类型大体分为两个部分，一是供有钱人居住的商品房，即私屋；另一部分是政府盖的公屋，供低收入阶层居住。同时，香港政府的有关法律规定，建设新城时，私屋的比例不允许超过40%。这就保证了新城中居住人群的异质化。私屋与公屋并非穿插而建，也就是说穷人和富人是不直接混居的，但政府提供的公共设施、公共空间必须是穷人与富人共享的。公共空间是社会沟通行为的主要物质载体之一，香港政府希望借助对这一载体的共有和共享，来加强不同收入阶层间的相互交流、相互理解，避免因居住隔离而引发的文化隔离、教育隔离等现象，从而尽可能减少居住空间分异产生的负面影响。

16

住房建设的伦理价值属性[*]

住房既是人道的基础，也是一项基本人权，并直接关乎人的美好生活与社会公正。在住房政策、居住区规划和房地产开发建设层面，需加强并深化对住房伦理价值属性的认识，强化政府在住房建设与住房保障方面的伦理责任。

* 本文最初以《论住房的伦理价值属性》为题发表于《北京建筑工程学院学报》2010年第2期，本书收录时进行了修订。

住房不仅具有商品属性，还具有社会保障属性及伦理价值属性。住房建设具有服务于人的基本生活需要、促进人的生活质量改善以及社会公正和谐的效能，由此必然地蕴含着伦理价值要素并外显着公共福利功能。无论是在住房政策层面，还是在居住区规划以及房地产开发建设层面，都需要加强并深化对住房伦理价值属性的认识，并对其进行合理有效的价值调控，以协助政府处理好住房作为经济问题和社会伦理问题之间的关系，强化政府在住房建设与住房保障方面的伦理责任。

一、住房是人道的基础

这里所谓"人道"，是指作为人道主义道德原则中的"人道"，属于伦理学的范畴，它主要不是指一种关于人的价值的理论，而是指一种关于我们应当如何对待人和人的尊严的道德原则，其基本含义是指社会对每个成员的利益、权利和价值的尊重，是善待一切人并把所有人都当人看待的行为。英国学者米尔恩（A.J.M.Milne）指出："人道主义的实质是要对所有人表示尊重，使每个人获得公平和体面的对待，尽可能地解除每个人的痛苦。"[1]人道原则是一种根基性的价值诉求，具体到涉及衣、食、住、用、行等人类生活的基本需求中的"住"的要求，便是指社会对其每个成员的住房需求、住房利益、住房权利的尊重、保护与促进，尤其是对社会贫困阶层等弱势群体住房问题进行关怀与提供保障，并使其能够健康而体面地居住，有尊严地生活。"体面地居住"从伦理底线的意义上说，是指

---

1 ［英］A. J. M. 米尔恩. 人的权利与人的多样性[M]. 夏勇，张志铭译. 北京：中国大百科全书
  出版社，1995：107.

任何一个人，只要生活在这个世界，为维系其作为一个人的基本尊严，就应当享有最起码的遮风挡雨之所，能够像人一样而不是如动物般地居住，过与人的地位而不是非人的地位相匹配的生活。当人的生存状况恶劣到无法体现人之为人的尊严时，社会便有义务对之进行救助，这种义务即是人道义务。正如1996年联合国《伊斯坦布尔人居宣言》所指出的："让我们共同来建设这个世界，使每个人都有个安全的家，能过上有尊严、身体健康、安全、幸福和充满希望的体面生活。"

马克思和恩格斯曾对19世纪英国工人阶级住宅的非人道状况有过犀利的分析。马克思在《资本论》中指出："就住宅过分拥挤和绝不适于人居住而言，伦敦首屈一指"，"说成是地狱生活，也不算过分"，"工人常住的房子都在偏街陋巷和大院里。从光线、空气、空间、清洁各方面来说，简直是不完善和不卫生的真正典型，是任何一个文明国家的耻辱。"[1]恩格斯在《英国工人阶级状况》一书中，集中描述了英国的"普通的工人住宅"——贫民窟的恶劣环境，指出位于城市中最糟的区域里的工人住宅使工人阶级陷入"非人的状况"，造成"人的精神和肉体在逐渐地无休止地受到摧残"，并和"这个阶级的一般生活条件结合起来，就成为百病丛生的根源"。[2]在今天的世界，不人道的居住现象如同"城市的毒瘤"，在最不发达的国家和发展中国家仍比较常见，即便是发达国家也存在同样的问题，只不过数量和程度不同而已。

对于中国城市而言，现阶段的城市化发展并没有出现贫民窟蔓延并包围城市的窘况。联合国人居署在2003年10月发表的《贫民窟的挑战——全球人类住区报告2003》中，对中国的城市住宅建设进行了这样的评价："1949年到1990年的中国城市化，50年间为3亿人口提供或再提供了住房，没有形成贫民窟和不平等，可以称之为人类所有时代的一个壮举。"然而，不容忽视的是，城市化快速发展的时期正是产生贫民窟的高发时期。20世纪90年代以来随着市场经济条件下城市化进程的加速与城市贫富差距逐渐拉大，我国城市中

---

1 《马克思恩格斯全集》第23卷[M]. 北京：人民出版社，2004：726.

2 《马克思恩格斯全集》第2卷[M]. 北京：人民出版社，1995：303～358.

出现的一些低收入群体、流动人口聚居的区域，如"城中村""棚户区"，以及近年来出现的被称为"蚁族"的大学毕业生低收入群体形成的"聚居村"，都呈现出与"贫民窟"类似的环境特征。这些区域虽然为低收入群体和外来暂住人员提供了低廉的住房和生活条件，但其规划、建设和管理却长期处于混乱和低水平状态，不仅造成房屋布局杂乱无章、建筑密度高、环境卫生差、生活和基础设施配套严重不足、消防隐患严重以及治安混乱等问题，而且还造成违法用地和违章建筑屡禁不止，出现了大量终日不见阳光的"握手楼"和"贴面楼"。总之，一边是时尚光鲜的高楼大厦，一边是混乱不堪、不宜居住的城市角落，这就是中国城市化进程中存在的矛盾状况。

因此，从人道价值、人文关怀以及社会和谐的意义上说，城市居住区规划与住房建设问题绝对不能简化为一个经济问题，或是一个单纯的房地产业发展问题。城市贫困人口与各种类型弱势群体的居住问题，实际已演变为一个关乎人道、关乎福利的大问题，我们需要以更多的关爱之心、同情之心和人道之心，为他们提供必要的住房，营造一个适宜的居住环境，尤其不能让一些城市赤贫者沦为无家可归者而露宿街头，这既是社会最基本的人道义务，也是城市政府和管理者不可推卸的伦理责任。"能否让中低收入阶层达到'人道的栖居'是关系中国可持续发展的一个大问题……人道的栖居，其本质就是让人的生活，尤其是低收入者的生活值得过，有尊严，有希望。无论从什么角度寻求何种解决方案，决策者、设计者的思考和行动都应该不断地回到栖居者的生存和人道尊严上来"。[1]建筑大师勒·柯布西耶（Le Corbusier）在《走向新建筑》一书中的一段话实际上也揭示了住宅建设的这种伦理意义："现代的建筑关心住宅，为普通而平常的人关心普通而平常的住宅。它任凭宫殿倒塌。这是一个时代的标志。为普通人，'所有的人'，研究住宅，这就是恢复人道的基础，人的尺度，需要的标准、功能的标准、情感的标准。就是这些！这是最重要的，这就是一切。"[2]

---

1 周博. 人道的栖居[J]. 读书, 2008, 10.
2 ［法］勒·柯布西耶. 走向新建筑[M]. 陈志华译. 西安：陕西师范大学出版社，2004：序.

二、住房权是基本的人权

"一个人从诞生时起触及的第一个伦理学概念就是人权，即他（她）拥有生存的权利。"[1]住房权是人生存权的基本内容之一，住房对人而言，既是人基本的物质生存需要之一，也是体现人尊严价值等方面的精神需要的重要载体。因此，公民的住房权是一种基本的人权，是公民平等享有的对于自己的基本住房利益的要求与主张，或者说是政府向公民的基本住房利益与需求提供的一种最低限度的保障。王宏哲认为，反观我国过去二十余年住房改革制度的历史，从住房权的角度，造成我国住房改革政策在很多方面失败的根本原因是国家缺少住房人权意识，使住房政策充满了强烈的功利主义色彩。[2]

在法律层面上，住房问题本身已被人权化，公民住房权已作为一种基本人权载入诸多法律文件。"人权本质上是一种道德权利，它是一个人的正常生活所必需的。但这些道德权利不转化为成文的法律权利，它们就没有基本保障。"[3]1948年12月10日联合国大会通过并颁布的《世界人权宣言》第25条第1款规定："人人有权享受为维持他本人和家属的健康和福利所需的生活水准，包括食物、衣着、住房、医疗和必要的社会服务；在遭到失业、疾病、残废、守寡、衰老或其他不能控制的情况下丧失谋生能力时，有权享受保障。"这里显然包含着对公民住房权的肯定。在英文著述中，"Housing Rights"（即"住房权"）与"The Right to Adequate Housing"（即"适足住房权"）内涵一致并可相互替代，尤其是联合国在涉及住房权的文献中一般使用"The Right to Adequate Housing"。[4]1976年，联合国人类住区第一次会议通过的《人类居住和规范的行动的温哥华宣言》指出："适足住房和社区服务是一个基本人权，这一点使得国家承认了保证其国民实现这一人权的义务。"1981年4月，在伦敦召开的"城市住宅问题国际研讨会"上，通过了《住宅人权宣

---

1 甘绍平. 人权伦理学[M]. 北京：中国发展出版社，2009：序.
2 王宏哲. 适足住房权研究[C]// 徐显明. 人权研究（第七卷）. 济南：山东人民出版社，2008：172.
3 俞可平. 权利政治与公益政治[M]. 北京：社会科学文献出版社，2003：106.
4 王宏哲. 适足住房权研究[C]// 徐显明. 人权研究（第七卷）. 济南：山东人民出版社，2008：112.

言》，该宣言指出："有良好环境适合于人居住的住处，是所有居民的基本人权。"1991年12月12日，联合国经济、社会和文化权利委员会通过了《第四号一般性意见——适足住房权》，其中对"适足住房权"的概念作了全面而权威的解释，尤其是其第7条指出："不应狭隘或限制性地解释住房权利，譬如，把它视为仅是头上有一遮瓦的住处或把住所完全视为一商品而已，而应该把它视为安全、和平和尊严地居住某处的权利。"[1]可见，适足住房权不仅是一个法律概念，更是一个具有人权伦理属性的概念，它强调了住房不仅具有居住功能，还能够满足人获得安全、和平和尊严的价值需要。

简言之，"适足住房"是指"适当的"与"足够的"住房，这是一个较为抽象、难以量化的概念。依据《第四号一般性意见》以及《伊斯坦布尔人居宣言》等文件，"适足住房权"有使用权的法律保障、相关基础设施的提供、价格可承受、适宜居住、住房机会、居住地点以及适当的文化环境等几个方面的要求，与住房人权伦理密切相关的是以下几个方面。

第一，住房机会平等。即人人有权得到可以平等、有尊严地生活的安全之地，人人都有获得适足住房的权利；政府制订的住房政策应以提供公平的住房机会为目标，任何人不得因为种族、性别、年龄等因素在住房获得与使用上遭到歧视；住房法律和政策必须使处境不利的群体，如老年人、儿童、残疾人、晚期疾病患者、自然灾害受害者、最低收入者等人群，有充分和持久地得到适足住房资源的权利，并确保其居住在体面的住房中。

第二，住房和社区环境适宜居住。即适足的住房必须是适合于人居住的，这是对住房在质量上的基本要求。如要有足够的居住空间满足生活需要，不过分拥挤；住宅建筑必须是完整的，拥有卫生、安全、健康所必需的卫生间、厨房等设施；居住所必须具备的资源和服务是完备和持续的，如日照时间、安全的饮用水、能源电力、垃圾处理、排水设施和应急服务，等等；居住地点的选择应便于交通、就业、就学、医疗保健等，居住地点能够与其他社会资源

---

1 王宏哲. 适足住房权研究[C]// 徐显明. 人权研究（第七卷）. 济南：山东人民出版社，2008：116.

有效衔接，并且住宅不能建在威胁居民健康的受污染地区或邻近污染源的地方。

第三，住房价格可承受或是可负担得起的。即与住房有关的个人或家庭支出应保持在合理的水平上，而不至于使其他基本需要的满足受到威胁与损害。这实际上是对政府保障公民住房权利提出的一个具体的义务性要求，即政府应通过有效的法律和政策措施使住房价格保持一个较合理的水平。对此，国际上有一个较为通行的公式叫"房价收入比"，即住房价格与城市居民家庭年收入之比。比值越高，支付能力就越低。国际上公认的房价收入比的合理标准为住房价格是城市居民家庭年收入的3至6倍，不宜超过7倍。也就是说，一个家庭4到6年的收入，可以购买一套住房，是比较合理的。如果超过合理的房价收入比，就意味着对居民而言住房消费是不可承受的。目前在我国一些大城市，如北京、上海，房价已远远超过合理的"房价收入比"，住房价格的可承受性已成为当前我国解决住房问题的头号难题，政府必须通过各种政策措施抑制过高、过快增长的房价，否则，适足住房权的价值目标将很难惠及大多数人。

三、住房是美好生活的保障

"有了可居之处才有美好生活和幸福人生。"[1]住宅是人一生中最重要的生活空间，从降临人间到与世长辞，人的一生至少有一半以上的时间在住宅中度过。住宅维系家庭、关系福祉，住宅的好坏在很大程度上决定了生活质量的好坏。

自古以来，"安居乐业"是所有中国人最现实、最基本的生活追求。《老子》第八十章讲："甘其食，美其服，安其居，乐其俗。"这是老子心目中的理想社会。《黄帝宅经》虽然立足于风水理论讨论住宅，但却精确地道出了古代中国人对住宅与人之间关系的独特理解："宅者，人之本。人因宅而立，宅因人得存。人宅相扶，通感天地。"

住宅作为一种与人们的日常生活关系最为紧密的建筑类型，其

---

1 ［日］早川和男. 居住福利论——居住环境在社会福利和人类幸福中的意义[M]. 李桓译. 北京：中国建筑工业出版社，2005：序章.

基本的庇护功能除了遮风挡雨、使人的身体不受外界不利因素的侵袭干扰之外，还有一种精神庇护的功能，能够用一种实实在在的物质手段，给人们提供心理上、情感上的保护，能够给人提供一种在大地上真实的"存在之家"，或者说"存在的立足点"，使人类孤独无依的心灵有所安顿与归依，套用海德格尔的话说就是住宅的本质是让人安居下来，住宅是人类与物质世界之间精神统一形式的基本单元，这是住宅最深刻的伦理功能。汉娜·阿伦特（Hannah Arendt）在探讨古希腊城邦与家庭的关系时，从另一种角度谈到了住宅之于人的意义。她指出："城邦之所以没有侵害公民的私人生活，并且还把围绕着每一份财产而确立起来的界限视为神圣的，这并不是由于它尊重我们所理解的那种私人财产，而是由于这样一个事实：一个人假如不能拥有一所房屋，他就不可能参与世界事务，因为他在这个世界上没有属于自己的位置。"[1]住宅的这种兼顾身体与精神的双重庇护功能是任何其他形式的建筑类型所无法比拟的，也凸显了住宅对个人生存和美好生活的重要意义。

从更现实的层面看，住房是一种具有绩优性的商品，它具有其真实价值比人们所能认识到的表面价值更为优越的特性，它给人们带来的好处远远超过居住功能本身。住房还与邻里社会关系、社会地位、工作机会、教育机会等社会资源的获取有关，一个公民是否拥有健康、体面乃至良好的居住条件和居住环境，还会直接影响到个人的身心健康、心态成长、学习娱乐和家庭亲情的维系。美国规划学者利维（John M·Levy）指出："一个人的住处影响到其出入休闲娱乐场所是否方便，购物及其他生活服务设施是否便利，甚至，还有最重要的一点，是否有良好的就业机会。政策不当和经济实力失衡，把低收入者的居住地点和它能够胜任工作的地点分隔开来，就可能造成失业。长期的失业就能造成家庭破裂。"[2]进言之，住宅环境还在一定程度上影响居民的文明程度、道德水准乃至对社会的认同感。《孟子·梁惠王章句上》有一段非常有名的话："无恒产

---

1 [美] 汉娜·阿伦特. 公共领域与私人领域[C]//汪晖, 陈燕谷. 文化与公共性. 北京：三联书店，1998：63.
2 [美] 约翰·M·利维. 现代城市规划（第五版）[M]. 孙景秋等译. 北京：中国人民大学出版社，2003：97.

而有恒心者，惟士为能。若民，则无恒产，因无恒心。"这段话揭示了拥有稳定的财产（尤其是住房）与个人道德品质和社会安定和谐之间的内在联系。

此外，不良的居住条件和居住环境不仅会导致人们身体健康受到损害，也容易使人们的心理产生负面情绪或导致失衡状态，助长并滋生各种褊狭或极端行为，甚至诱发违法犯罪。国外有些研究表明，大量的越轨行为与人口的密集高度相关。人口密集居住或拥挤的感觉给人带来的压力和紧张，可能会诱发产生进攻或退缩的行为，如果这些行为不足以奏效的话，还可能会诱发心理或生理上的疾病。[1]还有统计资料表明在极度拥挤和恶劣的居住环境里成长的孩子，容易萌生孤独感、挫败感和对社会的仇视心理，产生暴力倾向。

四、住房问题关乎社会公正

公正是社会发展的核心价值。由于公正本身具有多种价值特性，为便于说明住房问题中主要涉及的社会公正问题，可以将公正概念区分为不同层次加以理解。景天魁根据公正概念的历史演变过程所呈现的不同特点，将社会公正概念区分为三个层次：一是属于伦理学和价值观层次（古代社会的公正更多体现为一种个人美德或理想的价值观）；二是权利和制度层次（近代社会的公正概念出现了新的特点，即对平等观念、平等权利的重视），三是社会政策和社会发展指标层次（两次世界大战后至今，越来越注重于通过社会政策实际地促进公正的实现，推动社会和谐的发展）。[2]从伦理学的视野来看，万俊人认为，公正（正义）内涵呈现出作为美德伦理概念与作为社会伦理概念的两重含义的历史演变过程。在美德伦理层次上，公正是一种一视同仁、公正无偏的正直品格；在社会伦理层次上，公正指的是社会基本制度的正义安排和社会对各种基本权利与义务的公正合理的分配。[3]综合上述两位学者的观点，就城市住房建

1　[美]保罗·诺克斯，史蒂文·平奇. 城市社会地理学导论[M]. 柴彦威，张景秋等译. 北京：商务印书馆，2005：262~263.
2　景天魁. 社会公正：理论与政策[M]. 北京：社会科学文献出版社，2004：8~12.
3　万俊人. 现代性的伦理话语[M]. 哈尔滨：黑龙江人民出版社，2002：97~99.

设与住房保障所涉及的公正问题而言，主要应强调社会政策和社会发展指标层次的公正取向与社会伦理层次上的正义原则。

无论是从社会伦理层次上的正义原则，还是从社会政策和社会发展指标层次上的公正取向加以审视，城市住房建设与住房保障都涉及和面临相应的社会公正问题。从社会伦理层次上看，公正原则要求每位公民应得的社会财富份额中，包含着国家为保障个人发展机会的平等所提供的一切条件，其基本的要求即罗尔斯所指出的："所有的社会基本善——自由和机会、收入和财富及自尊的基础——都应被平等地分配，除非对一些或所有社会基本善的一种不平等分配有利于最不利者。"[1]依此，作为公民最重要、最基本的财富和收入表现形式的住房资源，要求在社会成员之间进行平等合理地分配，任何人都不应该侵犯他人同等的权利，尤其是相同条件的家庭，从政府住房政策工具中获得的效益或承担的成本也应相同；同时，如果说住房建设和住房保障上的差别对待之所以能够被允许和容忍，乃是因为它们必须建立在公平的机会均等和符合处于最不利地位的人们能够获得最大利益的基础之上。易言之，以公正为价值依据构建的住房保障政策体系，旨在对市场经济运行机制下的弱势群体的基本居住权进行保障，实现对"居者有其屋"或"人人享有适当住房"的价值追求。

从社会政策和社会发展指标层次上看，公正取向注重于通过社会政策实际地促进社会公正的实现，并正确处理社会发展中公平与效率的关系。住房是一个作为政策工具的指示器，能清晰准确地反映出社会政策的实际效果。[2]如果现实的住房建设和住房保障制度导致保障的目标对象偏离低收入家庭，或者未能覆盖城市中绝大部分的低收入阶层；或房价过高远远超出普通居民的承受能力，并进一步拉大贫富差距，则说明政府未能通过住房方面的规划政策、社会保障、社会福利以及相关税收和分配等方面的政策有效地促进社会公平与和谐。在我国，住房价格从2003年开始一路飙升，远远超过

---

1 [美]约翰·罗尔斯. 正义论[M]. 何怀宏, 何包钢, 廖申白译. 北京：中国社会科学出版社, 1988：292.
2 邓卫, 宋扬. 住宅经济学[M]. 北京：清华大学出版社, 2008：330.

居民收入增长速度，大部分普通居民或"望房兴叹"或成为"房奴"。"蜗居""蚁族"成为流行语，也凸显了近年来都市高房价压力之下低收入群体住房问题已成为一个突出的社会问题。目前我国城镇还有相当数量的贫困家庭在极端恶劣的住房条件下生活。同时，城市政府利用既有户籍制度建立起来的一种区别化的住房保障体系，并没有把日益增多的进城务工人员考虑在内，使他们无法享受与户籍制捆绑的住房福利，显然有违公平原则。

从住宅产业发展的效率指标来看，随着20个世纪90年代开始的住房市场化、商品化，住宅建设规模迅速扩大，住宅建设取得了巨大的成就，城乡居民住房条件持续改善。按照国家住房和城乡建设部以及中国统计年鉴的统计数据，20个世纪80年代初期，我国城镇人均住宅建筑面积不足8平方米。20世纪90年代开始的住房改革正是为了纠正过去几十年来城市住房由政府单独提供所导致的低效率问题。随着住房商品化的推进，到2007年底，按户籍人口计算，中国城镇人均住宅建筑面积达到28平方米左右，人均每年增加1平方米。同时，住房的规划设计水平、配套设施水平和功能质量、环境质量也明显提高。

从住宅产业发展的公平指标来看，在改革过程中建立起来的新的住房制度和政策，使得住房严重短缺问题基本得到解决，城镇居民住房条件明显改善，绝大多数百姓体会到了房改的好处。实践证明，住宅商品化制度比以前单一的住房行政供给制更有利于实现"居者有其屋"的目标。然而，在推进住房制度改革的过程中，政府在提供住房保障责任的相关职能和作用方面却存在明显缺位。突出的表现是，我国住房政策的目标过于注重从促进经济快速发展的角度推进住房制度改革、加快住房市场发展，从而忽略了住房对保障基本民生权利和社会公平的作用，过分强调住房的商品属性，忽略了其公共产品和社会保障属性，形成了一种重效率、轻公平或重"市场"、轻"保障"的片面化倾向。例如，根据《中国统计年鉴（2008）》的数据，我国经济适用房投资占住宅总投资的比重很低，1998～2003年所占比重平均为11.52%，2004～2007年则下降到5.33%。2009年10月28日，全国人大财政经济委员会公布的一份权威报告显示，在2009年中央预算安排的重大公共投资项目中，保障性住房建设进度缓慢，截至2009年8月底仅完成投资394.9亿元，完成率为23.6%。这些数据说明，城市住房供应结构不仅存在一定程度的不合理，即公共住房供应量偏低，同时政府对保障性住房建设的重视程度和实施力度仍有待加强。政府负责的公共住房是社会住房供应体系的基石，是政府对民众尤其是低收入民众应当承担的保障民生和改善民生的重要责任。然而，总体上看，与商品房市场高速增长不相适应的是，着眼于公平目标，主要针对低收入群体的公共住房建设却存在不同程度的法律法规不完善、资金投入不足、供给不足、保障覆盖范围不宽、目标对象偏离等问题，尤其是当前廉租房建设完成率不足1/4，经济适用房腐败丑闻频繁出现的现状，更是凸显了城市住房建设公平性缺失的问题。有学者在论及当前中国城市住房开发的正当性危机时指出："'住房保障'制度在今日世界各国也不仅是发达国家、且也是像前社会主义国家俄罗斯甚至印度这样的发展中国家的社会保障的内容之一。在这样一些价值和制度的参照下，'为有钱人造房'、以级差地租原则重新安排各阶层空间秩序，从而让土地/空间利益最大化的中国的城市开发，无可避免地会遇到来自公平正义的价值批判。"[1]

　　显然，把握好效率与公平的结合点，仅仅追求住房面积统计学意义上平均数的增长是远远不够的，还应当在政策取向上确立"住房公正"的理念，着力解决低收入居民住房困难的问题，提高住房保障水平，通过政策调节努力缩小住房上的贫富差距，体现人人分享改革开放成果的精神，才是和谐社会的真正目标。

1　陈映芳. 城市开发的正当性危机与合理性空间[J]. 社会学研究，2008，3.

17

城市公共空间的伦理意蕴（外二篇）*

公共空间的设计与管理不是单纯的技术问题，我们应当把城市公共空间的设计与管理作为以空间方式介入社会问题、伦理问题的一种积极途径，应当深入到市民日常生活层面，对人的生理、心理和精神等方面的各种需要予以理解、重视与关怀。

---

* 本文最初发表于《现代城市研究》2008年第4期，本书收录时进行了修订，并新配插图。

一般而言，对城市公共空间的意义分析与研究，可以有不同的视角与层次：其一是从客观存在的物质环境形态分析，将空间看成是一种中性的、物理性概念，偏重于建筑学专业领域的实证研究；其二是从它对人的交往行为模式和心理需要层面上所产生的影响进行分析，偏重于环境行为学、环境心理学方面的讨论，既有实证性分析，也有价值性评价；其三是分析公共空间所表达或蕴含的政治、哲学与文化观念（包括社会伦理内容及其他精神和社会文化现象），偏重于人文角度的切入，主要从价值原则出发评价公共空间的优劣。以下我从伦理和人文视角出发，探讨城市公共空间所蕴含的一些价值性、伦理性因素。

一、公共空间概念辩析

　　公共空间是一个含义十分宽泛的概念。从学界对此问题的讨论来看，至少有两种视野，一个是政治文化意义上的公共空间概念，另一个是物质环境意义上的公共空间概念。

　　政治文化意义上的公共空间即"公共领域"（public sphere）概念是一个民主化的概念，源自于古希腊雅典时代的Polis（即城邦）。当时，在市政广场（Agora）进行的公民大会是公共领域的典型形式，此外公民可以任意在广场自由地发表言论并参与公共事务的讨论也同样显示了公共领域的存在。所以，法国学者让-皮埃尔·韦尔南说："城市一旦以公众集会广场为中心，它就成为严格意义上的城邦"。[1]

1　[法]让-皮埃尔·韦尔南. 希腊思想的起源[M]. 秦海鹰译. 北京：三联书店，1996：34.

近代以来，西方关于公共领域概念的讨论以汉娜·阿伦特和尤尔根·哈贝马斯（Jurgen Harbermas）为最重要的理论来源。阿伦特认为，公共领域的"公共"这一术语，首先意味着凡是出现于公共场合的东西都能够为每个人所看见和听见，具有最大程度的公开性，其次"公共"一词表明了世界本身，"在世界上一起生活，根本上意味着一个事物世界（a world of things）存在于共同拥有它们的人们中间，仿佛一张桌子置于围桌而坐的人们中间。这个世界，就像每一个'介于之间'（in-between）的东西一样，让人们既相互联系，又彼此分开。"[1]哈贝马斯的公共领域概念得益于阿伦特，他试图给资产阶级的公共领域一个历史社会学式的分析，他所指的公共领域是介于国家和社会之间的一个领域，是"政治权力之外，作为民主政治基本条件的公民自由讨论公共事务、参与政治的活动空间"。[2]

在建筑学专业中讨论的公共空间概念，指的是物质环境意义上的公共空间概念。李德华主编的《城市规划原理》指出："城市公共空间狭义的概念是指那些供城市居民日常生活和社会生活公共使用的室外空间。它包括街道、广场、居住区户外场地、公园、体育场地等……城市公共空间的广义概念可以扩大到公共设施用地的空间，例如城市中心区、商业区、城市绿地等。"[3]美国学者玛格丽特·柯恩（Margaret Kohn）认为，公共空间是指城市中所有居民，无论其收入与身份，都可以免费（或以最低成本）并自由使用的空间系统，包括政府所有的及私人开发但向公众开放的场所。[4]

乍看之下，政治文化意义上的公共空间与物质环境意义上的公共空间概念似乎毫无关联，但实际上这两者是有内在联系的。

首先，政治文化意义上的公共空间需要物质环境意义上的公共空间作为其媒介或载体，并且广场等有形的物理空间对无形的精神活动有着强烈的心理暗示和诱导能力，这一点对于确立政治意义上的公共领域有重要作用。"物质空间在人类公共生活的发展史中、在

1　[美]汉娜·阿伦特. 人的境况[M]. 王寅丽译. 上海：上海世纪出版集团，2009：34.
2　[德]哈贝马斯. 公共领域的结构转型[M]. 曹卫东等译. 上海：学林出版社，1999：124.
3　李德华. 城市规划原理》（第三版）[M]. 北京：中国建筑工业出版社，2001：491.
4　Margaret Kohn. *Brave New Neighborhoods: The Privatization of Public Space*. New York：Routledge，2004，pp11-14.

各种生活机制的形成和运作中起到了重要的作用……可以说，空间作为一种载体已经成为公共生活机制的组成部分，它对公共生活所产生的影响在很大程度上配合了公共生活机制的运行"。[1]古希腊城市的公共空间，如市政广场、神庙、露天剧院、运动场等，都是城邦公共生活得以展开的"场所"，赵汀阳说："正是神庙和广场在客观条件上使公众集体活动成为可能，而且赋予严肃的、分享的、共命运的气氛，它在城邦的政治化过程中具有特殊意义。"[2]近代社会，这种物化的公共空间演变为哈贝马斯所说的各种自发的公众聚会场所的总称，主要指城镇广场与各种沙龙、咖啡馆、俱乐部和剧场等。没有物质环境意义上的公共空间作为依托，政治文化意义上的公共空间便无法实现。以法国为例，从18世纪启蒙运动到法国大革命前夕，政治家、哲学家便经常在沙龙或咖啡馆讨论哲学和政治，并成为一种经验和习惯。咖啡馆这样的小型公共空间渐渐成为知识分子和革命领袖交流思想、批评时政的理想场所。例如，在乔弗林夫人（Madame Geoffrin）主办的文艺沙龙里，男人们与女人们聚集在一起，在启蒙运动泰斗伏尔泰的半身塑像下，阅读和聆听他创作的剧本。在场的人中有哲学家卢梭、阿朗贝尔、朱利叶·德·莱斯皮纳斯等（图56）。又如，德·莱丝皮纳斯小姐的沙龙是百科全书派的聚集地，乔芙林夫人的沙龙里有不同社会阶层的人，他们讨论时政、经济、信仰等各个领域的问题。法国启蒙思想运动的代表人物孟德斯鸠也奔走于巴黎各著名沙龙，他说："它们（沙龙）已经成为某种意义上的共和国，成员都非常活跃，相互支持帮助，这是一个新的国中之国。"[3]

其次，物质环境意义上的公共空间虽然是具备承载使用活动功能的物质空间，可以用数理方法准确描述，但它绝非单纯的物质空间形式，它总是体现为某些特定的社会功能，蕴含着丰富的精神、文化与政治要素，一直与人的价值观或意识形态领域相联系。如传统的公共空间尤其是广场，本身的物质功能往往被其凸显的精神功

---

1 于雷. 空间公共性研究[M]. 南京：东南大学出版社，2005：28.

2 赵汀阳. 城邦，民众和广场[J]. 世界哲学，2007，2.

3 [美]艾米丽亚·基尔·美森. 法国沙龙的女人[M]. 郭小言译. 北京：中国社会科学出版社，2003：147.

图56　油画：《1755年乔弗林夫人沙龙》（Madame Geoffrin's salon in 1755）。作者：Anicet Charles Gabriel Lemonnier

能所冲淡。它或者是举行宗教仪式的场所；或者是一种政治权力的象征物。如西方古典广场上有象征主权的权柱、歌功颂德的记功柱、威风凛凛的君主雕像；或者是一个纪念与英雄崇拜的场所，承担着道德说教的功能；或者是市民谈论与参与时政、观察世态万象、体验归属感的地方。

现代社会，随着电视、网络等大众传媒的发展与普及，导致公共性经验与共享的物质性空间分离，公共空间的形态逐渐非物质化和多元化，从根本上改变了人们体验公共生活、参与公共事务的方式，也降低了人们聚集于城市公共空间的密度。然而，现实中的人们又永久地需要在真实的而非虚拟的公共空间中进行面对面的社会交流，这乃是人性的需求和任何社会生活形式的基础之一，其特殊的社会文化价值、心理与精神价值是虚拟性公共空间不能完全替代的。一些建筑学者也从社会政治或文化的维度研究公共空间问题，如台湾学者夏铸久提出"公共空间是在既定权力关系下，由政治过程所界定的、社会生活所需的一种共同使用之空间。"[1]德国规划学者赫尔穆特·博特（Helmut Bott）则强调："我们对于城市性的理解

1　夏铸久. 公共空间[M]. 台北：艺术家出版社，1994：17.

在数字时代越来越迅速地不断被叠加上新的层次，其中包含着许多不同的形象。尽管如此，在公共空间中交流和逗留的古老形式永远都不会彻底消失。城市中许多构造和组织都会发生彻底的改变，但同时又会有许多东西保留在我们所信赖的城市中。"[1]

二、城市公共空间的伦理价值

在对政治文化意义上的公共空间与物质环境意义上的公共空间的阐述中，我们可以明显看到公共空间所具有的特殊的政治伦理价值。例如，自从雅典卫城成为公共文化圣地之后，古希腊城市便不再以宫殿为中心，而以市政广场作为公民的日常生活中心。市政广场虽然具有商业与文娱交往等多种社会功能，但从某种意义上说，它首先是一个宗教与政治活动的场所。一方面，它为公民以敬神的名义所举行的各种仪式提供了一个空间；另一方面，它又是城邦公民共同参政议政、自由发表言论、表达民主权利的政治生活空间。罗马共和国时期的市政广场（Forum）同样既是市民聚会和商品交易的场所，也是城市的政治活动中心和精神生活的重要物质载体。罗马帝国时期，由于中央集权的强化，广场主要成了君主和权贵们树碑立传、歌功颂德的场所。中世纪由于教会力量的强大，以教堂建筑为主体、与宗教仪式相结合的教会广场或宗教性广场成为城市的重要象征符号。从文艺复兴盛期到巴洛克风格晚期（16世纪中～18世纪中）约200年的时间里，广场的设计理念在一些主要的欧洲城市经历了根本性的变化，反映到空间形态上，则是市民广场特征的削弱，广场基本上成为展示个人纪念碑的场地，变成象征绝对君权的工具，而不是为平民百姓提供城市公共生活的舞台。[2]例如由路易十四下令修建的旺多姆广场（图57），1702年奠基，最初叫"征服广场"，后来又改称"路易大帝广场"。直至1792年，广场中央一直竖立着一座路易十四骑马像，并以严格的秩序感和整体性展示君权的至高无上与中心地位。在近现代，从阿伦特和哈贝马斯对"公

---

1 ［德］赫尔穆特·博特. 今天的城市性[J]. 刘涟涟，蒋薇摘译. 国际城市规划，2010，4.
2 叶珉. 城市的广场[J]. 新建筑，2002，3.

图57　法国巴黎路易大帝广场，即现在的旺多姆广场，广场正中央一度竖立着一座路易十四骑马像

（图片来源：斯皮罗·科斯托夫：《城市的组合——历史进程中的城市形态元素》，邓东译，北京：中国建筑工业出版社，2008年，第162页。）

共空间"的阐述中，可以看出现代城市刚诞生时，城镇广场、剧场、沙龙、街道等公共空间成了通过公开、平等而自由的讨论与对话来说服民众和影响立法的最佳场所。

正如宏大壮丽的建筑可以像任何上层建筑一样，变成意识形态的工具或权力的象征，以展示国力并彰显君主的重威，某些大型的公共空间，如宏伟的集会、检阅用广场，同样具有上述政治伦理功能。虽然一些城市社会学的研究者认为，公共空间作为现代城市强有力的社会活动和政治活动的理想场所的价值已经逐渐丧失，但仍有不少学者坚信公共空间的政治价值。

现当代，在大多数国家，宗教崇拜、政治力量已不再是公共空间追求和表达的主题，城市广场也不再像古希腊、古罗马和中世纪那样成为城市生活的轴心，它赖以存在的各种社会、经济、文化和实体环境条件也相应发生了巨大变化。而且，现代城市生活在内容和选择上的多样性以及在充斥着电视、电脑与网络游戏的自娱自乐的时代中，人们与外部公共空间的心理上的和实际使用上的依赖与联系比以往要薄弱得多。然而，这并不表明公共空间对现代人而言不再重要了，而是它在向不同形式、不同功能和不同需求转变。欧美一些国家从20世纪70年代开始的、对现代主义的松散型城市观和功能主义规划的批判反思中，重新认识到了城市公共空间之于城市生活的许多重要价值。我认为，现代公共空间的伦理价值或者说评价城市公共空间优劣的价值原则，集中体现在它作为人性场所、满足人性化需求的这一精神功能上。

　　"人性化"是一个争议颇多、内涵丰富的概念。哲学上讲的人性即人的特性，是指可以把人与动物区别开来的各种特性，主要强调人的社会属性。建筑学与城市规划语境中的"人性化"概念，主要是从人的生理、心理、社会、精神等需要层面界定的。现代美国人本主义心理学家马斯洛曾用生命存在心理学的方法，分析了人性化需求的过程和内容。马斯洛认为，人的内在需求是一个开放性、多层次的主动追求系统。人的最基本的心理需求是物质的满足和生理需求，人的第二层次的心理需求是对安全（包括财富和权力）的追求，基本上仍然是物质性的追求，并不具备较为明显的精神道德性。人的心理需求的第三个层次是对归属、合群与爱等精神价值的要求，人性的社会伦理价值开始彰显。而我们讨论的现代公共空间作为人性场所的精神功能，主要就是指其满足这一层次的人性化需求。因此，城市公共空间人性化的主要特征是，公共空间不但给市民以舒适感和安全感，同时也给市民以充分的交往自由、认知和体验城市的最佳场所，以及对于人的需求的全方位满足。公共空间人性化的努力，代表了赋予物质环境以伦理意蕴的努力。美国心理治疗医生乔安娜·波平克（Joanna Poppink）认为，城市居民所经受的恐惧感和不信任感很大程度上与缺乏能使不同人群交流的公共空间有直接的关系，她说："只要不离开房间，人们就会被电视所创造的虚幻感和人们自己的恐惧感所占据。"[1]良好的公共空间可以吸引人们走出房间，进行社会交往活动，这样就能增强人们的归属感，减少孤独和不信任感。

1　［美］克莱尔·库珀·马库斯，卡罗琳·弗朗西斯[M]．人性场所——城市开放空间设计导则（第二版）．俞孔坚，孙鹏，王志芳等译．北京：中国建筑工业出版社，2001：3.

图58 北京玉渊潭公园锻炼和自娱自乐的人们（秦红岭摄）

　　此外，那些免费开放的或收费低廉的公共空间还有一种重要的功能不能忽视，就是抚慰各个阶层尤其是中下层人群的作用。简·雅各布斯说："街区公园或公园样的空敞地被认为是给予城市贫困人口的恩惠。"[1]此话颇有道理。市民公园是普通市民，尤其是退休的大爷大妈们的主要休憩场所，他们去公园唱歌、唱戏、跳交谊舞、扭秧歌、看热闹，或者仅仅是瞎溜达。公园成了这些普通民众寻找生活乐趣、满足情感需求的理想场所（图58）。这些市民公园之所以是普通人愿意待的地方，是因为到这里休闲放松是低成本甚至无成本的，这里优美的环境是对所有人平等开放的——无论贫富，无论社会地位的高低，人们可以在这里共同享受空气、阳光和

---

1 ［加拿大］简·雅各布斯. 美国大城市的死与生（纪念版）[M]. 金衡山译. 北京：译林出版社，2006：79.

自由。在这里，人们的心理距离拉近了，可以进行大量的自发性活动和社会性活动，更多地与他人交流与沟通，获得亲切、尊重、舒心、愉悦等心理感受，从而产生一种对这个城市的认同感与归属感。所以，一个城市若没有给予普通民众，尤其是中低收入者提供低廉的或免费的公共空间，就是缺乏人文关怀的城市。

三、城市公共空间人性化的主要特征

概括地说，人性化的城市公共空间（主要以广场为例）应鲜明体现在以下特征中。

个性化与多样化。所谓人性，总是通过个性来表达的。公共空间的个性化除了指在城市公共空间的设计与建设中应当尊重历史文脉，突出文化特色，创造空间的地域个性特征外，尤指要尊重不同人群的个性化与多样化的需求，建立具有层次性的公共空间系统。近些年来，伴随经济社会发展而来的大规模城市建设与旧城更新的进程，我国各地城市公共空间建设取得了不小进步，尤其是兴建了大量广场。但这些广场以大型、超大型的城市代表性广场和纪念性广场居多，与市民生活最为贴近的各具特色的小型广场、街心公园等公共空间建设却投入不足。其实，在今天这个时代中，相对于大型公共空间而言，服务于周边人群或特定人群的小型公共空间由于具有亲切性、可及性、多样性等特性，才更有魅力，更能体现市民在城市公共空间中的主导地位。美国学者克莱尔·库珀·马库斯（Clair Cooper Marcus）和卡罗琳·弗朗西斯（Carolyn Francis）曾经指出，"在这个高度流动、多样化、快节奏的年代中，相对于城镇广场的陌生感，许多人更喜欢身边的邻里公园、校园庭院或办公区广场中社会生活的相对可预期性。[1]

人文关怀。"以人为本"的人道价值即人文关怀，具体而言，它是对社会个体的生存与生活、物质与精神需求的真情关切，它是对社会个体权利、价值及尊严的充分确认和有力保障。良好的公共

---

1 ［美］克莱尔·库珀·马库斯，卡罗琳·弗朗西斯. 人性场所——城市开放空间设计导则（第二版）[M]. 俞孔坚，孙鹏，王志芳等译. 北京：中国建筑工业出版社，2001：4.

空间既给人以交往的自由，又给人以便利感与舒适感，总之，它所呈现的是细致周到的"侍者"形象，这一形象便折射出人文关怀的光芒。

人文关怀的核心是正确认识和处理空间享用的平等性与差异性的关系。空间享用的平等性应建立在承认和关怀城市群体差异性的基础上，避免同一化或通用性的城市公共空间设计，真正做到以人为本。其一，规划政策和空间设计要充分考虑与照顾弱势群体（如残疾人、老年人、儿童）的特殊需要和利益，这是达到社会公平的基本指标。然而，在我国许多城市的公共空间设计和建设中，弱势群体并未得到细致关怀。如很多广场坐憩设施不足并缺乏遮阳设施，如厕设施也较缺乏；无障碍设施缺失及缺乏连续性的现象，如坡道缺失的现象较普遍；散步通道地面铺材不便于老人行走，路线设计不当，等等。其二，空间设计需要性别敏感，关注女性的心理需要、行为方式和独特经验。例如，女性对于公共空间安全性要求一般高于男性，因而如何通过合理的设计提高女性在公共空间中的安全感便尤为重要。

场所感。"场所感"是一个重要的环境美学范畴，它与人的具体生存环境以及对其的感受息息相关，它是指人对空间为我所用的特性的体验。理想的公共空间所营造的具有地方特色和生活情趣的景观意象，有助于增强人们的场所感和家园意识，使进入其中的人们感到亲切、自在与惬意。美国景观美学家阿诺德·伯林特（Arnold Berleant）指出，场所感是现代城市所缺失的东西，"场所感不仅使我们感受到城市的一致性，更在于使我们所生活的区域具有了特殊的意味。这是我们熟悉的地方，这是与我们有关的场所，这里的街道和建筑通过习惯性的联想统一起来，它们很容易被识别，能带给人愉悦的体验，人们对它的记忆中充满了情感。"[1]因此，城市公共空间的设计与建造若千篇一律，缺乏易识别的、具有地方特色的景观意象，便难以使人感受到令人愉悦的"场所感"。

空间尺度宜人性与易交往性。人们要求城市公共空间与他自身

---

1 ［美］阿诺德·伯林特. 环境美学[M]. 张敏，周雨译. 长沙：湖南科学技术出版社，2006：66.

的尺度，与其生理、心理与审美的要求相适应，并且使其有足够自由交往的空间，从而活动于一个在感觉上"被接纳"的环境中，应该说是很自然的。街道的尺度过宽，虽然在某种程度上说有利于交通，但并非合乎人性需要，尤其是现在一些大城市对所谓汽车时代的消极顺应使城市道路和空间尺度日益膨胀，而富于个性和地域特征并有利于行人交往的传统街市界面却逐渐消失。广场也是如此，它的空间尺度应与它所具有的基本功能相关。若是纪念性、政治性或是庆典性集会广场，空间尺度可以大，如北京天安门广场面积约44公顷。但是，城市中绝大多数广场是市民广场，它们的设计应以眼睛感知能力的范围为依据。日本建筑师芦原义信建议的外部空间最大尺度约1.04～1.62公顷。被誉为"欧洲最美丽的客厅"的威尼斯圣马可广场面积不过1.28公顷，而我国某些中小城市的广场远远超出这种规模，如山东潍坊人民广场的面积接近天安门广场（43.3公顷）。公共空间尺度过大，既让人感到不亲切、空旷冷漠而且毫无生气，又难以引发人们的自发性交往活动，所以"尺度根本不是什么抽象的建筑概念，而是一个含义丰富，具有人性和社会性的概念"[1]。

另外，人性化的公共空间，往往给人们提供了一种人与人面对面观察、联系和交往的理想场所，是人们愿意呆的地方，在这里可以支持大量的自发性活动和社会性活动，可以吸引人们停留与闲谈，获得亲切、尊重、愉悦、安全等心理感受，产生强烈的认同感与归属感。因此，从一定意义上讲，公共空间建构的要点，是适应人群交流的具体需要并为其提供方便。丹麦城市设计专家扬·盖尔较为细致地探讨了人们户外活动与户外公共空间品质之间的关联，他指出："所有自发性的、娱乐性的和社会性的活动都有具有一个共同的特点，即只有在逗留与步行的外部环境相当好，从物质、心理和社会诸方面最大限度地创造了优越条件，并尽量消除了不利因素，使人们在环境中一切如意时，它们才会发生。"[2]

公共艺术的成功介入。简言之，公共艺术是指在公共空间中长

1　[英] 布莱恩·劳森. 空间的语言[M]. 杨青娟，韩效等译. 北京：中国建筑工业出版社，2003：53.
2　[丹麦] 扬·盖尔. 交往与空间（第四版）[M]. 何人可译. 北京：中国建筑工业出版社，2002：175.

图59 格拉斯哥市格尔巴尔区王冠街（Crown Street ）再生改造计划中，公共
艺术与建筑相映生辉，如图为"看门人"雕塑（The Gatekeeper）
（图片来源：http://www.hypostyle.co.uk/projects/residential/crownstreet-19.html）

期置放的艺术作品，如雕塑、壁画等。公共艺术的本质特征是其公共性，因而从广义上说只要在时间和空间上能够和公众发生广泛联系的一切艺术样式都属于公共艺术。近代以前，尤其是西方中世纪时，公共艺术承担着强烈的权力颂扬、英雄崇拜、宗教敬畏和道德说教等使命与功能。近现代以来，虽然公共艺术的宣传导向与社会教化职能有减弱的趋势，但仍不可轻视其潜移默化的伦理教化和精神陶冶功能。尤其是公共艺术与城市的环境品质有密切关联，它为城市创造了人性的、优美的精神空间和人际交流场所，并不断满足公众的心理和情感需要。翁剑青认为，"艺术对城市空间的成功介入，则可能彰显艺术本身的精妙及其人文精神，使人们的情感暂且超越浮躁与凡俗；此外，可能在为人们创造出具有兴味的和乐于邂逅相聚的空间环境。"[1]英国城市格拉斯哥市的戈尔巴尔区旧城改造比较成功，使曾经一度犯罪活动频发的戈尔巴尔区（Gorbals）逐渐脱胎换骨。戈尔巴尔区旧城改造成功的一个重要秘诀便是特别注重公共艺术和建筑设计、公共空间的有机融合。他们邀请了伦敦知名的艺术家，设计与环境、建筑相适应的艺术作品（图59）。反观我国城市中一些公共艺术，如广场雕塑，应当说成功介入的范例不是很多，要么是雕塑作品本身缺乏与

1　翁剑青. 当代艺术与城市公共空间的建构[J]. 美术研究，2005，4.

公众交流的特性，从形式和造型上的可及性、互动性不强；要么是雕塑作品与周围的建筑环境和景观不能和谐共存、融为一体并使人产生共鸣；要么是雕塑作品本身的粗制滥造、俗不可耐，不能浸润人的心灵，满足人们高雅的审美品位。

公共空间的设计与营建不是单纯的技术问题，我们应当把城市公共空间的设计作为以空间方式介入社会问题、伦理问题的一种积极途径，应当深入到市民日常生活层面，对人的生理、心理和精神等方面的各种需要予以理解、重视与关怀。芬兰建筑大师阿尔瓦·阿尔托曾说："建筑，这个实际的东西，只有当我们以人为中心时才能悟知。"[1]对于城市公共空间的建设而言，可以这样说，只有当人处于中心地位时，富有伦理意蕴的公共空间才得以展现。

1　刘先觉. 阿尔瓦·阿尔托[M]. 北京：中国建筑工业出版社，1998：29.

让城市公共空间充满人文关怀*

公共空间是否充满人文关怀，对提升一个社会、一个城市的文明度有不可忽视的作用。

* 本文发表于《瞭望》周刊2014年第47期，新配插图并修订。

美国纽约城市规划委员会主席阿曼达·博顿（Amanda Burden）在一次著名的演讲中说："公共空间可以改变你在城市中的生活，改变你对城市的感受，影响你在城市之间的权衡选择，公共空间的存在，是你选择居住的城市时重要的衡量标准之一。我相信，一个成功的城市就像一场美妙的聚会，人们选择留下来是因为他们在这里享受着欢乐时光。"[1]的确，所有成功的城市，都有美好的公共空间。这样的公共空间，提供了一种人与人面对面观察、联系和交往的理想场所，让人们获得亲切、舒适、愉悦等心理感受，产生强烈的认同感与归属感，它所呈现的是细致周到的"侍者"形象，折射出人文关怀的光芒。

充满人文关怀的公共空间首先应以安全性和舒适性为前提。安全性是人们选择公共空间的重要依据。例如，公共空间近人设施的安全性设计便是一个不可忽视的方面。尖锐的金属栏杆、光滑易摔的地面是公共空间建设中应避免的安全隐患。又如，低于儿童身高的公共设施应充分考虑其材料、结构、工艺及形态的安全性，尽量避免公共设施本身的安全隐患可能给儿童带来的意外伤害。舒适性主要涉及自然环境的物理条件（主要包括温度、湿度、风速、噪音等）与人工环境设施使用性两个方面。从自然环境的物理条件而言，公共空间的设计应尽量做到冬季向阳防风，夏季遮阳通风，增加场地植被与树木，利用周围的自然条件和地形地貌，创造有利的微气候条件。从人工环境设施使用性而言，公共空间建设中应提供诸如座椅、照明灯具、公共厕所、指示牌、告示牌等设施，尤其应提供充足舒适的坐憩设施。总之，最好的公共空间总是让人倍感安全和

---

1 阿曼达·博顿：TED2014演讲："公共空间怎样让城市生动起来？"，http：//www.ted.com/talks/

舒适的场所。

公共空间的人性化努力，应尊重不同人群的个性化与多样化的需求，建立具有层次性的公共空间系统。近几十年来，中国城市在大规模城市建设与旧城更新的进程中，公共空间建设取得了很大进步，尤其是在城市道路整治、广场建设、公园绿化以及城市重要景观的改造方面，取得了突出成就。对此，我们一方面应看到，公共空间的建设改善了市民的生活环境与生活品质；另一方面，也应该反思城市公共空间建设中出现的某些背离空间人文价值属性的现象。例如，重视作为"形象工程"的城市大型公共空间建设，而与市民生活最为贴近的各具特色的小型广场、街心公园等公共空间建设却有待加强。今天这个时代，相对于大型公共空间而言，服务于周边人群或特定人群的小尺度公共空间，由于具有亲切、易达性、多样性等特点，才更有魅力，更能体现市民在城市公共空间中的主导地位，也有利于地域身份意识在周边居民间的建立。试想，1个10万平方米的城市大广场，和100个1000平方米的社区广场或街心公园，在占地面积相同的前提下，哪一种能更好地服务于市民的日常生活呢? 显然是后者。因此，城市在规划布局公共空间时，要充分考虑人口规模、分布情况、城市居民的生活习惯、交通组织等各方面因素，从定位、定量、定性等方面对城市公共空间进行统筹安排，避免过分注重中心广场与大型公园的开发建设，忽视满足人们日常晨练、散步、休闲、交谈的社区广场与街心公园的建设。

人性化的公共空间应富有个性和场所感。我们向往和憧憬一个城市，很大程度上是为这座城市的独特个性与风格所吸引。不同城市的建筑及公共空间，应体现着不同城市的地域特色、文化韵味和生活方式，并在城市发展进程中，慢慢积淀为城市文化的一部分。高品质的公共空间，是社会生活的"容器"，是城市历史的"舞台"，可以成为沟通现代与传统的一个桥梁，唤起人们对城市历史文化和生活风尚的追忆与感知，成为传承城市文化的一个重要载体。而且，只有在保持这种文化生态的连续性时，公共空间才能获得持续的发展动力。因此，城市公共空间的设计与建设，首先应当尊重城市的肌理与历史文脉，突出城市文化的地域特点。成功而富有文化吸引力的公共空间设计，一定是在尊重城市文脉的基础上挖掘更积极的空间潜力。同时，越是富有文化个性和地方特色的公共空间，越会使人产生场所感，他们往往是一个可以唤起人们记忆的有故事的地方，令人感到一种熟悉的"地方感"。

公共空间的设计与营建需要细节方面的敏感周到。人们常说，细节决定成败。其实，细节也是决定城市是否真正做到了人文关怀的试金石，尤其是当城市在大规模建设基本完成之后，更需要透过城市细节的改善，使城市功能不断完善，使城市品位进一步提高。细节和周到体现在方方面面。首先，公共空间设计应当注意对人群细分的关怀。例如，公共空间的无障碍设计与管理是否体现了对残疾人的周到关怀？公共空间设计是否充分考虑与照顾了老年人与儿童的特殊需要？公共空间设计是否有细节方面的性别敏感（图60）？其次，如何让艺术有效介入公共空间，并非仅仅是在公共空间中放置雕塑等艺术作品，而要注重那些看起来不起眼的细节设计，例如，城市道路下水道井盖的设计、通风口的设计、变电箱和电信交换箱的设计（图61）、公共空间劝诫标示的设计、垃圾桶的设计、街道家具的设计，甚至台阶的美化。营造城市富有温情的文化氛围，不能缺失这些细节品质带给人们的不经意的美好感受与文化陶冶。

图60 台北地铁郊区线路设有夜间妇女候车区（秦红岭摄）

图61 台北街道上的电信交换箱装饰有不同风格的图案（秦红岭摄）

城市管理：细节决定宜居*

人们常说，细节决定成败。其实，细节也是决定城市管理是否健全的重要因素，是决定城市公共安全是否有充分保障，并真正做到以人为本的试金石。

---

* 本文发表于《瞭望》周刊2015年第4期，收录本书时进行了修订。

2014年"12.31"上海外滩陈毅广场踩踏事故悲剧，引发了人们尤其是城市管理者的深刻反思。我们除了应当反思如何提高城市公共安全水平以适应现代化大都市的发展之外，更应该引起我们思考的是，我们的城市在经济快速发展、城市硬件水平不断上档次的同时，在城市规划的人性化水平、在城市管理的"软件"方面、在城市公共设施的细节关怀等方面，与市民对宜居城市的期望，与世界上一些管理先进的城市，还存在较大的差距。

城市管理，尤其是特大城市的管理，是一项极为复杂的系统工程，涉及的方面很多。对于城市管理而言，基础设施建设、管理模式创新、智慧城市推进等固然重要，但与全体市民的安全感、幸福感紧密联系的城市细节关怀却长期得不到应有的重视。如此，才可能出现有学者所说的我国大中型城市"能打赢大型战役，却在日常管理中落败"的城市治理窘境。

人们常说，细节决定成败。其实，细节也是决定城市管理是否健全，决定城市是否美好的重要因素，是决定城市公共安全是否有充分保障，并真正做到以人为本的试金石，尤其是当我国城市在大规模更新和建设基本完成之后，更需要透过城市细节的改善，使城市功能不断完善，使城市管理和城市品位进一步提高。

奥地利首都维也纳在全球宜居城市评比中总是名列前茅。这个城市并没有豪华新奇的标志性建筑，没有壮观大气的城市广场，也没有鳞次栉比的摩天大楼，却有功能混合、指标精细的城市规划法规，四通八达的地铁和地面公交系统，像毛细血管一样遍布全城的步行网络，以及那些与市民生活紧密联系，让市民感到安全、舒适的公共设施和公共空间。

丹麦首都哥本哈根的城市管理，则向我们诠释了为何人性化的城市设计会引导更好的行为。仅以哥本哈根最为成功、最有特色的自行车管理为例。从2012年到2013年，哥本哈根市民的自行车出行率上升到41%，而小汽车通勤比例则降至12%。为了让骑行者有最大的安全感和便利感，哥本哈根在街道设计方面有诸多体现良苦用心的细节。例如，采用分离式自行车设施，使自行车出行更安全；路面振动带可提醒骑行者已经过于靠近路缘石了；一些交叉路口有供骑行者停车垫脚的设计和栏杆设计，让骑行者在等红灯时，无须离开车座或用一只脚勉强撑地。

北京人王力父子曾用六年时间在加拿大温哥华市拍下一万多张图片，回国后出版了《天大的小事：城市如何让生活更美好》一书，细致介绍了温哥华城市人性化方面的细节。例如，街道护栏的支脚都涂上了醒目的荧光漆，用来提醒夜间的行人；电线杆下面局部加粗，用来粘贴小广告；残疾人通道埋设了地热，所以不会积雪；车道从内到外呈阶梯状设计，让每一辆机动车左转时弧度变小，节省车左转的距离；有专门为残疾人设计的与残疾车等高的收银台、公用电话，在大超市、商场的门口，离门最近的、位置最好的一定是残疾车车位。温哥华在城市管理"小事"上种种贴心的做法，一个个看似不起眼的温暖"小细节"，让我们清晰地看到了我国城市在城市设计与管理人性化方面，还有很大的提升空间。

城市发展、城市管理更不能因为以经济发展为本而忽略公共安全细节。近些年来，我国城市因规划设计不合理、安全设施不健全、安全告知不周、应急管理不善、安全标识不清、暴雨中城市积水内涝、窨井盖缺失、电梯故障、地铁运行事故等引发的人身伤害事故时有发生。甚至当我们走在平坦的步道上，不时出现的市政管线检查井与路面不在同一个平面的情况，也会给行人造成不便，甚至会带来意外伤害。更不用说在城市核心的公共活动区，一些设计细节考虑不周，如坡道、台阶、铺装、出入口等设计不合理，也未放置铁栅栏等应急隔离装置，一旦人流过大将可能出现极大的安全隐患。与之相比，国外一些发达城市，在"常态与应急"并重的城市基础设施建设与管理方面做得更好。

例如，美国纽约的街道和公共广场设计规范中特别注意公共安全的细节设计。例如，他们规定，对行人流量大的街道，尽可能减少在路段中增设机动车出入口；设计机动车道或匝道时，尽可能减少小汽车与行人的接触界面；一般情况下，广场与人行道在同一水平面布置，可使行人能清晰地看见广场，并使广场安全地与街道相连。从街道上看抬高或下沉式广场，较难保障安全，对行人较为不便，特别是对身体残疾人士。因现有地形条件，必须采用抬高或下沉式广场时，需设计清晰可见的坡道和楼梯，让所有使用者都能安全到达广场。

此外，上海外滩拥挤踩踏事件的发生，也警醒我们，城市管理、城市治理，不能仅仅依靠政府管理。城市的有序运行，城市是否足够友善，还有赖市民的积极参与和自觉维护。良好的城市管理，需要你我的配合与参与，因而是所有城市人的责任。如果我们意识到这一点，那么，充满细节关怀的城市品质，就离我们不远了。

未来城市的竞争除经济竞争与科技竞争外，还将更多地表现为生活环境、生活品质的竞争。未来制约我国城市发展的因素，可能恰恰在于城市精细化管理与人性化设置的城市细节。这些容易被忽视的小问题，对美好城市的建设与发展而言，是很大的问题，因为从很大程度上说，它们关系着城市里每个人的祸福。

18

城市规划中的性别意识*

性别意识作为城市规划活动的一种独特的价值关切立场，有助于城市规划确立自身正当的价值目标和伦理合理性维度，赋予城市规划一种具有性别色彩的人文关怀品质，使城市规划在更深层次上关注两性生存状况的改善与社会的和谐发展，使城市不仅让男性同时也让女性生活得更美好。

* 本文最初发表于《城市问题》2010年第11期，本书收录时进行了修订，并新配插图。

性别意识是城市规划理论与实践中的一个独特视角，至今仍是一个缺乏深入讨论的重要课题，相关的研究成果也较有限。有鉴于此，本文主要从性别意识纳入城市规划的意义、性别视角下我国城市规划存在的问题，以及城市规划政策中强化性别意识的具体建议三个方面，进一步阐释城市规划与性别意识的关系，以期拓展城市规划的研究视野，确立新的价值立足点。

一、性别意识纳入城市规划过程的意义

　　性别决定男女差别及各自在社会文化结构中的角色，性别意识（gender consciousness）即是对男女两性之间差别的自觉体认与反省。具体到城市规划视域中的性别意识，指从男女两性差异（包括生理、心理、情感、价值观等各个层面）的视角观察和审视城市规划与城市建设，并将性别分析、性别关怀纳入城市规划全过程，从性别平等的视角建构空间，消除城市规划中的性别盲点，促进城市发展进程中两性的平衡发展。

　　由于性别意识是基于男女不平等的普遍现实而提出的，并成为西方女性主义的一个核心概念，因而"性别意识"与"女性意识"这两个概念有着内在的联系，甚至经常被替换使用。也就是说，由于男性在社会生活方方面面的主导和支配地位，女性作为性别结构中的相对弱势一方，对性别意识的强调具有一种强烈的价值倾向性，即关怀弱者，避免两性差距扩大，促进男女平等。同时，以性别意识为视角可以有效观察女性相对男性而言的社会位置、不同处境与独特经验，剖析两性在社会政治、经济、文化和空间环境等各个层面的平等程度。

自从1995年第四次世界妇女大会提出应将性别意识纳入决策主流以来，性别意识作为独立而重要的分析要素已纳入许多国家的公共政策之中，并成为衡量各国社会发展程度的重要指标之一。城市规划不仅仅是一种对城市空间和土地进行设计与安排的工程技术，还是一项政府职能和公共政策活动，是由政府（行政机构）为合理配置和利用城市土地与空间资源，保障和实现公共利益，对城市开发与建设中涉及的社会利益所进行的权威性分配。作为一种公共政策的城市规划，同样应当把社会性别意识融入到自身的制定、实施、评估、调整的动态运行过程之中，以关照处于相对弱势地位的女性需求，实现规划在性别层面的公平正义。具体而言，将性别意识纳入城市规划过程之中有如下意义：

　　首先，性别意识作为城市规划活动的一种独特的价值关切立场，有助于城市规划确立自身正当的价值目标和伦理合理性维度，赋予城市规划一种具有性别色彩的人文关怀品质，使城市规划在更深层次上关注两性生存状况的改善与社会的和谐发展，使城市不仅让男性同时也让女性生活得更美好。

　　亚里士多德曾说："一切技术，一切规划以及一切实践和选择，都是以某种善为目标。"[1]城市规划当然也不例外，应当追求善的价值目标，应当使城市更美好，应当通过改善城市环境和生活质量帮助人们过上好的生活。奥地利城市规划师卡米诺·西特（Camillo Sitte）曾经借亚里士多德的观点来质疑现代城市规划："一座城市，其建造方式必须要让市民立刻就感觉安全与幸福。为了实现后一个目标，城市建设就决不能只是一个技术问题，而是一个纯粹的审美问题"。[2]借用西特的观点，可以这样说，如果一座城市，其建造方式不能让两性尤其是女性感觉安全、方便与幸福，那就不仅仅是一个审美问题，还是一个重要的伦理问题。好的城市规划应具有性别关怀意识，应是对每个人的尊严与符合人性的生活条件的肯定，以及对不同个体的权利、价值及利益的充分确认和有力保障。简言之，应是为促进社会公平与两性美好生活的一种伦理努力。著名社

1　［古希腊］亚里士多德. 尼各马科伦理学[M]. 苗力田译. 北京：中国社会科学出版社，1990：1.
2　［美］卡尔·休斯克. 世纪末的维也纳[M]. 李锋译. 南京：江苏人民出版社，2007：63.

会学家曼纽尔·卡斯特尔（Manuel.Castells）在反思信息时代城市文化的基础上，将建设女性城市作为重建城市的一个重要方面，他认为："女权主义意识（在意识形态上表达出来的或同时身体力行）的出现影响了城市的组织和管理方式。女性不仅施加压力要求享受城市社会服务，而且还据理力争要实施一种新的城市设计，其中包括个人的安全问题，妇女和儿童的利益和价值也被考虑在内。"[1]

其次，从一定程度上改变城市规划决策与实践中的"无性化"或"中性化"态度，认识到女性与男性在城市体验上的差异性，走向一种性别敏感的城市规划，真正实现城市规划的"以人为本"。

人是城市生活的主体，在城市规划思想的发展过程中一直贯穿着重视人的发展、满足人的个性需要等人本理念，并且随着社会的不断进步，人的因素越来越成为影响城市和谐发展的主要因素。然而，以人为本的"人"不是抽象的无差别的利益群体，城市规划与空间设计关注的应是一个个具体的、不同的人。性别意识的介入，促使城市规划关注人最基本的差异，即男人和女人的差异；促使城市规划不仅受到"男性标准"或"男性眼光"的影响与支配，也有了"女性标准"或"女性眼光"的介入与审视；促使城市规划能够仔细研究基于性别差异的人的不同需要，尤其是尊重、体谅与关怀女性的需求。反之，若认为城市规划应当"性别中立"，考虑性别差异是多余的和不必要的，其结果实质上是对男性权益的强化和对女性特质的忽略，有损性别正义。

简·雅各布斯的观点从一个侧面说明了城市规划性别视角的重要性，尤其是性别视角会触及一些男性规划者不予注重的方面，一定程度上影响人们对城市环境的观察方式、思考方式及问题意识。雅各布斯认为，不断失败的城市规划教条要想成功就需要有性别的视角。与极端现代主义的规划设计者那种居高临下的对城市的俯视角度不同，她以普通家庭主妇般的细腻与关怀眼光，将注意力更多集中在关注城市街头真实的日常生活上，呼吁全面复兴和建构城市的深层肌理及活力。詹姆士·斯科特（James C.Scott）高度评价了

1 ［美］曼纽尔·卡斯特尔. 信息时代的城市文化[C]//载汪民安，陈永国，马海良主编. 城市文化读本. 北京：北京大学出版社，2008：357.

雅各布斯的城市规划思想，并指出，"妇女的眼光"对于雅各布斯的观点是很重要的，很难想象一个男人使用同样的方法能够得到她的结论。[1]朱迪·阿特菲尔德（Judy Attfield）认为，雅各布斯所著的《美国大城市的死与生》将批判现代主义的因素引入建筑史的书写当中，"正是她的女性视角，为审视设计理想与生活体验之间的关系，带来了新的有价值的洞察力。"[2]雅各布斯看待城市街道的眼光包括去采购的购物者、母亲推着婴儿车、儿童玩耍、情侣散步、家庭妇女在街头聊天、朋友一起喝咖啡、从窗子向外张望的人、老年人坐在小公园的长椅上，甚至凌晨3点时街道传来的奇怪声音等，这些都是观察城市生活时为女性所敏感、所重视而往往被男性所忽略的方面，充分体现了女性的细腻与注重细节的特点。因此，"如果对城市与环境的研究不包含'性别'这一概念，就不能理解城市现象"[3]，"假如男性城市规划师和城市管理者具有，不说具有，至少理解，然后更有意识地运用女性化思维特点来反思我们在城市中的所作所为，城市会比今天已有的局面要强得多。"[4]

再次，女性意识的介入有利于唤起人们对城市形态人性化、日常生活化的关注，让城市规划回归到日常生活这个根本性的源头，在城市的形式和功能方面进行"性别人性化"因素的探索。

作为强调女性独特立场和经验的理论视角，女性意识尤其是人文主义与后现代女性主义反对理性的宏大叙事，直接把日常生活作为自己的研究重心，关注日常生活的方方面面对女性的影响。有学者指出："性别角色理论、人文主义的女性主义对日常生活的强调和对行为方式的关注是对传统的结构性规划的有益补充，也有助于对空间的更为合理有效的组织。"[5]20世纪60年代以来，随着规划理论界对以功能主义为主导的战后城市更新运动做出的反思与批判，城

1　[美]詹姆士·斯科特. 国家的视角——那些试图改善人类状况的项目是如何失败的[M]. 王晓毅译. 北京：社会科学文献出版社，2004：184～185.
2　[英]朱迪·阿特菲尔德. 形式/女性　追随功能/男性：设计的女性主义批判[C]//[英]约翰·沃克，朱迪·阿特菲尔德. 设计史与设计的历史. 周丹丹，易菲译. 南京：江苏美术出版社，2011：175～176.
3　[瑞士]弗朗索瓦·埃纳德，克里斯汀·维舒尔. 性别关系与城市草根运动[J]. 国际社会科学杂志（中文版），2004，3：115.
4　费菁. 女城——再读雅各布斯[J]. 北京规划建设，2006，3：102.
5　黄春晓. 女性主义理论及其对空间规划的启示[J]. 江苏城市规划，2006，5：14.

市规划的价值基础和方法论都受到了较大的挑战与质疑。现代主义城市设计之所以受到人们的批评和责难，就在于它在强调理性主义和功能结构的同时，忽略了对人性化、多样化、包容性和不同性别行为方式的关注，而走入了高度理性化、功能单一化的歧路。正如美国女性城市研究学者南·艾琳（Nan Ellin）所说："人们普遍认为现代城市的规划和设计是一张缺乏地方特性的蓝图，一个无名无姓的、非人性化的空间，一个只有大量建筑物和供小汽车通行的地方"，"女性主义的思想使人们重新考虑什么是（规划）原理的基础，它的认识论以及各种各样的方法究竟是什么。"[1]针对现代城市规划过分注重效率、严格的功能分区和住宅郊区化等问题，性别视角的城市规划与形态设计，关注的不是宏观的社会经济维度，而是体贴两性日常生活的人性化维度，强调城市对市民具有怎样的日常服务功能，这是城市人性化程度最基本的体现。

二、从性别视角审视我国城市规划与空间设计

　　性别意识的介入要求城市规划与空间设计不能将两性的生理和心理需要、行为特征置于同一衡量标准之内，应特别关注女性在空间中的生理和心理需要、行为方式和特殊体验。然而，长期以来，我国的城市规划、公共建筑和空间设计几乎没有考虑性别因素对空间功能的影响，以及性别差异导致的对空间的不同要求。具体而言，表现在以下几个方面。

　　第一，公共空间中的安全设计忽略了女性的特殊需求与环境体验。

　　一般而言，女性在公共空间中产生恐惧心理的程度高于男性，对空间安全性的要求比男性高很多。女性在公共空间中的安全性威胁主要来自犯罪问题。因此，在城市公共空间设计与管理中，如何有效防控公共空间犯罪，是一个重要的课题。而关于城市犯罪影响因素的研究显示，城市空间环境的布局形态对犯罪行为有一定的影响，某些特定的空间环境特征能够促使犯罪行为的发生。城市规划

1　[美]南·艾琳. 后现代城市主义[M]. 张冠增译. 上海：同济大学出版社，2007：3, 53.

和建筑设计存在所谓空间死角，即众人视线难以发现的隐蔽和封闭空间，便可能成为抢劫、寻衅滋事、性骚扰等犯罪行为的诱发环境。

比如，城市中阴暗僻静的地下通道往往让女性感受到潜在的不安与危险，因而很多女性不敢只身进入地下通道而去冒险穿越马路。以北京为例，2007年时有地下通道近200条，其中不少位于偏僻位置，而且有些地下通道照明设备不充足，管理不到位，形成了很大的安全隐患。与此同时，随着女性私家车驾驶员数量不断增长，停车场尤其是地下停车场的安全问题也日益突显。其中，手机信号时有时无、保安不见踪影、光线昏暗、停车场标识不清、监控死角多，是一些城市地下停车场普遍存在的几大安全隐患。另一位女性学者瓦伦丁（G.Valentine）曾以英国两个郊区住宅为例，研究了妇女的危险感与公共空间设计之间的关系，提出了多项改进空间设计、提高妇女在公共空间中的安全感的具体建议，如天桥优于地下通道；停车和入口的位置可以直接进入，无需经由另一通道；门廊应被看穿；白色照明优于黄色照明；墙壁涂成白色，看起来不封闭也较容易辨识是否有旁人在场；地铁通道应以短、宽为原则，出口的监视性要好；造园景观如假山、树叶等不可遮蔽道路，也不应阻碍视线，围墙要少；将荒废处用各种使用与活动填补起来；角落及转角的监视性要好，可加装镜子以改善。[1]以此考察我国城市公共空间规划与设计的安全性指标，可以发现仍有诸多不足，以及需要进一步改进的地方。

第二，公共场所的规划与设计缺乏细节方面的性别敏感。

女性相比于男性，更加关注城市规划、城市建设中的细节问题。人们常说，细节决定成败，其实，细节也是决定城市是否宜居与美好的重要特质，是决定城市是否真正做到了人文关怀的试金石。尤其是当城市在大规模的更新和建设基本完成之后，更需要透过城市细节的改善，使城市功能不断完善、城市品位进一步提高。

一些调查显示，与男性相比，我国女性在休闲活动场所的选择

1　毕恒达. 妇女与都市公共空间安全——文献回顾[J]. 性别与空间（创刊号）. 台湾大学建筑与城乡研究所，1995，9；第77. 原文引自Valentine, G.（1990）. *Women's fear and the design of public space*. Built Environment, 16（4），pp288-303.

上更喜欢公共开放空间，如街道、广场和公共商业空间。女性用于非购物性闲逛的时间平均是男性的1.4倍，如果算上购物性质的逛街，这一比例会更高。而广场通常成为女性逛街途中休息或聊天的场所，是女性逛街活动中的一个环节。因此，街道与广场等开放空间往往成为女性的活动舞台。[1]然而，长期以来，我国的公共建筑和公共空间设计几乎没有与使用者的性别差异相联系，没有将性别观念真正贯彻到公共空间与建筑设计的细部之中。台湾学者杨明磊指出："目前的公共空间仍是以男性为中心的，是依照男性的欲望与需求所建造的，从公共厕所间数的规划到地下道阴暗的转角，置身其中的女性往往从各种细微处感受到种种敌意与不适。"[2]

笔者身为女性对此是深有体会的。城市公厕是表现城市细节的基础设施。有研究显示，由于女性的如厕频率、如厕方式和如厕用时等因素，加之在广场、商场、商业街等公共场所，往往女多男少，女性还有带小孩子上厕所的"任务"，因而女性对公厕的需求大约二到三倍于男性，也就是说每间女厕的人数容纳量应该是男厕的二到三倍左右，这样才能真正公平照顾男女的不同需要。然而，在我国城市公厕的规划问题上，却很少考虑男女入厕所需时间的差异，或是"一视同仁"、均等对待，或是"厚男薄女"、男厕比女厕大，这样的简化处理导致一些公共空间的卫生间往往呈现出女士排长队、男厕有空位的景象（图62），甚至发生了女士们在情急之下拥进男厕"方便"的无奈之举！虽然近年来在此方面有所改进，如有的城市明确规定新建公厕无论是在面积上还是蹲位上，女厕都要比男厕大[3]，然而，总的来说女性的"如厕环境"并没有得到普遍改善，已有的设计不合理、蹲位较少的女性公共卫生间并没有得到及时改造，尤其是在不由市政部门建设和管理的许多公共场所，如大型商场、影剧院中，厕位比例仍旧失调。除此之外，女性卫生间置物设

---

1 黄春晓. 城市女性社会空间研究[M]. 南京：东南大学出版社，2008：27.
2 杨明磊. 都会年轻女性对公共空间中男性身体的诠释[J]. 河南社会科学，2005，6：27.
3 在我国，自2005年12月起实施的《城市公共厕所设计标准》提出，公共厕所男蹲（坐、站）位与女蹲（坐）位比例宜为1：1～2：3，商业区域内公共厕所宜为2：3。"宜为"是一种引导性标准，具体执行时随意性较大，不能切实保障女性如厕的平等权利。近年来，许多城市出台一些地方性公共厕所设计标准，明确规定新建公厕无论是在面积上还是蹲位上，女厕都要比男厕大。2012年10月，北京市新的《城市公共厕所设计标准》基本修订完成。从2013年开始，公共场所新建公厕男女厕位比例将改为1：2，以缓解男女厕位不平衡的问题。

图62　一些公共空间的卫生间往往呈现女厕排长队、男厕有空位的景象（秦红岭摄）

施（如挂物钩和杂物架）不足，照明系统设计不合理，化妆台、儿童便池和纸尿裤更换台等设施欠缺的现象仍较普遍，而且很少有女性公共卫生间设置孕妇专用单间。

公厕这种看似不足挂齿的小空间，最可以显示一个社会对女性的态度和关怀程度。小小的公厕，折射出的不仅仅是城市公共设施的建设问题，还折射出两性身体对空间的不同感知与体验，折射出公共空间设计中的性别敏感度与人文关怀问题，甚至折射出一个社会两性平等的程度。正如英国西英格兰大学的城市规划学教授克莱拉（Clara Greed）所说："如果你想知道女性在社会中的地位，只需看一眼女性公共卫生间门口的长队就知道了。"[1]

反观国外一些城市，力求在城市建设的细节之处关怀女性的做法，值得我们借鉴。日本的公厕在人性化细节上考虑得细致周全。例如，日本有较为完善的女性空间建设，在一些地铁车厢、医疗机构、酒店和购物场所都设有女性专用空间；针对女性，设置有废弃卫生巾收集箱；厕位内设有婴儿隔板、婴儿座位，等等。韩国首尔从2007年至2010年实施了"女性友好城市（Women Friendly City）计划"，这一计划将女性视角融入总体城市政策之中，以消除女性在日常生活中所遇到的不方便和不安因素。首尔先后投入数百

1　Viv Groskop. *Gender and the city: Struggling in a man's world*. The Guardian, Sep 26, 2008.

亿韩元落实各项便利女性的措施，使女性在首尔生活得愉悦、舒适和幸福。比如，在公共场所增设女士专用便器，改造公共卫生间，使女性卫生间不仅宽敞，而且光线充足，育儿和化妆设施完善；进一步改造道路，地面上容易卡住女士高跟鞋的"槛"和地砖缝被抹平；道路斑马线与两侧人行道的连接处改造为坡形，方便母亲推着婴儿车过马路；在首尔新厅舍、鹭梁岛等地新建授乳室、儿童专用娱乐设施，以消除女性在使用文化设施时所遇到的不便；开辟5万个女性专属车位，这些用粉色标注的停车位，位置靠近停车管理员或者安装有闭路电视监控探头的地方。

第三，城市规划政策不注重社会性别分析。

社会性别分析是政策和项目制定、执行、评估过程中的一个不可或缺的组成部分，目的是确保政策和项目把性别因素考虑在内。它旨在发现和理解男女两性生活的差异，进而通过具体的分性别数据（即以性别为基础的分类统计数据），评估政策、方案或项目是如何对男性和女性产生不同影响的，以及是否充分考虑了社会性别利益。尤其是注重分析哪些政策、方案和项目能真正使男女不平等的社会性别关系有所改善，哪些反而强化了传统的社会性别角色，造成了对女性的隐性歧视，加剧了男女两性之间的不平等。

基础的性别分析是使公共政策更为公正、合理的重要方面。然而，在我国城市规划的制定、实施与评估过程中，由于市场理性的过度膨胀，规划主体层性别意识不敏感，以及规划制度设计方面的缺陷等原因，导致规划政策方案更多考虑的是对城市经济增长的影响、对城市环境的影响，很少甚至几乎不考虑规划政策与方案有可能对性别平等造成的影响。世界银行于2002年6月发布的《中国国别社会性别报告》指出，世界银行在中国的大部分项目几乎都没有考虑社会性别问题，都缺乏分性别的数据。例如，广州市中心交通项目（1998）本可以探讨使用公共交通工具的妇女安全问题，探讨男性和女性在使用道路上有何不同，探讨更加便利的交通对女性和男性获得工作、医疗保健服务和教育服务的途径有何影响等问题，然而该项目却并没有将性别视角纳入项目过程之中。而事实上，在我国，绝大部分的城市规划项目文件都鲜见按性别分类的调查统计资料和性别分析报告。笔者也访谈了一些政府部门的规划师，他们大都表示在编制城市规划方案的过程中，"没有特别考虑性别问题"或者"性别差异因素很少被认真考虑过"。

三、关于城市规划政策中强化性别意识的建议

在我国城市规划领域，相关的研究集中在探讨如何将性别意识纳入空间规划与建筑设计之中，但关于如何在城市规划政策层面强化性别意识的研究几乎没有。对此，笔者提出两项建议。

第一，建构性别分析框架，将性别意识纳入城市规划决策的主流。

重视城市规划的性别视角，不是一句漂亮而空洞的口号。要将其真正落到实处，贯穿到城市规划过程的各个环节，就必须建立基础的性别分析框架，揭示性别关系与规划项目待解决问题之间的关联性。

首先，有效的分性别数据不仅被认为是进行社会性别分析的基石，同时也能敏感地反映男性和女性在社会各个层面所处的状况，帮助决策者增进对社会性别情况的了解，强化其性别意识。因此，城市规划政策制定与方案编制过程中应收集和调查基础的性别资料，建立分性别统计指标，并将其逐步纳入规划部门的常规统计之中，使分性别数据的调查、收集与分析能够制度化或经常化。

其次，尝试建构城市规划中的性别主流化指标体系，以此作为分析与审视性别平等问题的可操作性工具。性别主流化（gender mainstreaming）是第四次世界妇女大会在《行动纲领》中提出的全球性策略。1997年6月联合国经济及社会理事会将社会性别主流化定义为："指在各个领域和各个层面上评估所有有计划的行动（包括立法、政策、方案）对男女双方的不同含义。作为一种策略方法，它使男女双方的关注和经验成为设计、实施、监督和评判政治、经济和社会领域所有政策方案的有机组成部分，从而使男女双方受益均等，不再有不平等发生。"规划中的性别主流化意味着在涉及城市公共服务设施规划、住房规划与建设、公共空间规划、

社区开发与服务、交通与环境规划等项目的预算、咨询、设计与评估中，纳入两性平等指标。英国皇家城镇规划协会性别主流化工具包（The Royal Town Planning Institute Gender Mainstreaming Toolkit）对我们建立本土化的性别主流化指标有一定的借鉴价值。这一工具包可以在规划过程的各个环节使用，它主要是基于一系列的相关问题而进行性别平等检视，这些问题主要有：谁是规划者？规划决策团队由谁构成？哪个群体的人意识到他们是规划活动的受益者？相关统计数据如何收集，其中包括哪些人？规划的核心价值、优先考虑的事项以及规划的目标是什么？谁是被咨询者，谁是参与者？如何评价规划建议，由谁来评价？规划政策的实施、监督与管理是如何进行的？性别意识是否被充分纳入到规划政策的各个层面？[1]另外，香港地区推行的"社会性别主流化检视清单"，同样由一系列选择性问题组成，它可以帮助政府官员与有关部门评估公共政策对两性的影响。这些问题包括对性别数据、咨询妇女意见和妇女独特需要等方面的详细描述与调查。例如，根据女性使用厕所所需的时间通常较男性为长的调查结果，香港食物环境卫生署决定从2004年4月起在规划公厕设施时，将女厕和男厕的厕格比例由1.5：1增加至2：1；而屋宇署于2005年5月发出实务守则，要求在商场、戏院和公众娱乐场所增加女厕厕格比例。[2]

第二，区分规划参与者的差异，保证女性获得平等的城市规划参与权。

城市规划的公众参与属于公共决策层面的参与，即政府和公共机构在制定公共政策过程中的公众参与，目的是通过公众对规划制定、修订、实施、监督等过程的参与，对政府的规划行为产生一定的影响，使规划能够切实体现公众的利益需求，保障规划决策的透明度、民主化和科学化。当前，我国城市规划的公众参与仍是初级层次上的参与，主要采取公示、展览、座谈、问卷调查、听证会等形式，参与的广泛性与包容性不足，参与方式没有细化，效果也不

1　Nqobile Malaza, Alison Todes, Amanda Williamson. *Gender in Planning and Urban Development*. Commonwealth Secretariat Discussion Paper Number 7. December 2009. 3.
2　刘春燕、杨罗观翠. 社会性别主流化：香港推动社会性别平等的经验及启示[J]. 妇女研究论丛，2007，1：39~40.

尽如人意。因此，为使城市规划的公众参与更有针对性与实效性，应当区分规划参与者的不同特点与差异。其中，有必要审视城市规划公众参与中的性别比例、性别差异，以及性别关系对城市规划公众参与的影响。除了在法律保障与制度设计方面保证女性获得平等的规划参与权，能够在规划的过程中表达和追求自己的利益以外，还应探索适合女性特点的规划参与模式。由于女性的家庭角色、社会分工与敏感细腻的性格特点，相比于男性，她们更容易感受到城市规划与城市管理中不够合理、不够人性化的地方，她们在购物网点、托幼设施、儿童游乐设施、医疗保健设施的合理分布方面，以及城市景观设计、街具设计、住宅设计与住区规划、社区价值评价等方面有更多贴近生活的建议，因此规划部门应当与居委会结合，建立有中国特色的社区参与组织机构，通过邻里规划会议、社区论坛等多种形式，搭建社区规划公众参与平台，主动邀请不同职业、不同年龄、不同收入水平的女性参与，倾听她们的需求与想法，提出修改意见，使城市规划方案最大限度地避免脱离实际，使之更趋于合理化、人性化。

总之，性别意识作为一种独特的视角，有助于城市公共空间规划与建设确立一种促进性别平等的价值关切立场，促使空间规划过程重视对性别差异的分析、评估与检视，确立具有性别敏感与性别自觉的空间规划理念，并尽可能将性别意识纳入城市规划决策主流，促进城市发展进程中两性的均等受惠与和谐发展。正像莱斯利·凯恩·威斯曼（Leslie Kanes Weisman）所倡导的那样：假如我们要设计一个重视所有人的社会，更多的建筑师和规划者就必须成为女性主义者，而更多的女性主义者则需要去关心我们实质环境的设计。[1]

---

1 [美] Leslie Kanes Weisman.设计的歧视：男造环境的女性主义批判[M]. 王志弘，张淑玫，魏庆嘉译. 台北：巨流图书公司，1997：253.

19

古典时期雅典城市思想的伦理追求*

城市，如何才能让市民生活更美好呢？我们的城市为所有市民在人的全面发展方面提供了可能的支持吗？它在成功创造各种人性空间以激活一种丰富多样的城市公共生活吗？美好城市的意象有哪些核心要素呢？从对古典时期雅典城市思想的回顾中或许能够得到一些启发吧。

* 本文最初以《古典时期雅典城市思想的伦理意蕴》为题发表于《城市问题》2008年第11期，本书收录时进行了修订，并新配插图。

古希腊是西方文明的源头之一。古典时期（公元前5世纪~前4世纪）是希腊文化最辉煌的时代，无论是政治、艺术、建筑与哲学都达到了顶峰。古希腊文明的代表是古雅典，"公元前五世纪的雅典的确令人惊愕。短暂但却辉煌灿烂，黄金时代始于战胜波斯人的荣耀、民主的胜利以及美好生活的允诺，如同埃斯库罗斯高贵的剧作中所展示的一样"。[1]刘易斯·芒福德则指出："古希腊人在短短几个世纪里对自然界和人类潜在能力所作的发现，超过了古埃及人或苏美尔人在长长几千年中的成就。所有这些成就都集中在希腊城邦里，尤其集中在这些城市中最大的雅典城。"[2]本文尝试以古典时期雅典城市的公共建筑与公共空间为例，探讨其城市思想中蕴含着的迷人而珍贵的伦理价值。

在城市规划界，亚里士多德的一句话被反复提起："人们为了活着，聚集于城市；为了活得更好居留于城市。"这段话反映了城市与人的生活意义和生命体验息息相关，反映了城市生活中满足人类生活目标的某些珍贵价值，用亚里士多德的话说就是"某种善"，因为"一切技术，一切规划以及一切实践和选择，都是以某种善为目标"。[3]其实，早在亚里士多德之前很久，希腊人就已经根据自己的经验得出了这一结论，给希腊城市下的最好定义是，它是一个为着自身的美好生活而保持很小规模的社区。[4]这里，"美好生活"成为城市发展目标的关键词，那么，古典时期的雅典城市所表达的"美

1　［美］罗伯特·C·拉姆. 西方人文史（上）[M]. 张月，王宪生译. 天津：百花文艺出版社，2005：128.
2　［美］刘易斯·芒福德. 城市发展史——起源、演变和前景[M]. 宋俊岭，倪文彦译. 北京：中国建筑工业出版社，2005：132.
3　［古希腊］亚里士多德. 尼各马科伦理学[M]. 苗力田译. 北京：中国社会科学出版社，1990：1.
4　［美］刘易斯·芒福德. 城市发展史——起源、演变和前景[M]. 宋俊岭，倪文彦译. 北京：中国建筑工业出版社，2005：197.

好生活"究竟是什么呢?

一、亚里士多德关于城邦本质的伦理学阐述

希腊文明是一种以城市为主体的城邦文明,理解雅典城市的"美好生活",绕不开对中文译为"城邦"的"波里斯"(Polis,英文译作city-state)的讨论,因为几乎无法将雅典城邦与雅典城市分开阐述。有一种常见的误区,即将古希腊城邦和古希腊城市、古希腊城邦国家与古希腊城市国家画等号。古希腊城邦与城市的兴起,几乎经历了同一个历史过程,但它们并不是同时出现的。若从地域性概念的角度认识,城邦比城市包括的范围更广,"希腊城邦从来就不仅仅指一个城市,一个都市地区。从一开始它就意味着城市与其周边地区的存在"。[1]也就是说,城邦由中心城区(asty)和周边领土即城郊(chora)构成,城市只是城邦的一种形态或一个部分,是有别于乡村的另一特定界域的自然空间,是城邦的空间中心和活动中心。

城邦显然并不仅仅是一个地域性概念[2],它是与希腊民主政治紧密相连的一个概念,是一个典型的希腊式政治和社会组织形式。亚里士多德认为,城邦是为好生活(或优良的生活)而存在的,一个城邦的终极目的和追求的目标,都是为了人的好生活。而按照亚里士多德的伦理学公理,好生活的内涵就是至善或幸福,是灵魂合于德性的实践活动。他的伦理学不仅研究个人的德性培养,而且还要为城邦政治提供伦理价值的基础。他将城邦定义为:

> 我们看到,所有城邦都是某种共同体,所有共同体都是为着某种善而建立的(因为人的一切行为都是为着他们所认为的善),很显然,由于所有的共同体旨在追求某种善,因而,所有共同体中最崇高、最有权威、并且包含了一切其他共同体的共同体,所

1 [英]杰费里·帕克. 城邦——从古希腊到当代[M]. 石衡潭译. 济南: 山东画报出版社,2007: 14.

2 希腊文的"公民"(polites)一词就是由城邦(polis)一词衍生而来的,其原意为"属于城邦的人"。由此可见,在古希腊,"公民"与"城邦"密不可分、相互依赖。然而,古希腊"公民"与"城邦"的特殊关系有其范围的有限性,因为公民是指城邦中有资格、有能力参与城邦公共政治生活的人,不包括妇女、侨民及奴隶。

追求的一定是至善。这种共同体就是所谓的城邦或政治共同体。[1]

亚里士多德对城邦本质的理解显然是从伦理学的角度出发的，他认为个人和城邦的终极目的都是同样的善，但是，城邦和公民活动所实现的善比个人所能实现的善更高级、更完全，也更尊贵。因此，从某种程度上而言，古希腊人的城邦生活就是一种城邦伦理生活，因为城邦不仅是个人的生存空间，还是一种实现人类自我完善的伦理共同体，个人只有在城邦的公共政治生活中才能最大限度地实现自己的德性，达到最高的幸福。

城邦追求的目标是人的美好生活，反过来说，人的美好生活只有在城邦中才能实现。那么，什么样的城邦才能保证人的好生活实现？对此亚里士多德提出了关于理想城邦的设计。虽然亚里士多德和柏拉图一样，主要是从政治制度和政治秩序方面阐述了理想城邦的特征，但"理想城邦"毕竟与"理想城市"有着紧密的联系，由此他还对作为城邦中心的城市的选址与规划、管理与建设、规模与设施等方面提出了一些独到见解，这些思想是古希腊早期城市规划思想的重要成就。如在《政治学》第七卷第十一章中，亚里士多德提出，中心城市的规划应该由下列因素决定，其一是健康的考虑（这就要求有良好的位置，有充足的水源）；其二是防御的考虑（这一考虑会影响城市的设计规划，在规划中要考虑到防御工程）；其三是要考虑到政治活动的便利，而且要考虑城市的美观。

二、城邦的公共建筑、公共空间与公共生活

希腊城邦所蕴含的精神要素不仅包含实现至善的伦理目的，而且更重要的成果是它促进了公共生活的充分发展，使城邦成为人们展示自我、培养公民民主意识与公共精神的最佳场所，使公民与城邦的关系如同有机体的部分与整体的关系一样相互依存。[2] "雅典的成

1　[古希腊]亚里士多德. 政治学[M]. 颜一，秦典华译. 北京：中国人民大学出版社，1997：3.
2　[美]刘易斯·芒福德. 城市发展史——起源、演变和前景[M]. 宋俊岭，倪文彦译. 北京：中国建筑工业出版社，2005：179.

图63 雅典市政广场（Agora in Athens）复原图。作者：G. Rehlender
（图片来源：http://ancientrome.ru/art/artworken/img.htm?id=3131）

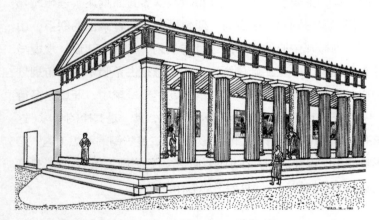

图64 雅典市政广场上波凯勒柱廊（Stoa Poikile）复原图
（图片来源：http://www.agathe.gr/）

就不只在于它在公共生活和个人私生活之间建立起一种可贵的中庸
之道，而且随之而来的是，权力从为国王或僭主效忠的那些拿薪俸
的官员手中大规模地转移到普通市民手中，市民开始行使职权了"。[1]
市民行使职权的主要场所就是城市的公共建筑和公共空间，如市政

1 ［美］刘易斯·芒福德. 城市发展史——起源、演变和前景[M]. 宋俊岭，倪文彦译. 北京：
中国建筑工业出版社，2005：179.

广场（Agora）（图63）、神庙、露天剧场、运动场、柱廊（stoa）（图64），等等，它们都是城邦公共生活得以展开的载体，为城邦公有，向公众开放。正是在此意义上，法国学者韦尔南将城邦领域（sphere of the polis）即公共空间的出现视为希腊城邦的本质要素，并说"城市一旦以公众集会广场为中心，它就成为严格意义上的城邦"。[1]

古典时期城邦公共生活的发达促使了雅典城市建设中对公共建筑的高度重视。虽然雅典直至公元前4世纪甚至更晚时期依旧保留着原始的住房形式和落后的卫生设施，私人住宅不是特别讲究，甚至是用木料和晒干的泥土草率建成[2]，城市缺少统一而严整的规划，也没有什么规模宏大的王宫建筑，然而与此形成鲜明对比的却是大规模修建辉煌壮丽的公共建筑。尤其是被马克思誉为"希腊内部极盛时期"的伯里克利当政时期（公元前443～前429年），在经济繁荣、民主制度得以最大程度实现的条件下，更加追求个体与城邦更高的生活质量。"伯里克利与他的一些同胞想象雅典是世界的领先城市，在这座城市里栖居着自由、正义和美"。[3]为了建设和美化雅典，他们不惜重金重建和兴建了雅典卫城、帕提农神庙、赫维斯托斯神庙、苏尼昂海神庙、大剧场、音乐厅和大型雕塑像等一大批公共文化工程。"重新修建后的雅典城市，公共建筑数量更多，功能更完善，并按一定的功能区域相对集中分布，如商业区、居住区、公共和宗教活动区等，最终成为全希腊最美丽的城市和'全希腊的学校'"。[4]

这其中，雅典卫城是这一时期的建筑精华（图65）。卫城原意是建在高处（akra）的城市，最早是用以抵御敌人的要塞。到了古典时期，卫城作为防御中心，在军事上的重要性逐渐减弱，而主要成为宗教建筑所在地。卫城主要由供奉女神雅典娜的帕提农神庙、供奉海神波塞冬的厄瑞克忒翁神庙和供奉胜利女神的胜利女神庙构

1　[法]韦尔南. 希腊思想的起源[M]. 秦海鹰译. 北京：三联书店，1996：34.
2　[美]刘易斯·芒福德. 城市发展史——起源、演变和前景[M]. 宋俊岭，倪文彦译. 北京：中国建筑工业出版社，2005：137.
3　[美]罗伯特·C·拉姆. 西方人文史（上）. 张月，王宪生译. 天津：百花文艺出版社，2005：121.
4　解光云. 希腊古典时期的战争对雅典城市的影响[J]. 安徽师范大学学报（人文社会科学版），2004，5：580～581.

图65 雅典卫城复原图
（图片来源：http://ancientrome.ru/art/artworken/img.htm?id=3337）

成。其中，最著名的帕提农神庙雄踞于山巅之上，气势庄严而雄伟，是整个卫城建筑群的核心。公元前480年，卫城被波斯人焚毁。希波战争胜利之后，希腊人决定把卫城当作城邦守护神雅典娜的圣地来重建，而且要建得比以前更加宏伟壮丽。重建后的卫城发展了民间自然神的圣地自由活泼的布局方式，没有刻板的轴线关系，不求平面视图上的对称与规则；建筑物的安排除了顺应地势、高低错落、与自然环境相和谐以外，还照顾到朝圣者的行进路线与山上山下、城内城外观赏的最佳视觉效果，在一定程度上表达了一种自然主义与人本主义结合的布局手法。

总之，雅典卫城以物化的形态体现了古典时期希腊文化的民主、自由、卓越与乐观精神，充盈着"高贵的单纯和静穆的伟大"，无怪乎威尔士说："伯里克利不但在物质上重建了雅典卫城，而且复兴了雅典的精神。"[1]

三、雅典城市的公共空间

雅典公民以政治生活为本质内容的公共生活主要是在公共空间

1 ［美］H·G·威尔士. 文明的溪流[M]. 袁杜译. 南京：江苏人民出版社，1997：121.

中进行的，没有公共空间，就没有雅典文明的载体。依托城邦最主要的公共建筑，雅典城市形成三类公共空间：一是宗教性公共空间，如神庙、圣殿、公共墓地；二是市政性公共空间，如市政广场、议事大厅、公民大会会场、法庭；三是文化性公共空间，如露天剧场、体育馆、运动场、摔跤场。上述这些公共建筑和公共空间在发展城市文化与公民教化方面发挥了举足轻重的作用。卡斯腾·哈里斯认为，建筑的伦理功能必然是一种公共功能，宗教的和公共的建筑给社会提供了一个或多个中心，人们依此获得在社会中的位置感。[1]显然，对于城市而言，其伦理功能也同样体现为一种公共功能，"古希腊的雅典人公认他们的城市的重要性以及城市在鼓励他们时代的道德和智慧的民主方面所起的作用。广场、神庙、竞技场、剧场和它们之间的公共空间既是古希腊文化的壮观的艺术表现，也是它的丰富的人文发展的促进因素"。[2]

　　首先，神庙等宗教性的公共空间同公民的宗教生活有着相当密切的关系，它是一种物化的信仰形式，深刻体现了这类公共空间所具有的特殊的宗教伦理价值，是使公民获得"美好生活"的重要保障（图66）。吴晓群认为，在古代希腊，是宗教理念、是神的允诺为公民的"优良的生活"提供了保障，而这些又是通过各种在公共空间里举行的活动得以具体表达的。[3]的确，有历史学家将希腊城邦描述为一个献祭的社会，因为各种宗教仪式浸透到它日常生活的方方面面。在希腊人看来，城市建设也是一种宗教仪式和宗教行为。建城人即举行建城宗教典礼的人，无此则城不能建。[4]而对于建城人来说，头等重要的事是选址与测定建筑物的方向，"古人以为人民将来的幸福，皆视此而兴衰。因此，总须请神择定"。[5]由于宗教性公共空间对于城邦生活而言必不可少，于是雅典城内外有许多庙宇，城

1　[美]卡斯腾·哈里斯. 建筑的伦理功能[M]. 申嘉，陈朝晖译. 北京：华夏出版社，2001：279.
2　[英]理查德·罗杰斯，菲利普·古姆齐德简. 小小地球上的城市[M]. 仲德崑译. 北京：中国建筑工业出版，2004：16.
3　吴晓群. 公共空间与公民团体——对希腊城邦的一项宗教文化学的分析[J]. 史林，1998，2：107.
4　[法]古郎士. 希腊罗马古代社会研究[M]. 李玄伯译. 北京：中国政法大学出版社，2005：115.
5　[法]古郎士. 希腊罗马古代社会研究[M]. 李玄伯译. 北京：中国政法大学出版社，2005：109.

图66 雅典卫城中心的帕提农神庙复原图
（图片来源：http://www.mlahanas.de/Greeks/Arts/
Parthenon.htm）

邦总要耗费巨大的人力和物力修建宏伟的神庙，由此带来的共同敬
畏与共同崇拜，将团体中不同的人紧密地联系到了一起，产生了一
种强烈的团体认同感与凝聚力。

　　其次，市政性公共空间、文体性公共空间同公民的政治生活与
文体生活密不可分，它们间接地强化了城邦生活的民主性与集体观
念，体现了这类公共建筑与公共空间所具有的隐性的政治伦理与德
性教化功能，这些同样是使公民获得"美好生活"的重要条件。例
如，雅典的市政广场即"阿果拉"一词的原意是"民众大会"，作
为城市中最有活力的公共活动中心，雅典人在这里聚会、做生意、
讨论政治、自由发表言论以及祭拜诸神，形成了一种独特的广场文
化。这样的广场绝非单纯的物质空间形式，它给雅典人提供了一个
借由言谈对话来展现自己的理想处所，这样的空间形式对无形的精
神活动有着强烈的心理暗示和诱导能力，"正是神庙和广场在客观条
件上使公众集体活动成为可能，而且赋予严肃的、分享的、共命运
的气氛，它在城邦的政治化过程中具有特殊意义"。[1]据说，苏格拉
底曾告诫陪审法官们，要到市政广场的社会生活中去学习修辞术，
而不必期望从他那里学得更好，他还认为市政广场自由而充满活力

1　赵汀阳. 城邦，民众和广场[J]. 世界哲学，2007，2：69.

280　追寻建筑伦理

的精神生活，为希腊哲学注入了生机。因此，从一定意义上说，古典时期雅典城邦文化繁荣的重要因素之一，就是很好地利用了自由而开放的城市公共空间满足人性需求并对公民施行文化熏染与教化，"以城市公共空间为中心的政治、经济和社会文化活动，使人们逐渐获得的是一种集体的认同感和对雅典城市作为城邦中心的归属感。在潜移默化中培养了公民的自我觉醒意识和爱国情操。从这个意义上说，基于城市公共空间而迸发出的文化创造力是古典时期雅典城邦对外争霸扩张，维系城邦活力的强大精神支柱"。[1]

此外，为了公民的美好生活，从城市规模上看，希腊城邦不过是一些人口有限、疆域范围不大的蕞尔之邦[2]。希腊人认为，任何共同体或组织的生长与发展都有其天然限制，只有适宜的城市规模，才能为公民与城邦之间形成一种血肉相连的特殊关系提供必要的环境条件，才能使城邦成为一个个具有独立的政治生活、自足的经济生活和丰富的文化生活的共同体，也只有这样的共同体才能为公民提供幸福的生活。"对于希腊人来说，小是美的，任何东西都要适合人的规模，城邦也像其他东西一样要适合于人的需要"。[3]

罗伯特·C·拉姆认为，希腊的黄金时代虽然仅持续了一代人的时间（大约从公元前460年至公元前430年），但是它的诸种成就，依然是人类历史上具有最深远意义的成就。这一短暂的时期为何如此辉煌灿烂？答案仿佛在于雅典人共同持有的指向人类生命目标的某些价值。[4]而在城市思想中，它蕴含着的珍贵而普世的伦理价值就是：城市是为美好生活而存在的，城市的目的是人的好生活。这一说法，对于生活在今天的现代人而言，似乎显得简单而空洞，然而，却具有某种警醒的意味。单从城市规划、市政设施、住宅建设等城市物质生活的角度来看，看得见、摸得着的雅典城充满了缺陷，与现代城市相去甚远，然而就是这样一个雅典却成了城市

---

1 解光云. 述论古典时期雅典城市的公共空间[J]. 安徽史学，2005，3：11.
2 古典时期雅典的面积约1600平方公里，人口约25万（一说10万人）。而古希腊一些较小的城邦面积不超过20到30平方公里，人口只有5000人或更少。
3 ［英］杰费里·帕克. 城邦——从古希腊到当代[M]. 石衡潭译. 济南：山东画报出版社，2007：25.
4 ［美］罗伯特·C·拉姆. 西方人文史[M]. 张月、王宪生译. 天津：百花文艺出版社，2005：311.

文化繁荣的基石。这其中，有一个不可忽视的原因就是依托于各种类型的公共建筑与公共空间，雅典市民们积极投身到城市的各种公共活动中，形成了与自己城市的那种水乳交融般的互动与共鸣关系，这些让雅典成了一个充满活力的、极富人性意味的自由之城，庇护着市民的精神与身体。一个物质形态上远非理想的城市，却可以因为拥有理想的市民生活而变得光辉灿烂，雅典就是一例。然而，步入了21世纪的现代城市，在经济和市场机制的魔杖让城市的外观日新月异、城市的规模越来越大、城市的物质生活日益富裕时；在技术理性主导下的科学的城市规划编制技术和方法，让城市的物质形态越来越"秩序井然"、功能分区日益截然分明时，城市却越来越像一架冰冷复杂的机器或物质容器，繁华喧嚣的外壳下往往包裹着一个缺乏活力、没有灵魂、没有个性的城市机体。这难道不值得现代城市的设计者和规划者们反思吗？城市，如何才能让市民生活更美好呢？我们的城市为所有市民在人的全面发展方面提供了可能的支持吗？它在成功创造各种人性空间以激活一种丰富多样的城市公共生活吗？美好城市的意象有哪些核心要素呢？从对古典时期雅典城市思想的回顾中或许能够得到一些启发吧。刘易斯·芒福德说得好："没有任何一个地方能像希腊城邦，首先像雅典那样勇敢正视人类精神和社会机体二者之间的复杂关系了；人类精神通过社会机体得以充分表现，社会机体则变成了一片人性化的景色，或者叫做一座城市"，"因此，在我们的时代，城市如果要进一步发展，必须恢复古代城市（特别是希腊城市）所具有的那些必不可少的活动和价值观念。"[1]

---

1 ［美］刘易斯·芒福德. 城市发展史——起源、演变和前景[M]. 宋俊岭，倪文彦译. 北京：中国建筑工业出版社，2005：170~171，580.

20

理想主义与人本主义：近现代西方城市规划理论的价值诉求 *

21世纪的城市，恰当地张扬近现代西方城市规划理论家所蕴含的理想主义精神和人本主义原则，能够为城市规划提供「应然」的价值尺度，有效抑制城市规划中工具理性和功利主义的不断膨胀，保障城市健康、可持续发展。

* 本文最初发表于《现代城市研究》2009年第11期，本书收录时进行了修订，并新配插图。

一

从西方城市规划的发展历程看，现代城市规划思想的产生本身便是为了解决工业革命所造成的城市的各种社会问题和环境恶化问题，从一开始就带有强烈的社会改造色彩，因而城市规划诞生时便伴随着为一个更美好、更人性的社会而奋斗这一道德使命。

18世纪下半叶，工业革命首先在英国兴起。工业革命是机器大工业代替以手工技术为基础的工场手工业的革命，这不仅是一次技术革命，也是一场深刻的社会变革，对人类社会各个方面都产生了极其深远的影响，其中最重要的影响就是启动了城市化进程，人口由农村迅速涌向城市，城市以前所未有的速度和规模发展。1851年，英国城市人口首次超过乡村，率先在世界上实现了城市化。1891年英国城市人口占总人口的72%，1900年则达到75%，实现了高度的城市化。工业化和随之而来的城市化如此迅速的发展，大大超出了人们的想象，出现了后来被称为"城市病"的一系列城市问题，导致城市结构混乱、城市环境恶化、住宅拥挤、公共设施匮乏、疫病流行和道德沦丧等问题迅速出现并日益严重。对此，马克思在《资本论》、恩格斯在《英国工人阶级状况》等著作中有深刻描述。马克思指出，在伦敦，拥有一万人以上的贫民窟约有20个，那里的悲惨景象是英国任何其他地方都看不见的，就说是地狱生活，也不过分。这种环境对成年人是令人堕落的，对儿童则有毁灭的作用，完全不适合人类居住。[1]恩格斯则通过亲身的观察与交往，直接研究了英国工人阶级的状况，尤其对伦敦和曼彻斯特等工业城市中

1　马克思. 资本论（第一卷）[M]. 中共中央马克思恩格斯列宁斯大林著作编译局译. 北京：人民出版社，1975：723.

工人的住宅状况有触目惊心的描述和深刻的分析，指出英国城市中最糟糕地区的最糟糕房屋通常是普通的工人住宅，"这里的街道通常是没有铺砌过的，肮脏的，坑坑洼洼的，到处是垃圾，没有排水沟，也没有污水沟，有的只是臭气熏天的死水洼"，"在这里，城市的一切特征都消失了。东一排西一排的房屋或一片片迷阵似的街道，像一些小村庄一样，乱七八糟地散布在寸草不生的光秃秃和黏土地上。房屋，或者不如说是小宅子，情形都很糟，从来不修理，肮脏，有潮湿而龌龊的住人的地下室"。[1]

针对工业革命所带来的上述城市问题，除了政府所采取的各种实际应对措施外（如英国政府1868年颁布了《贫民窟清理法》、1875年颁布了《公共卫生法》、1890年颁布了《工人阶级住宅法》），一批有社会责任感的思想家们开始质疑资本主义的合理性，并提出了一系列解决城市问题和改革工业城市的思想和方案，这成为现代城市规划产生的直接动力和思想基础。因此，可以这样说，作为面对经济、社会发展现实问题的一种解决手段，作为政府管理城市的有力工具，真正意义上（或者说科学意义上）的城市规划是在近代工业革命以后才产生的。[2]由于现代城市规划一开始便背负着改造社会、改造城市的道德使命，因而其思想基础有着鲜明的价值诉求。从对圣西门（Saint-Simon）、傅立叶（Charles Fourier）、欧文（Robert Owen）等空想社会主义者的社会乌托邦思想，到霍华德（Ebenezer Howard）、格迪斯（Patrick Geddes）和芒福德的城市规划思想回顾中，不难发现，理想主义与人本主义大致构成了近代以来西方城市规划思想史的两个重要价值诉求。

二

作为一种理想主义的社会观，社会乌托邦思想的历史源远流长。乌托邦思想是古希腊重要的文化遗产之一，在《理想国》一书

1　马克思，恩格斯. 马克思恩格斯全集（第二卷）[M]. 中共中央马克思恩格斯列宁斯大林著作编译局译. 北京：人民出版社，1995：306～307，36.
2　孙施文. 城市规划哲学[M]. 北京：中国建筑工业出版社，1997：5.

中，柏拉图就设计了一个现实社会里不可能存在的美好、正义而和谐的社会模式，并开启了西方理想主义的道德传统。欧洲文艺复兴时期，英国的人文主义者托马斯·莫尔（Thomas More）在《乌托邦》一书中，用生动的文学语言和游记体小说的表现形式，提出了改善人的生存境遇的社会方案，主张建立一个摆脱了社会邪恶与阶级剥削、人人自由平等的理想城邦。19世纪，出现了以圣西门、傅立叶、欧文为代表的空想社会主义思潮，他们在对资本主义社会各个方面批判的同时，逐步提出了关于理想社会的一系列思想。他们的社会乌托邦设想虽然不是具体的城市规划方案，然而无论是莫尔，还是傅立叶和欧文，在描绘理想社会的状况时，都涉及对理想城市实体环境和建筑空间的精心构思，因为他们需要建立一个理想的城市来容纳和支撑他们所设计的理想社会。这些对理想社会和理想城市的设计与构想，成了现代城市规划直接的思想根源。

在圣西门看来，资本主义世界是少数人奴役大多数人的不合理的社会，他设计的理想社会制度是"实业制度"，主张在发展经济，尤其是在发展近代工商业的基础上解决社会问题，构建理想社会。他认为实业制度是一种可以使一切人得到最大限度的自由、保证社会得到它所能享受到的最大安宁的制度，而且"一切社会设施的目的都应该是从道德上、智力上和体力上改善人数最多的和最贫穷的阶级的状况"。[1]欧文从"环境决定人的性格"出发，提出了一个改造资本主义的方案。1817年，他在给"致工业贫民救济委员会"（the Committee for the Relief of the Manufacturing Poor）的报告中提出了理想的居住社区计划，即"新和谐村"（Village of New Harmony）方案（图67），设想在大约800～1500英亩的土地上建造最好容纳800到1200人的公社，这是一个由农、商、学结合起来的大家庭，一个城乡和谐的有机整体，既有城市的生产和生活设施，又有农村的自然风光。其中居住区的建筑布局为大正方形的围合式院落，中间布置公共建筑，如教堂、公共厨房、食堂、学校、会议厅。傅立叶认为，必须彻底消除资本主义的残酷和无秩序，在

---

1 [俄] 普列汉诺夫等. 论空想社会主义（上卷）[M]. 北京：商务印书馆，1980：106.

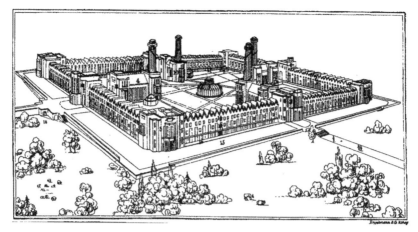

图67　欧文的"新和谐村"（Village of New Harmony）方案示意图
（图片来源：https://quadralectics.wordpress.com）

图68　傅立叶的"法伦斯泰尔"（phalanstery）设想示意图
（图片来源：https://www.studyblue.com/notes/note/n/midterm/deck/13964908）

自然体系内存在和谐的秩序，在社会体系内同样也应当有和谐的秩序。为此，他设计的理想社会制度叫"和谐制度"，和谐社会的基层社会组织叫做法郎吉（phalanges），理想人数规定为1620人，它既是生产单位，又是生活单位，具有社会生活的各方面功能。全体成员居住在一个叫"法伦斯泰尔"（phalanstery）的宏伟建筑群中，此建筑群模仿巴黎凡尔赛宫的平面形式，有着对称的双翼和拱廊（图68）。根据傅立叶的描述，这一建筑群"其实是一座小型的城镇，只不过里面没有开放的街道，地面层一条宽敞的街廊可以将人们送往建筑物的任何部分"。[1]

1　转引自［美］斯皮罗·科斯托夫. 城市的形成——历史进程中的城市模式和城市意义[M]. 单皓译. 北京：中国建筑工业出版社，2005：200.

欧文、傅立叶等空想社会主义者的社会乌托邦方案，是根据伦理道德和理性原则设计出来的，脱离了现实的经济基础，尽管有的也付诸实践[1]，但最终都以失败告终。然而，空想社会主义希望在已有物质文明的基础上重塑一种新的精神文明和社会秩序，这样一种理想追求无疑有其独特的道德魅力，它所蕴含的理想主义精神、社会和谐理念以及对现实城市的人文主义的价值批判方法都对后来的城市规划思想产生了深远影响，其理想城市设计中体现的控制城市规模、城乡结合、强调社区和谐和秩序感等规划思想，对现实城市的规划和建设也有着借鉴意义。

空想社会主义的乌托邦本质上不是指一种实体性的存在，而是一种对现实的价值批判与反思精神，是在批判现实社会的基础上提出的未来理想城市的设想与价值指向，它不满足于现实而指向理想，希望在超出现状之上，有更好的社会环境。作为一种价值理想的乌托邦，影响并改变了城市规划思考问题的出发点，将对大众阶层的普遍关注置于社会改造目标的首位，"传统建筑学和城市规划领域主要是为王公贵族和上层社会服务的，因此，基本上关注于城市的建筑样式（或风格）以及城市的空间形式，而空想社会主义和无政府主义则更加关注城市整体的关系，尤其注重为广大民众和工人阶级的未来发展提供整体性的安排"。[2]

另外，传统的城市规划与设计的认识常常是"过去决定现在，现在决定未来"，将思考基点定位在现在。而社会乌托邦的思考基点则定位在未来，以"将来"反观"现在"，如同为人们竖起一座指引城市发展的"灯塔"，具有一种理想主义的指向和道德浪漫主义的特征。凯文·林奇（Kevin Lynch）在评价城市乌托邦思想时指出："在它们消失以后，似乎只会留下一点痕迹和一些记忆，但它们的作用却不是瞬息的，它们有效地表达出了人类最深处的感受和需求，而且，它们可以成为我们环境价值标准的指路牌，成为一种可以参考的环境试

---

1 如作为空想社会主义的著名实践者，欧文于1824年带领一批信徒横渡大西洋，不远万里来到美国。他用18.4万美元在印第安纳州向一个教派购买了哈蒙尼地区3万英亩的土地，搞起了"新和谐村"的示范性试验。但经过4年的艰苦创业之后，由于管理不善，亏损严重，最后不得不以失败而告终。

2 孙施文. 现代城市规划理论[M]. 北京：中国建筑工业出版社，2007：68.

验。"[1]英国作家王尔德（Oscar Wilde）的一段话也点明了乌托邦的深远意义："不包含乌托邦在内的世界地图，是不值一瞥的，因为它缺少承载人性的地方。但如果人性在那里降临，它就会展望，并看到一个更加美好的国家。人类的进步就是乌托邦的实现。"[2]

三

如果说以欧文、傅立叶为代表的空想社会主义的乌托邦理论与实践，使现代城市规划理论从产生之初就充满着浓重的理想主义意味，那么，以霍华德、格迪斯和芒福德为代表的城市规划思想家的理论与实践，除了不变的城市乌托邦式的理想主义追求外，还凸显和表达了近代城市规划思想的另一个重要的价值诉求——人本主义。

人本主义是一种重要的哲学理念，其思想渊源可追溯到古希腊罗马文化。英国著名学者阿伦·布洛克认为，"古希腊最吸引人的地方之一是：它是以人为中心，而不是以上帝为中心"。[3]人本主义作为一种较为系统的理论，是和开启西方工业文明时代人本精神和科学理性精神大门的文艺复兴运动联系在一起的，它旨在反对禁锢人性的基督教神学，强调人的价值与尊严。广义地说，人本主义是指以人本身为出发点和归宿来研究人的本质，以及人与自然、人与人关系的理论，不仅具有伦理道德和社会政治的意义，还具有世界观和人生观的意义。美国《哲学百科全书》指出：人本主义是"指任何承认人的价值或尊严，以人作为万物的尺度，或以某种方式把人性、人的限度和人的利益作为主题的所有哲学。"[4]狭义地看，人本主义可以单指以对人的关切为主要内容的思想倾向，如尊重人性，尊重人的自由、尊严和价值，关心人的疾苦和幸福，致力于为一切人谋利益，从而具有伦理原则和道德规范的意义。需要特别指出的是，人本主义不仅在哲学领域存在着不同流派，而且它历史性地开

1 ［美］凯文·林奇. 城市形态[M]. 林庆怡等译. 北京：华夏出版社，2001：52.
2 Oscar Wilde. *The Soul of Man under Socialism*. Selected Essays and Poems，Penguin：London，1954. p34.
3 北京大学哲学系编. 古希腊罗马哲学[M]. 北京：三联书店，1957：138.
4 *The Encyclopedia of Philosophy*. Vol.4. Macmillan and Fress，1972. pp69-70.

辟了新的知识空间，伦理学上的人道主义、政治学和经济学上的自由主义与个人主义，心理学上的人本心理学都是在人本主义的思想范式中展开的。本文所阐述的西方近代城市规划中的人本主义规划思想，主要基于伦理意义上的人本主义阈限，与作为一种道德原则或价值意义的"人道主义"这一概念意思相近。

西方近代诸多的城市规划思想家中，霍华德、格迪斯和芒福德三人的规划思想一脉相承[1]，他们敏锐地觉察到工业社会和机器化大生产所带来的城市问题和对人性的摧残，把城市规划和城市建设与社会改革联系起来，把关心人和陶冶人作为城市规划与建设的指导思想，因而被誉为西方近现代人本主义规划大师。[2]

霍华德是英国的社会改革家，1898年10月出版了《明日：一条通往真正改革的和平之路》(Tomorrow：A Peaceful Way to Real Reform)，1902年第二版时书名改为《明日的田园城市》(Garden Cities of Tomorrow)。这本书虽然篇幅不长，却被世界各国城市规划界公认为是一本经典的城市规划理论著作，对现代城市规划思想及实践起到了重要的启蒙作用，尤其对二战后西方国家的新城建设和城市理论产生过很大影响，至今仍对现代城市发展有借鉴意义。霍华德提出的兼具城市和乡村优点的田园城市理论，直接针对的是19世纪英国工业化和城市化带来的各种社会问题，特别是人口大量从农村涌向城市后，造成的城市畸形发展、城市环境越来越失去对人的尊重、乡村停滞衰退以及城乡对立日益严重等社会问题，他充满激情地说："这种该诅咒的社会和自然的畸形分隔再也不能继续下去了。城市和乡村必须成婚，这种愉快的结合将迸发出新的希望、新的生活、新的文明。本书的目的就在于构成一个城市——乡村磁铁，以表明在这方面是如何迈出第一步的。"[3]

---

1 霍华德、格迪斯和芒福德三人中，格迪斯曾经热情支持霍华德的思想，而芒福德不仅深受霍华德的影响，还一直尊称格迪斯是他的导师，因为芒福德对城市的关注源于他在1915年读到格迪斯的《演变中的城市》一书。他在1938年出版的著作《城市文化》前言的第一句话就是："早自1915年，在帕里克·格迪斯的激励和影响下，我就开始注意收集城市的研究资料了。"1923年格迪斯与芒福德还在纽约会过面。通过芒福德的著作，霍华德与格迪斯的思想传遍了整个美国。

2 金经元. 近现代西方人本主义城市规划思想家：霍华德、格迪斯、芒福德[M]. 北京：中国城市出版社，1998：20.

3 [英]埃比尼泽·霍华德. 明日的田园城市[M]. 金经元译. 北京：商务印书馆，2006：9.

霍华德最大的贡献和价值不是体现在重新塑造城市的物质形态，或关于城市布局、土地利用等城市规划的技术手段方面，而在于他将物质规划与社会改革、社会规划、人本主义理念结合在一起，提出了关心人民利益、以人性的满足为立足点的城市规划指导思想。霍华德用三个马蹄形的磁铁来象征城镇（Town）、乡村（Country）和乡村城市（Town-Country）对人民的吸引力，在这个著名的"三磁铁"图的中心部分（图69），霍华德提出了这样一个问题："人民何去何从？"（The People，Where Will They Go？），表达了他对广大人民未来的深切关注。总结了过去一些社会试验失败的原因后，霍华德试图创造这样一个理想的社会环境:让人们生活在一个既能从事最圆满的集体活动，又能享受到最充分个人自由的社会生活中，他指出："把最自由和最丰富的机会同等地提供给个人努力和集体努力的社会将证明是最健康而朝气蓬勃的[1]。""社会城市"（social city）的概念是霍华德田园城市理论的最高目标，同样体现了他对人的关心。社会城市是一个田园城市群（图70），旨在以"城市群"的方式限制城市增长规模，或者是用城乡一体的小城市群来逐步取代大城市。霍华德认为，由于田园城市的土地不在私人手中，而在人民手中，不是按个人设想的利益，而是按全社区的真正利益来管理，因而田园城市的人民片刻也不会允许他们城市的美景遭到城市不断扩展的破坏，"城市一定要增长，但是其增长要遵循如下原则——这种增长将不降低或破坏，而是永远有助于提高城市机遇、美丽和方便"。[2]

格迪斯是苏格兰的一位生物学家、社会学家和哲学家，同时也是现代城市规划理论的奠基人之一。与霍华德一样，他试图将城市规划作为社会改革的重要手段，以解决工业革命和城市化所带来的一系列城市问题。与霍华德不同的是，格迪斯首先是从社会实践活动开始关注城市与城市规划，他的规划思想更加综合，注重调查研究和各学科之间的相互渗透。基于自身的学科背景优势，他把诸多学科尤其是生物学和社会学的思想应用于城市和城市规划研究之

1　［英］埃比尼泽·霍华德. 明日的田园城市[M]. 金经元译. 北京：商务印书馆，2006：81.
2　［英］埃比尼泽·霍华德. 明日的田园城市[M]. 金经元译. 北京：商务印书馆，2006：111.

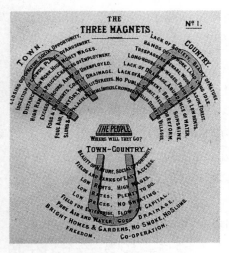
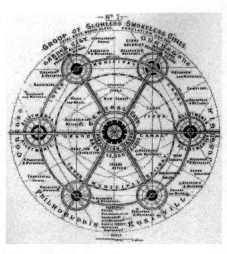

图69 霍华德的"田园城市"构想图之一:
著名的"三磁铁"图(Three Magnets)

图70 霍华德的田园城市群设想图

中,创造了统一的城市研究方法,强调要用有机联系和时空统一的观点来理解城市,既要重视物质环境,更要重视文化传统,要把城市的规划和发展落实到社会进步的目标上来,要按城市的本来面貌去认识城市、创造城市,这是格迪斯认识城市问题的理论思想的精髓。[1]1915年出版的《进化中的城市》(Cities in Evolution)一书,是他系统阐述有关城市演化和城市规划问题的重要著作,同时也较集中体现了他的人本主义的思想倾向。如他特别重视人本理念与精神文化要素在城市规划中的作用,指出"城市规划不仅是地点规划或工作规划。如想取得成功,必须是人的规划";"城市的演变和人的演变必须同步进步";"大城市并不就是把政府宫殿放在放射大道的顶点上炫耀,真正的城市,不论大小,是由市政大厅中的市民来管理他们自己,并且表达出指导他们生活的精神理想";"许多人习惯地认为,城市规划是一种圆规和直尺的艺术,往往是一种纯粹由工程师和建筑师为市议会做的事。但是真正的、唯一有价值的城市

1　金经元. 近现代西方人本主义城市规划思想家:霍华德、格迪斯、芒福德[M]. 北京:中国城市出版社, 1998: 86.

规划，是一个社区和一个时代全部文明的体现"。[1]1915年至1919年，格迪斯为印度50多个城镇编制了城市规划报告，受到了充分的肯定和前所未有的欢迎，谈到自己取得成功的原因时，他指出："我和那些工程师不同，并不想按自己的方法或从欧洲带来的方式为他们做规划，与此相反，我想发现这些人需要什么，真正想要规划些什么。这是假规划和真规划的区别。"[2]此外，格迪斯还在论述城市生长发展的循环周期时，最早使用了"megalopolis"一词，来表示一个过于巨大而注定摧残人性、走向灭亡的城市。在他看来，特大城市具有"压抑的生活……充斥着疾病和愚蠢……堕落和冷漠……懒散和罪恶……"，"解救的办法是远离（这些城市）而寻找一些小规模的、简单的、真正健康和幸福的社会发展模式"。[3]

芒福德是美国城市理论家、社会哲学家、技术思想家，毕生出版了三十多部著作，是一位多产的通才学者，在历史、技术哲学、文学评论、建筑与城市规划等多个领域都有突出成就。在城市规划领域，其代表作是1938年出版的《城市文化》（The Culture of Cities）和1961年出版的《城市发展史：起源、演变和前景》，这两本著作至今仍被公认为城市科学研究的经典之作。芒福德的视野宽阔、思想独到，与霍华德和格迪斯一样有深刻的人文关切，自始至终把城市发展问题与人的问题结合在一起进行思考，把人本主义规划思想推进到了一个高峰。芒福德探索人类城市发展史的主要目的，是为了让我们对当今人类面临的迫切抉择有足够的认识，我们需要构想一种新的秩序，这种秩序须能包括有机界和个人，乃至包括人类的全部功能和任务。只有这样，我们才能为城市发展找到一种新的出路。[4]这种新的出路就是以人为中心，全力以赴发展自己最丰富的人性，避免那种纯粹以物质形态的观点和反有机物的技术来判断城市状态，以及纯粹以追求利润、享乐和权力来规定城市发展

1　金经元. 近现代西方人本主义城市规划思想家：霍华德、格迪斯、芒福德[M]. 北京：中国城市出版社，1998：80，136，116～117.
2　金经元. 近现代西方人本主义城市规划思想家：霍华德、格迪斯、芒福德[M]. 北京：中国城市出版社，1998：79.
3　[英] 伊丽莎白·贝金塔. 格迪斯、芒福德和戈特曼：关于"Megalopolis"的分歧[J]. 李浩，华珺译. 国际城市规划，2007，5：9.
4　[美] 刘易斯·芒福德. 城市发展史——起源、演变和前景[M]. 宋俊岭，倪文彦译. 北京：中国建筑工业出版社，2005：2.

的片面做法，而应把人们的精神生活、文化生活放到更加重要的位置上去，因为在芒福德的人性理解之中，重视心灵胜过工具，重视有机体胜过机械。他说："城市的主要功能是化力为形，化能量为文化，化死的东西为活的艺术形象，化生物的繁衍为社会的创造力"，"我们必须使城市恢复母亲般的养育生命的功能，独立自主的活动，共生共栖的联合，这些很久以来都被遗忘或被抑止了。因为城市应当是一个爱的器官，而城市最好的经济模式应当是关怀人和陶冶人。"[1]

美国学者保罗·库尔茨（Paul Kurz）说："人道主义面临的问题是创造把人从片面的和扭曲的发展中解放出来的条件，把人从压迫人、使人堕落的社会组织中解放出来，从毁灭和破坏人的天赋环境中解放出来，使人过上真正的生活。"[2]城市规划中的人本主义思想家其实面临相似的问题。无论是霍华德、格迪斯，还是芒福德，他们的城市思想中可贵的人本主义价值取向，便是旨在克服资本主义工业城市中压迫人并使人堕落的各种反人性的弊端，把城市规划与社会改革、环境治理结合起来，实现一种关注人的需求、尊重人的价值、促进人健康幸福和协调发展的城市和社会。

综上，虽然本文分别阐述了傅立叶、欧文等空想社会主义者的理想主义社会乌托邦思想，以及霍华德、格迪斯和芒福德的人本主义规划思想，但这并不意味着他们分别代表着两种不同的价值诉求。正如我们在人本主义规划思想家的理论与实践中，看到了城市乌托邦式的理想主义追求一样，我们在富于理想主义追求的空想社会主义思想家那里，也看到了时时闪烁的人本主义光辉。

1 ［美］刘易斯·芒福德. 城市发展史——起源、演变和前景[M]. 宋俊岭，倪文彦译. 北京：中国建筑工业出版社，2005：582，586.
2 ［美］保罗·库尔茨. 保卫世俗人道主义[M]. 余灵灵等译. 北京：东方出版社，1996：76.

21

走向伦理的城市：埃蒙·坎尼夫的当代城市设计理论[*]

埃蒙·坎尼夫对当代城市发展进程及城市发展不同阶段的空间特质进行了独特的回顾与分析，在对当代城市设计理论与城市更新实践问题进行批判性反思的基础上，创新性地建构了伦理性城市的方法论，这些都给今天中国的城市设计理论与城市发展实践提供了有益的启示，使我们在更深层次上思考与关注城市设计如何才能有益于城市市民的问题。

* 本文最初以《论埃蒙·坎尼夫的当代城市设计理论》为题发表于《中国名城》2012年第6期，本书收录时进行了修订，并新配插图。

城市空间特性的伦理维度是现当代城市设计中讨论的新问题。如何正确阐释城市设计与伦理的关系，以期创建一个伦理的城市环境，对现代城市设计理论的建构尤为重要。现任教于英国曼彻斯特城市大学建筑学院的埃蒙·坎尼夫（Eamonn Canniffe）在《城市伦理：当代城市设计》(*Urban Ethic: Design in the Contemporary city*, 2006)一书中，在回顾与分析城市发展进程的基础上，重点讨论了有关城市更新与当代城市生活矛盾的种种争论，阐释了城市的形式与其所处时代的社会、政治与美学状况之间的关系，并聚焦于城市的空间特性，从一个新的角度诠释了城市伦理的内涵，提出了由格局（patterns）、叙事（narratives）、纪念（monuments）与空间（spaces）构成的城市伦理之"四重模式"(a fourfold model)。坎尼夫的城市伦理观，既是一种包容性城市设计的准则体系，也是一种走向伦理性城市的方法论，它对我们更加深入开展城市伦理问题的研究有一定的借鉴意义。

一、城市伦理价值的失落：城市设计问题的历史反思

回溯城市的历史并不是一件可有可无的事情，建筑和城市的意义最终存在于历史和文化关系当中。刘易斯·芒福德说："要想更深刻地理解城市的现状，我们必须掠过历史的天际线去考察那些依稀可辨的踪迹，去了解城市更远古的结构和更原始的功能，这应成为我们城市研究的首要任务。"[1]对城市发展进程中城市设计问题的回顾与反思，旨在追寻和梳理城市的历史发展线索和文化背景，为的是从中吸取经

---

1 ［美］刘易斯·芒福德. 城市发展史：起源、演变和前景[M]. 倪文彦，宋峻岭译. 北京：中国建筑工业出版社，2005：2.

验与教训。坎尼夫同样坚持这样的主张，即割裂过去来理解现代城市是不可能的。在《城市伦理：当代城市设计》及《广场政治学：意大利广场的历史与意义》(*The Politics of the Piazza: the history and meaning of the Italian square*, 2008) 等书中，他主要以城市公共空间为例，阐述并分析了城市发展进程中建筑形式与城市空间形态的演变轨迹，尤其是梳理了工业化之前传统城市的精神特质和伦理价值及工业化之后城市空间伦理价值的异化与失落。

在《城市伦理：当代城市设计》中，坎尼夫将城市发展的基本进程区分为历史城市、工业城市和后工业城市这三个阶段，主要探讨了这三个阶段城市发展的主题和作为一个社会伦理观念体现的城市空间形态的不同特征。

坎尼夫所称的历史城市 (the historic city) 大致是指工业化之前的历史文化名城。历史城市是一种紧凑性城市，通常既有辨识性又容易认知。这个阶段的城市发展贯穿着一个重要主题，即城市的建筑与空间如何才能反映并支持城市的精神特质，并通过具有高度意象性的场所，使市民牢固树立对城市的认同感。坎尼夫认为，宗教及其神力约束在古代城市的布局和社会结构方面占主导地位。无论是古希腊人，还是伊特拉斯坎人 (Etruscan) 和古罗马人，建城都是一件十分神圣的事情，城市的命运需要神的庇护和魔法的保护，因而城市建设某种程度上说也是一种宗教仪式和宗教行为。他以古雅典城每年举行的"泛雅典娜节女神游行"(Panathenaic Procession)[1]为例（图71），说明了宗教性公共生活与城市发展的良性互动效应和诗意共鸣 (poetic resonance)，正是由市民互动而形成的神圣化与仪式化的城市公共生活，强化了人们的城市认同感和归属感。

坎尼夫认为，随着18世纪中后叶开始的以蒸汽机的发明和应用为主要标志的科技革命，及其所引发的对城市元素的非神秘化的解释，导致了对城市环境的伤害，而这恰恰是以生产效率为目标的工

1　古典时期，祭祀雅典护城女神雅典娜的泛雅典节是雅典人最主要的节日庆典之一。它主要由供奉牺牲、竞技、祷告和祭仪游行等一系列基本的祭祀活动组成。其中，祭仪游行 (formal procession) 是主要的祭祀方式之一，成为雅典人生活的一个部分。游行队伍在雅典城市中心的宗教圣地、市政广场、城邦边界和乡村之间来回流动，增强了城邦公民集体的团结意识。

业城市（the industrial city）的主要特征。

18世纪下半叶，伴随第一次科技革命和工业革命的兴起，城市发展进入工业城市时代。工业化和随之而来的城市化的迅速发展，给城市带来了巨大影响。虽然工业城市充分调动了制造业财富创造的潜能，但却出现了后来被称为"城市病"的一系列城市问题，导致城市结构混乱、城市环境恶化、住宅拥挤、疫病流行等问题迅速出现，且日益严重。一些城市观察家们，例如恩格斯，通过亲身的观察与交往，直接研究了英国工人阶级的状况，尤其对曼彻斯特工人非人道的生活条件有触目惊心的描述和深刻的分析。坎尼夫认为，恩格斯对曼彻斯特城市状况的描绘，表明了城市和建筑形态与社会状况之间的联系，以及道德维度的重要性。

同时，18世纪以来工业化进程的标准性，利润率与批量生产之间的关联，都对城市设计产生了影响，使其回避了传统城市的伦理价值。工业化的模式带给城市的是更快的功能分区过程。功能分区的城市，创造了一种工业化时代占支配地位的城市特性，即单调而乏味的环境，或者是工业区，或者是商业区，或者是居住区。这种功能分区使土地开发满足了制造业的需求，但在如何寻求公共建筑的代表性语言，以及营造友好的居住环境方面却并不成功。尤其是

图72　勒·柯布西耶1925年第瓦赞规划（Plan Voisin）。该规划模型反映了柯布西耶所提出的现代城市的基本构想

（图片来源：Eamonn Canniffe. *Urban Ethic—Design in the Contemporary city*. London and New York:Routledge，2006.p52.）

当代的城市设计，在许多方面仍然完全受制于二战刚结束时勒·柯布西耶（Le Corbusier）所提出的城市规划教条（图72）。无论是发展中国家还是发达国家，人们都满腔热忱地贯彻着这样的规划策略，即用高楼大厦和高速公路取代传统城市的建筑形式。由此所导致的零乱的、单调乏味的"城市沙漠"现象，正是人们期待城市设计者们解决的难题。

　　坎尼夫所说的后工业城市（the post-industrial city）主要是指20世纪晚期的西方发达城市。他首先提出了一个问题：如果说在发达国家城市体验是最基本的存在模式，但为什么对许多居民而言，那些丰富的城市设施变得如此让人疏远？而且，这样的城市环境表面上体现着公共价值，但实质上却表达着私人利益。他认为，现代主义城市设计的前提是运用城市总体控制规划，在一个更健康的城市环境中创建一个更平等的社会。但这种乐观主义的看法，不能简略地说成是落入以下两种情形。一方面，高层建筑的发展形式、抽象的功能主义表达、缺乏明确界定的介入式空间，都让人认识到疏远感的产生既来自空间尺度，又来自可识别性的缺乏。另一方面，城市总体控制性规划又让人认识到，它消除了地域和地形因素上的差别，取而代之以普遍主义的解决方案。

如何才能从城市设计层面解决后工业城市所带来的问题（如无场所感的郊区化蔓延、城市设计与人的需要疏离）？坎尼夫主要讨论了两个在理论上明显对立且处于支配地位的城市设计理论，即新城市主义（New Urbanism）与新现代主义（Neo-Modernism）。新城市主义是20世纪90年代初率先在美国提出的一个新的城市设计运动。它旨在寻求扭转城市各个功能分区相互疏远的问题，赞同城市形成一种更为综合的整体，塑造具有城镇生活氛围、紧凑的社区，用其取代郊区蔓延的发展模式。新城市主义的设计准则强调界定公共领域与私人领域的边界，以便居住区的市民中心在城市体系层次中具有明显的辨识度。新现代主义则是对现代主义运动的一种继承和发展，他们认为不可改变的人性与技术的进步是一种共生关系，应借由理性的逻辑进行道德上的控制，因而主张重新恢复现代主义设计的一些理性的、次序的、功能性的特征。新现代主义抛弃了现代主义先驱者们以改革者自居的伪装，赞成应服从市场的需求，但却很难满足创建全球城市过程中的人性化需要。

坎尼夫认为，无论是新城市主义在物理和视觉上的限制，还是新现代主义自我陶醉的精英主义的影响，都不能很好地解决当代城市问题，当代城市的现实状况需要一个能够有效恢复城市主体地位的理论，而其出发点是相信城市有能力表达一种共同的精神特质，包容相互对立的各方，鼓励多样化，反映个体的诉求。于是，在《城市伦理——当代城市设计》的第二部分"城市环境元素"中，坎尼夫将卡斯腾·哈里斯（Karsten Harries）所宣扬的建筑的伦理功能中的"伦理"引入到城市设计领域，提出了更广意义上的"城市伦理"。需要强调的是，虽然坎尼夫并没有明确界定"伦理"的含义，但他的城市伦理中的"伦理"一词的含义，与哈里斯所说的建筑伦理中的"伦理"一词的含义相同，即与希腊语"ethos"（精神特质）更相关，而不是我们通常谈到"商业伦理"或"职业伦理"等应用伦理层面时的那种意思（如人际交往或控制工作行为的一套准则）。

二、城市伦理的四重模式

坎尼夫对当代城市的失望，主要源于他认为在当代城市中，伦理价值还远未被充分体现出来。因此，为了更加明确地展现伦理城市的精神特质，坎尼夫通过一系列的案例研究，从城市精神的层面，提出了当代城市空间设计的方法论，即他所说的城市设计元素的"四重模式"（a fourfold model）。这"四重模式"由四种城市设计元素构成，分别是格局、叙事、纪念和空间。在城市环境中，这四种元素相互独立又不可分割，共同构成了坎尼夫的主题——"城市伦理"。

坎尼夫提出的城市设计四重模式的表述，较为抽象和晦涩，也许这与他对海德格尔思想的推崇有关，他自称自己提出的四重模式是对海德格尔的宇宙（世界）四重结构的自觉回应。海德格尔认为，人是定居在天、地、神、人这四元合一的结构之中的，即拯救大地、接纳苍天、期待诸神、关怀人性。人以定居的方式保护着四重结构，使四者的本质得以显现。尽管坎尼夫的模式、叙事、纪念和空间比海德格尔的地、天、人、神更加具体，但是它们之间的内在联系和意义层次，对城市建筑这个特定研究任务而言，有相同的目的。

下面简要阐述坎尼夫提出的四种元素。

第一，格局（patterns）

城市格局这个元素，是一种存在于被动适应地形与有意识规划的主动干预之间的现象，旨在确认建筑物和街道之间的关系，人口密集区域和空旷之地的关系，确保城市形态具有一定的秩序。初看之下，格局乃是财产分配与地形（topography）的功利主义产物，实际上它受理智建构与意义积累的影响。这种阐释使城市格局被看作是社会精神特质的物质表现形式。或者可以说，格局即便不是对场所精神（genius loci）的反映，但至少它依赖对地方特性的理解。通过观察一个地区的连续性地图，例如罗马的托拉斯维特区（Trastevere），解读它们的格局及其所包含的意义，就可能超越单纯形式上的东西而阐释其所代表的地方特性和社会进程。坎尼夫提出，应重视历史城市的肌理及蕴藏于其后的精神本质在城市复兴中的价值，当代城市应重新规划城市的各个区域，使城市各部分之间的联系更加丰富和紧密。

第二，叙事（narratives）。

自古以来，叙事便在城市构建中发挥着重要的作用，城市本身就具有叙事的特征。坎尼夫认为，所谓叙事，是指运用对公民而言有重要意义的类比和意义元素等表达方式，为城市中人类活动的关键角色设定场景，使城市成为一种故事的集合。在功能方面，他将叙事作为一种方法来分析、理解和归纳城市设计的意图，强化城市文脉之间的联系，进而有效地建构建筑及城市的社会文化意义。坎尼夫尤其强调，叙事空间可以理解为一种与"置身其中"的实地体验密切关联的建筑与城市空间，而只有体验才能产生场所精神。因而，坎尼夫提出对城市叙事进行解读的典型形式应该是，假想我们正经历一次穿越城市的旅程，在这次旅程中，熟悉的和不熟悉的经历与体验都融合在一起。坎尼夫反对城市设计中单一的主导性叙事，他建议城市应展现不同的、甚至是相互矛盾的叙事，只有这样，才能创造出独一无二的城市景观。他认为，超现实主义（surrealist）、情境主义（situationist）以及心理地理学（psychogeography）试图倡导对城市环境新的感知方式，为建设20世纪城市的多元叙事做出了有益尝试（图73）。

图73 坎尼夫认为超现实主义者们通过乔治·德·基里科（Giorgio de Chirico）描绘的令人不安的城市形象，反映了弗洛伊德所诠释的当代人的心理。图为基里科的绘画作品《广场》（Piazza，1913）

（图片来源：http://www.mnba.gob.ar/en/the-collection-highlights/7227）

第三，纪念（monuments）。

"纪念"这一术语，来自拉丁文"monere"，意思是"展示"，是一种明确地宣传公共信息的产物。坎尼夫所说的作为城市设计元素的纪念，主要指具有可识别性的、能够吸引公众参加公共活动的各种公共建筑，尤其是公共性文化建筑。他认为，纪念在强化支配性的叙事形象方面有悠久的传统。而当代城市的叙事，作为一种集体体验，镌刻在城市的各种纪念物之上。通过一个城市公共性的纪念建筑网络来理解和读懂一个城市，是一种最普通的了解城市历史的方式。纪念建筑语言所呈现出的建筑尺度与精巧成果，使其与周边环境区分开来，并赋予其公共形象。而人们对城市的记忆和抱负，便栖居于纪念建筑的形象之中。因此，对于当代城市而言，如何在商业王国所主宰的环境中表现纪念建筑的公共形象，以及通过它们表达包容性的城市价值，既是城市设计面临的一个严峻挑战，也是城市重建的关键之所在。

第四，空间（spaces）。

坎尼夫认为，城市设计的四个元素当中，从根本上说，最蕴含伦理诉求的是空间元素。所谓空间，不能仅仅把它们看作是建筑物之间的空隙，而是通过实现一个空间及其本身的形式意义和清晰界定，为特定的城市文脉提供新的价值。实际上，坎尼夫说的空间，本质上是指市民可利用的开放空间和公共空间，这些空间元素以一种微妙但具体的方式吸引公众，表示公众是作为一个共同体而非仅仅是个体的存在。他认同卡斯腾·哈里斯关于城市空间的公共性与其所体现的城市伦理观念之间的关联。因此，为了实现当代城市空间的伦理潜力，公共领域应拥有比私人建筑更具价值的东西，因为共同价值的多样化在公共领域中能够获得体现。坎尼夫主要以广场这种空间类型为例，讨论了城市空间服务于人们的特定活动，可以强化社会团体一致性的功能。传统城市空间相比于现代城市，更具模糊性，更多体现着一种具有积极意义的市民价值。因此，当代城市的重建，需要重新引入城市空间的层次体系、公共领域和私人领域的区分，以及对城市景观的再评估。坎尼夫认为，最成功的城市空间展现出三个特征，即它们具有真正的开放性和渗透性、相对而言是朴素的以及具有清晰的空间边界。

概言之，坎尼夫在海德格尔现象学与哈里斯建筑现象学的基础上，提出了城市设计元素的"四重模式"，正是这些元素——格局、叙事、纪念与空间，大体构成了包容性城市设计的准则体系，这是一种走向伦理性城市的方法论。

三、余论

在书中，坎尼夫还通过集中讨论相关范例，以及提出一系列的设问，来具体表达自己对伦理性城市形态的向往：

> 我们可以从许多方面来判定城市形态是否具有伦理性与包容性。这个城市的总体规划对居民与观光客来说清晰而方便吗？这个城市在我们去一个安排好的地方后，还能很容易地到达其他地方吗？这个城市的建筑虽然多种多样，但总体上却很和谐吗？这个城市的建筑具有一定程度的坚固性、渗透性甚至是模糊性吗？这个城市的空间大部分时间能够提供一种多样化的用途吗？这个城市拥有方便使用而不是让人厌恶的公共空间吗？这个城市建筑的功能，无论它是公共的还是私人的、政府的还是机构的、宗教的、世俗的、商业的、慈善的、以居民为中心的还是以观光客为中心的，都能鼓励不同种族与阶层的人们偶然相聚吗？这个城市总体来说是通过高品质的设计、材料、创新技术和表现方式来加以装点和美化的吗？这个城市的传统惯例与社会机制能够使每个市民平等受益吗？这个城市有类似佛罗伦萨圣母领报广场这样的广场吗（图74）？伦理的城市环境，应当对上述所有问题都持肯定的回答。当然，这也是西特所赞赏的空间类型。这样的城市环境，是简练的、易于读懂的空间形态，浓缩了作为一个整体的城市的许多方面，既包括特殊的方面也包括一般性的方面。这样的空间形态是持久的，当它们被使用的时候甚而荒芜的时候都是宁静的，能够促使人

图74　佛罗伦萨圣母领报广场（Pazza SS Annunziata Firenze）
（图片来源：https://upload.wikimedia.org）

　　们创造一个彼此熟悉的环境，建设一个可持续的城市，并鼓励
人们相互合作与分享。[1]

　　除以上所提到的外，坎尼夫的书中还有不少精彩的观点。例如：
坎尼夫充分肯定了现代城市设计先驱者们所具有的伦理压力与道德
立场。他指出，现代城市设计先驱者们往往有一种伦理上的压力，
即他们要考虑如何使自己的设计与社会大众的理解相平衡，同时，
他们还具有医治城市疾病的善良愿望这样一种道德立场。然而，今
天的城市设计者们常常令人遗憾地缺乏这样的伦理压力和道德立
场，他们往往将促进消费主义看作最重要的目标，但是社会底层的
境况并没有得到足够关注。因此，我们需要一个当代恩格斯，去发
现类似早期工业城市曼彻斯特的那些肮脏的状况，因为它们正以不
可想象的规模在蔓延。虽然建筑与城市规划并不能彻底解决社会
病，但是它却可能带来一个关注社会不平等的伦理立场，注重对公
众价值判断的优先取舍。坎尼夫还认为，在当代城市，起主导作用
的商业价值从根本上说仅仅满足了少部分城市市民的需要，而代议
民主制度实际上推动了其各自所代表的人口的分裂。因此，城市设
计应当积极了解市民的想法，而且市民所表现出的意愿也是希望能

1　Eamonn Canniffe. *Urban Ethic—Design in the Contemporary city*. London and New
　York：Routledge,2006. p19.

够共同参与城市的塑造。

　　此外，坎尼夫还提出了城市设计中的三个伦理难题。首先，如何理解城市形态设计中的某些方面与政治结构和虚拟叙事之间的关联程度。其次，如何寻找到能够恰当表现市民态度的设计方法，以及提供一种既满足现实需要又富于表现力的城市设计语言。第三，从我们对历史城市形态的分析阐释中，揭示当代城市环境在空间技巧应用方面存在哪些问题。从某种程度上说，这三个难题解决不好，走向伦理的城市便可能成为一句空话。

22

现代城市能否实现乐居？*

「我看青山多妩媚，料青山见我也如是。」

人类终究还是向往与山水相依的富有诗情画意的生存环境，这需要人类为之付出永不停歇的努力，其中首先要努力维护人与自然环境的和谐共存，这是实现城市乐居的本源。

＊ 本文最初以《环境美学视野中的山水城市理念》为题发表于《北京建筑工程学院学报》2008年第4期，本书收录时进行了修订。

自20世纪80年代起，中国轰轰烈烈的城市化发展进程，引发了城市环境污染、交通拥挤、人居状况恶化、传统消失和面貌趋同等一系列现代城市病，这已成为城市建设中急需解决的问题。在这样的社会背景下，许多城市提出了理想的城市发展目标，如宜居城市、生态城市、山水城市、园林城市，等等。本文拟从阐述宜居城市的内涵出发，提出乐居是宜居的最高境界，并进而在此基础上，透过环境美学的视野，分析山水城市理念与城市乐居追求的内在契合关系。

一、引言：乐居是宜居的最高境界

　　2005年1月12日国务院会议原则通过的《北京城市总体规划（2004~2020）》将北京城市发展目标确定为"国家首都、世界城市、文化名城和宜居城市"，其中，引人关注的是首次引入"宜居城市"的理念。随后，全国陆续有许多城市也提出了建设"宜居城市"的目标。究竟什么是"宜居城市"，它的内涵和基本特征是什么？对此学界并没有一个统一的界定和标准。《北京城市总体规划》对"宜居城市"的表述是"创造充分的就业和创业机会，建设空气清新、环境优美、生态良好的宜居城市"。《中国宜居城市研究报告》指出："'宜居城市'是适宜人类居住和生活的城市，是宜人的自然生态环境与和谐的社会和人文环境的完整统一体，是城市发展的方向和目标[1]。"该报告还从城市的安全性、环境的健康性、生活的方便性、出行的便捷度、居住的舒适度等五个方面，构建了宜居城市的评价

1　张文忠等. 中国宜居城市研究报告（北京）[M]. 北京：社会科学文献出版社，2006：34.

指标体系。2007年5月30日，中国城市科学研究会发布了《宜居城市科学评价标准》，将宜居城市的评价标准概括为六大方面：即社会文明度、经济富裕度、环境优美度、资源承载度、生活便宜度、公共安全度。

简言之，"宜居城市"就是指适宜于人居住和生活的城市。然而，倘若不提出评价宜居城市的基本指标，这一定义等于什么也没说。《中国宜居城市研究报告》和《宜居城市科学评价标准》中对宜居城市指标的理解，似乎更多是从理性化、科学化及功能性的角度进行界定，仅注重一些可测的外在指标，而缺乏伦理学和美学层次的价值描述。笔者认为，归根结底，宜居城市就是全面满足人性需要的城市，它不仅适宜于人居住，而且能令生活于其中的百姓感到公平、温暖、惬意、愉悦，并产生家园的归属感。

广义的"宜居城市"至少包含三个层次，第一个层次就是功能性宜居，主要满足市民对城市的基本生活要求，如安全性、健康性、生活方便性和出行便利性等，侧重于有利于人的生存与发展的物质环境方面。第二层次是社会伦理性宜居。古汉语中"宜"与"义"可以互训，"义者宜也"，宜即公义、公平之意。因此，真正的宜居城市还是公平的城市，它要让生活在这个城市中的每个人感到各得其所，拥有平等的竞争与发展机会，以充分满足个性和发挥个人潜能的方式生活。而且，尽管不同群体有贫富、强弱的差别，但并不会受到法律和政策的区别对待。第三个层次就是能够满足居住者情感需求与审美需求的精神性宜居，即乐居，强调居住环境的人性化、丰富多样性和审美愉悦性，在居住环境理念上不仅强调舒适性，还强调愉悦性，强调环境是否给人带来美的感受，实现"诗意地栖居"。

显然，第三个层次的乐居是建立在第一个层次和第二个层次的宜居基础之上，一个城市如果不适宜人居住，满足不了市民日常的基本生活需求，当然谈不上乐居。但是，从理想的居住环境来看，仅仅停留于功能层面上的宜居是不够的，还要在此基础上让人住得赏心悦目，住得愉快，达到自由与和谐之乐居。从这个意义上说，乐居是宜居的最高境界，只有美的环境才是对人性的最高肯定。现代城市的职责不仅是为了使人生活得更富裕、更有效率，还在于使人们生活得更富有诗意和人性化。"我们生活的目的之一便是审美。仅仅能生存是不够的，或仅仅对环境有认知上的理解，仅仅有道德法则，仅仅有健康和安全都是不够的。人类以审美的幸福为目标，这意味着人类试图实现对和谐、完整、丰富和多样性的要求——在环境中以及在整个生活中。"[1]20世纪60年代以来兴起的一门交叉性人文学科——环境美学，其出发点便是建造一个适宜人居住而且让人居住感到快乐的环境。[2]

二、环境美学视野中的理想人居：山水园林城市

20世纪六七十年代以来，随着工业化进程的发展，城市环境质量不断下降，直接影响到人们的生活品质。环境问题的凸显和生态危机的爆发，引起了公众对环境的普遍关注，并在欧美等国家形成了声势浩大的环境运动。在这场运动中，伦理价值和美学价值作为环境的一个重要维度凸显出来，吸引了不同学科学者们的强烈兴趣。如果说环境伦理学的出现表达了人类为改善环境质量，确保自己在自然中的持续存在与发展而做出的道德努力，那么，环境美学的兴起则表达了人类试图借助审美手段缓解人类与自然的矛盾冲突，达成人与自然新的和谐统一的美好意愿。

环境美学的开拓者之一、美国哲学家阿诺德·伯林特（Arnold Berleant）认为，环境美学虽然与其他学科交叉，如哲学、文化人类学、建筑学、规划学、景观设计学、文化地理学等，但其核心是对环境的美学思考。他认为，环境是一个复杂的综合体，是包含人和场所（place）的统一体，环境美学属于应用美学，指"有意识地将美学价值和准则贯彻到日常生活中、贯彻到具有实际目的的活动与事物中，从衣服、汽车到船只、建筑等一系列行为"[3]。而且，环境美学致力于培植一种城市生态，以消除现代城市带给人的粗俗和单

---

1 ［芬］约·瑟帕玛. 环境之美[M]. 长沙：湖南科学技术出版社，2006：206.
2 陈望衡. 环境美学[M]. 武汉：武汉大学出版社，2007：46.
3 ［美］阿诺德·伯林特. 环境美学[M]. 张敏，周雨译. 长沙：湖南科学技术出版社，2006：1.

调感，使城市发生转变，从人性不断地受威胁变为人性可以持续获得并得到扩展的环境。[1]彭锋认为，环境美学就是以环境审美为研究对象的美学。主要包含两方面的意思：一是指审美对象上包括自然景观和人造景观等处于传统艺术美学边缘的东西，一是指将这些对象作为环境而不是作为类似于艺术作品的孤立的东西来欣赏。[2]

　　环境美学的源头可以追溯到自然美学和景观美学。环境美学中的环境概念，主要是指自然环境，当然也包括人造环境。与一般从经济、政治、伦理等视角探讨环境问题不同，环境美学更多地是从人与现实审美关系的角度认知人与环境的关系，关注环境本身的审美价值，关注环境对于人的精神享受的意义，并试图确立判断环境审美价值的原则。在当代环境美学中，最核心是问题是自然美的问题，自然之美是审美愉悦的重要源泉。环境美学对人与自然关系的反思，以及对自然审美利益的关注，"试图把自然界的美从剥夺式开发所带来的难以恢复的破坏中挽救出来"[3]，建立一种城市生态的审美范式。这种审美范式从根本上突破了人与自然主客二元对立的思维框架，更加注重和强调人和自然的富有美学意味的亲和性，使人对自然的征服、改造和占有转换为人与自然的相互尊重、和谐相处。海德格尔引用德国诗人荷尔德林的诗句而提出的"诗意地栖居"这一美学命题，已成为当代环境美学观的重要范畴之一，其主旨同样关涉人与自然的亲和友好关系，"诗意地栖居"非常重要的一点就是必须要爱护自然、拯救大地，摆脱人对大地的功利性征服与控制，使之回归其本己特性，从而使人类美好地生存在大地之上、世界之中，"诗意"地与大自然亲和相处，友好"对话"。其实，这样一种关系正是中国古代哲学所说的"天人合一"思想。

　　因此，在城市规划和建设中，建成环境应成为回归自然、与自然修好的场所，无论是城市的整体规划与布局，还是居住社区的设计，同样应该以最大限度亲近自然为美，理想的人居环境应该是使人尽管生活在现代社会的大都市里，却能时刻感受自然、亲近自

1　[美]阿诺德·伯林特. 环境美学[M]. 张敏，周雨译. 长沙：湖南科学技术出版社，2006：56.
2　彭锋. 完美的自然——当代环境美学的哲学基础[M]. 北京：北京大学出版社，2005：10.
3　[美]阿诺德·伯林特. 环境美学[M]. 张敏，周雨译. 长沙：湖南科学技术出版社，2006：52.

然，既能使人的自然本性得到充分的释放，同时又能符合现代社会生活舒适的要求。正如陈望衡所言："环境美学的目的不在于营造可居住环境，而在于营造理想居住环境。可居住环境强调功能性，而理想居住环境则强调功能性与审美性的结合；可居住环境不强调个性，而理想居住环境强调创造性。马尔文娜·雷诺兹的抒情诗里所描写的'那山坡上的小盒子/简简单单地做成小盒子/小盒子，小盒子，小盒子/小盒子全都一个样'是可居住环境，而林语堂所说的'我们居住其中，却感觉不到自然在哪里终了，艺术在哪里开始'是理想的居住环境。环境美学的目的就在于通过美化塑造出一种理想的居住环境。"[1]

环境美学试图营造的理想居住环境，实际上与山水城市的理念殊途同归。陈望衡明确指出，理想人居的必由之路是山水园林城市，因为山水园林城市真正实现了环境的自然性与人工性的和谐以及人性内在结构中自然性与文化性的统一，从而是最适宜人类居住的理想生存环境，也是城市发展的必由之路，是人类生存环境构建的主要方向。[2]

三、山水城市的环境美学意蕴：实现乐居之道

钱学森先生对山水城市的构想是颇富环境美学意味的。他提出："能不能把中国的山水诗词、中国古典园林建筑和中国的山水画融合在一起，创立'山水城市'的概念？人离开自然又要返回自然。"[3]这里，钱先生实际提出了将城市环境转变成景观的环境美化理想，即环境创造者们能否通过对中国山水文化的借鉴，提供一个人与自然和谐统一的城市景观和城市发展模式。其实，中国传统山水文化（包括山水画、山水文学）与园林建筑之间本身便存在着内在的联系，李允鉌曾说园林建筑"凝固了中国的绘画和文学"，它们之间有共同的美学意念、共同的艺术思想基础，甚至可以说已经融为

1 陈望衡. 环境美学[M]. 武汉：武汉大学出版社，2007：22.
2 陈望衡. 环境美学[M]. 武汉：武汉大学出版社，2007：38.
3 鲍世行，顾孟潮. 杰出科学家钱学森论城市学与山水城市[M]. 北京：中国建筑工业出版社，1996：47.

一体，产生了一种交互影响的作用。[1]吴良镛先生进一步指出："山水城市"是提倡人工环境与自然环境相协调发展，其最终目的在于"建立人工环境"（以"城市"为代表）与"自然环境"（以"山水"为代表）相融合的人类聚居环境。[2]此后，建筑与城市规划界对"山水城市"的种种讨论，大体沿着两种路径展开：一是在对中国山水文化（包括风水理论）做一番整体性的考察基础上，揭示源远流长的中国传统山水文化与城市规划和城市建设之间的独特关系，并进而提出建设具有中华文化风格和地域特色的理想人居环境；二是注重从生态文明和生态美学的角度探讨山水城市的内涵，揭示山水城市理念与可持续发展思想的内在一致性。下面笔者将从第三种路径，即从分析山水城市何以让人乐居这一问题入手，揭示山水城市的环境美学和人文美学意蕴。

首先，山水城市理念主张借助中国传统山水诗词、园林建筑等诗性文化资源，将其精神、结构和要素融入城市规划与建设之中，以开拓出使理性与感性、物性与人性有机结合的城市景观模式，使当代都市空间成为得益于大自然"烟云供养"，带给人审美愉悦性，有助于安静与凝思的诗性文化空间。现代城市建设在工业文明统治之下，遵循着功利化的技术指导模式发展，导致人、环境、自然之间的矛盾日益尖锐，人们生活在都市的"钢筋水泥森林"之中，城市异化为技术与人工的处所，越来越远离能使人"悦耳悦目、悦心悦意、悦志悦神"[3]的自然，人们越来越难以体会到古代山水诗词所描绘的那种对自然美的愉悦甜蜜感受，那种如春风化雨、润物细无声般净化人的情感、触动人的心灵的优美景观。因此，"现在面临的问题是如何将原先被城市排挤出去或仅被视为城市中可有可无的装饰品的自然重新请回到城市中来，并赋予自然以应有的地位，从而使得人性中被压抑许久的自然性重新恢复起来。正是在这一理念之下，新的城市理念——园林城市应运而生了"。[4]

1　李允鉌. 华夏意匠[M]. 天津：天津大学出版社，2005：308～309.
2　鲍世行，顾孟潮. 杰出科学家钱学森论城市学与山水城市[M]. 北京：中国建筑工业出版社，1996：246.
3　李泽厚根据内在的"自然的人化"原则，将美感区分为三个层次：悦耳悦目、悦心悦意、悦志悦神。这三个层次共同的地方是"悦"，可见愉悦性是审美感最基本的特征。
4　陈望衡. 环境美学[M]. 武汉：武汉大学出版社，2007：36～37.

其次，山水城市理念着力塑造一种尊重地域文化传统、使人与自然和谐依恋的城市环境美，这种环境美的特质往往呈现一种让人存在、安居和乐居的"家园感"或"家园意识"。在当代环境审美观中，"家园意识"是一个重要的概念，它的提出首先是因为在现代社会中由于环境的冷漠单调与精神的紧张而使人产生一种失去家园的无所适从之感。海德格尔在为纪念诗人荷尔德林逝世一百周年所作的题为《返乡——致亲人》的演讲中明确提出了美学中的"家园意识"。他说："'家园'意指这样一个空间，它赋予人一个处所，人唯有在其中才能有'在家'之感，因而才能在其命运的本己要素中存在。这一空间乃由完好无损的大地所赠予。大地为民众设置了他们的历史空间。大地朗照着'家园'。"[1]在这里，海德格尔不仅论述了"家园意识"的本源性特点，而且阐述了"家园意识"与自然生态、与大地的天然联系。当代美国环境伦理学家罗尔斯顿（Holmes Rolston）则从"地球是人类的家园"的视角出发，阐述了环境美学观的"家园意识"。他认为，对自然环境的爱护并非仅仅因为自然之美带给人的愉悦感，从深层意义上说这是因为我们深切感受到地球是我们赖以生存的家园，"这是生态的美学，并且生态是关键的关键，一种在家里的、在它自己的世界里的自我。我把我所居住的那处风景定义为我的家。这种'兴趣'导致我关心它的完整、稳定和美丽"。[2]

对城市认同感的最高层次便是家园意识，一种将自己生活的城市看作"家乡"而非"他乡"的意识。然而，并不是所有的城市都让人产生家园感，甚至从一定意义上说，家园感的丧失成为了整个现代城市的通病。与自然山水疏离的城市难以让人感叹"故乡的山山水水是那么的熟悉，一草一木是那么的亲切"，而失去了传统文化滋养和地域风格的"千城一面"的同质化城市，更难以引发人们浓浓的故园情。山水城市的理想目标就是要通过创造人与自然、人和人相和谐的，具有地域个性特色和深厚历史文化底蕴的人居环境，

---

1 ［德］海德格尔. 荷尔德林诗的阐释[M]. 孙周兴译，北京：商务印书馆，2000：24.
2 ［美］阿诺德·伯林特. 环境与艺术：环境美学的多维视角[M]. 刘悦笛等译，重庆：重庆出版社，2007：167～168.

激发并强化人们的家园意识。

　　第三，理想的山水城市所营造的具有地方特色的景观意象，有助于增强人们的场所感，使生活于其中的人们感到安全、自在与惬意。与家园意识联系的另一个重要的环境美学范畴是"场所感"或"场所意识"。这种场所意识与人的具体的生存环境以及对其感受息息相关，指人对环境为我所用的特性的体验，或者如舒尔茨所说使人与特定环境成为"朋友"的认同感。伯林特指出，场所感是现代城市所缺失的东西，"场所感不仅使我们感受到城市的一致性，更在于使我们所生活的区域具有了特殊的意味。这是我们熟悉的地方，这是与我们有关的场所，这里的街道和建筑通过习惯性的联想统一起来，它们很容易被识别，能带给人愉悦的体验，人们对它的记忆中充满了情感。"[1]一个城市缺少有代表性的景观意象，失去传统氛围和历史连续性，就不是一个"高度可意象的城市"，便难以使人形成"场所感"。凯文·林奇（Kelvin Linch）认为，狭义地说，地方特色就是一个地方的"场所感"，这种地方特色能使人区别地方与地方的差异，能唤起对一个地方的记忆。[2]山水城市之独特的山水景观和与之相联系而形成的历史人文景观，如同诗歌美学中的"诗眼"，有了它，城市才能鲜活，才能呈现出生动独特的文化气质，并使这样的城市成为拥有高度可意象的景观的城市。这就如同杭州的"诗眼"西湖（图75），对于长期生活于此的杭州人来说，西湖不是只有观光功能的风景区，不仅仅是一个具体的地点，而是具有存在论意义上的审美意象，是他们日常生活中一个熟悉、亲近的"朋友"。

　　总之，山水城市所营造的城市景观，既包括自然景观，又包括与人文景观复合的综合景观。作为一种审美物态文化，这些景观将审美性、生态性、宜人性和文化性较好地结合在一起，从而成为让人乐居的理想人居环境。

　　当宜居城市建设的"应当"与"实然"之间还存在较大差距时，提出超越宜居实现乐居的更高发展要求，多多少少带有一点城市乌托邦的色彩。然而，城市规划和城市建设必须具有一种着眼于未来

1　[美]阿诺德·伯林特. 环境美学[M]. 张敏，周雨译. 长沙：湖南科学技术出版社，2006：66.
2　[美]凯文·林奇. 城市形态[M]. 林庆怡等译. 北京：华夏出版社，2002：93.

图75　杭州最有代表性的景观意象——西湖

的精神，这是一种"必要的乌托邦"，这种"乌托邦式的思考能够帮助我们选择一条通向我们相信正确的未来道路，因为它的具体意象来自于那些我们高度珍视的价值观"。[1]

---

1 ［美］约翰·弗里德曼. 美好城市：为乌托邦式的思考辩护[J]. 王红扬，钱慧译. 国外城市规划，2005，5：21.